STC32 位 8051 单片机
原理及应用

王承林　王晓旭　刘　鹏　**编著**
姚永平　**主审**

北京理工大学出版社
BEIJING INSTITUTE OF TECHNOLOGY PRESS

内 容 简 介

本书分为基础知识篇和实践项目篇。基础知识篇包括STC32G12K单片机原理和单片机应用开发软件；实践项目篇包括心灯系统设计、彩灯控制系统设计、按键控制系统设计、数字秒表系统设计、LCD1602显示系统设计、音乐播放系统设计、篮球计分系统设计、温湿度检测系统设计、流水线打包控制系统设计、交通灯系统设计、单片机双机通信系统设计、单片机与PC通信系统设计、万年历系统设计、超声波测距系统设计、数字电压表系统设计、光照强度检测系统设计、天然气检测系统设计、心率检测系统设计、密码门禁系统设计。

本书可作为应用型本科院校以及高职院校项目式教学、实验、实训教材使用，也可供从事单片机开发的相关行业工程人员参考。

版权专有　侵权必究

图书在版编目（CIP）数据

STC32位8051单片机原理及应用／王承林，王晓旭，刘鹏编著. --北京：北京理工大学出版社，2023.6

ISBN 978-7-5763-2510-2

Ⅰ.①S… Ⅱ.①王…②王…③刘… Ⅲ.①单片微型计算机　Ⅳ.①TP368.1

中国国家版本馆CIP数据核字（2023）第112204号

出版发行 ／ 北京理工大学出版社有限责任公司
社　　址 ／ 北京市海淀区中关村南大街5号
邮　　编 ／ 100081
电　　话 ／ （010）68914775（总编室）
　　　　　　 （010）82562903（教材售后服务热线）
　　　　　　 （010）68944723（其他图书服务热线）
网　　址 ／ http://www.bitpress.com.cn
经　　销 ／ 全国各地新华书店
印　　刷 ／ 河北盛世彩捷印刷有限公司
开　　本 ／ 787毫米×1092毫米　1/16
印　　张 ／ 17.25
字　　数 ／ 430千字
版　　次 ／ 2023年6月第1版　2023年6月第1次印刷
定　　价 ／ 89.00元

责任编辑 ／ 江　立
文案编辑 ／ 李　硕
责任校对 ／ 刘亚男
责任印制 ／ 李志强

图书出现印装质量问题，请拨打售后服务热线，本社负责调换

前 言

本书为STC32位8051单片机应用技术开发实践教材。

编者着力从教学的实践性、创新性入手，依据行业、企业对单片机开发的实际需求，构建单片机应用技术教学体系。教学内容涵盖硬件结构、硬件电路、软件设计、中断系统、定时计数器、串口工作原理等方面，内容重点集中于项目实践设计环节。本教材的实践项目采用最新的完全自主产权的纯国产STC32位8051单片机芯片，编写中得到了STC官方的指导与支持。

二十大报告指出："我们要坚持教育优先发展、科技自立自强、人才引领驱动，加快建设教育强国、科技强国、人才强国，坚持为党育人、为国育才，全面提高人才自主培养质量，着力造就拔尖创新人才，聚天下英才而用之。"本书以二十大精神为指导，在教材中及时有效地体现先进的职业本科理论与实践一体化的教学改革理念，引入对学生实践能力、职业素养的多元化评价等，满足育人育才、培养高质量人才的要求。

本书突出思政元素，以落实立德树人任务为根本目标。教学安排旨在培养学生的单片机开发能力，同时依托实践项目培养团队协作精神，促进科学素养提升。此外，教材编写中注重将单片机领域的新知识、新技术以及新应用贯穿其中，提升了教材内容的前沿性。本书充分汲取国内在培养应用型人才领域取得的成功经验，以项目驱动为抓手，将知识项目化、任务化。实施任务分层布置、切片推进，通过项目落实完成单片机课程中硬件电路与编程技能的知识构建，包括理论仿真验证，实物设计测试，以及实践创新。本书通过例题项目实物化、实践项目产品化的过程，逐步帮助学生加深对单片机的理解，提升学生解决实际问题的能力，并培养一定的实践创新能力。

紧抓普通本科高校向应用技术类型高校转型发展的契机，进一步围绕应用型高水平大学办学目标，致力持续培养应用型创新人才，提高应用型人才培养质量，推进学校教学高质量发展，服务地方经济。本书注重理论与实际的紧密相结合，侧重于实际应用，项目的选择坚持学以致用原则，书中的19个实践项目都具有很强的实用背景，能较好地体现理论联系实际的教学理念。每个实践项目均包含功能要求、设计目标、硬件分析设计、软件分析设计、测试分析等环节，可轻松引导学生独立完成，实现"学中做、做中学"的教学目标。教材中所有实践项目均经过教学实践验证，并配有课后实践项目作业。学生可依据教材内容及项目设计需求自主展开学习及作品设计。

本书的编者队伍具有丰富的单片机技术开发经验，并具有在该领域多年的实践教学经历，曾带领学生在学科竞赛中取得优良成绩，获奖三百余项。王承林完成第 1 章到第 9 章的编写，王晓旭完成第 10 章到第 16 章的编写，刘鹏完成第 17 章到第 21 章的编写，姚永平审读了本书。本书内容丰富，同时引入数字化教学资源，采用全方位实战化教学手段，充分体现应用特色与能力本位。可作为应用型本科院校以及高职院校项目式教学、实验、实训教材使用，也可供从事单片机开发的相关行业工程人员参考。

王承林

2023.05.18

目录

基础知识篇

第1章 STC32G12K 单片机原理 3

1.1 STC32G12K 单片机原理教学目标 3
1.2 STC32G12K 单片机内部结构 4
1.3 STC32G12K 单片机系统功能 7
1.4 STC32G12K 单片机接口系统 18
1.5 STC32G12K 单片机中断系统 24
1.6 STC32G12K 单片机定时器/计数器 35
1.7 STC32G12K 单片机串口工作原理 43
1.8 STC32G12K 单片机 ADC 模数转换原理 50
1.9 STC32G12K 单片机实验箱简介 54
1.10 STC32G12K 单片机实践实训系统 55

第2章 单片机应用开发软件 87

2.1 单片机应用开发软件教学目标 87
2.2 Keil μVision 集成开发软件应用 88
2.3 STC-ISP 下载软件应用 97

实践项目篇

第3章 心灯系统设计 103

3.1 心灯系统功能要求 103
3.2 心灯系统设计教学目标 104
3.3 心灯系统硬件设计 104

3.4 心灯系统软件分析 ··· 106
3.5 心灯系统检测调试 ··· 109
3.6 心灯系统作业 ··· 109

第 4 章 彩灯控制系统设计 ·· 111

4.1 彩灯控制系统功能要求 ·· 111
4.2 彩灯控制系统设计教学目标 ·· 112
4.3 彩灯控制系统硬件设计 ·· 112
4.4 彩灯控制系统软件分析 ·· 115
4.5 彩灯控制系统检测调试 ·· 116
4.6 彩灯控制系统作业 ··· 117

第 5 章 按键控制系统设计 ·· 119

5.1 按键控制系统功能要求 ·· 119
5.2 按键控制系统设计教学目标 ·· 120
5.3 按键控制系统硬件设计 ·· 120
5.4 按键控制系统软件分析 ·· 123
5.5 按键控制系统检测调试 ·· 125
5.6 按键控制系统作业 ··· 126

第 6 章 数字秒表系统设计 ·· 127

6.1 数字秒表系统功能要求 ·· 127
6.2 数字秒表系统设计教学目标 ·· 127
6.3 数字秒表系统硬件设计 ·· 128
6.4 数字秒表系统软件分析 ·· 130
6.5 数字秒表系统检测调试 ·· 132
6.6 数字秒表系统作业 ··· 133

第 7 章 LCD1602 显示系统设计 ·· 135

7.1 LCD1602 显示系统功能要求 ·· 135
7.2 LCD1602 显示系统设计教学目标 ·· 135
7.3 LCD1602 显示系统硬件设计 ·· 136
7.4 LCD1602 显示系统软件分析 ·· 139
7.5 LCD1602 显示系统检测调试 ·· 140
7.6 LCD1602 显示系统作业 ·· 141

第 8 章 音乐播放系统设计 ·· 143

8.1 音乐播放系统功能要求 ·· 143
8.2 音乐播放系统设计教学目标 ·· 143
8.3 音乐播放系统硬件设计 ·· 144

8.4　音乐播放系统软件分析 ……………………………………………………………… 147
8.5　音乐播放系统检测调试 ……………………………………………………………… 148
8.6　音乐播放系统作业 …………………………………………………………………… 149

第9章　篮球计分系统设计 …………………………………………………………… 150

9.1　篮球计分系统功能要求 ……………………………………………………………… 150
9.2　篮球计分系统设计教学目标 ………………………………………………………… 151
9.3　篮球计分系统硬件设计 ……………………………………………………………… 151
9.4　篮球计分系统软件分析 ……………………………………………………………… 154
9.5　篮球计分系统检测调试 ……………………………………………………………… 156
9.6　篮球计分系统作业 …………………………………………………………………… 157

第10章　温湿度检测系统设计 ………………………………………………………… 158

10.1　温湿度检测系统功能要求 …………………………………………………………… 158
10.2　温湿度检测系统设计教学目标 ……………………………………………………… 158
10.3　温湿度检测系统硬件设计 …………………………………………………………… 159
10.4　温湿度检测系统软件分析 …………………………………………………………… 162
10.5　温湿度检测系统检测调试 …………………………………………………………… 164
10.6　温湿度检测系统作业 ………………………………………………………………… 164

第11章　流水线打包控制系统设计 …………………………………………………… 167

11.1　流水线打包控制系统功能要求 ……………………………………………………… 167
11.2　流水线打包控制系统设计教学目标 ………………………………………………… 168
11.3　流水线打包控制系统硬件设计 ……………………………………………………… 168
11.4　流水线打包控制系统软件分析 ……………………………………………………… 171
11.5　流水线打包控制系统检测调试 ……………………………………………………… 173
11.6　流水线打包控制系统作业 …………………………………………………………… 174

第12章　交通灯系统设计 ……………………………………………………………… 175

12.1　交通灯系统功能要求 ………………………………………………………………… 175
12.2　交通灯系统设计教学目标 …………………………………………………………… 176
12.3　交通灯系统硬件设计 ………………………………………………………………… 177
12.4　交通灯系统软件分析 ………………………………………………………………… 180
12.5　交通灯系统检测调试 ………………………………………………………………… 182
12.6　交通灯系统作业 ……………………………………………………………………… 183

第13章　单片机双机通信系统设计 …………………………………………………… 184

13.1　单片机双机通信系统功能要求 ……………………………………………………… 184
13.2　单片机双机通信系统设计教学目标 ………………………………………………… 185
13.3　单片机双机通信系统硬件设计 ……………………………………………………… 185

13.4　单片机双机通信系统软件分析 ·· 189
13.5　单片机双机通信系统检测调试 ·· 192
13.6　单片机双机通信系统作业 ··· 193

第 14 章　单片机与 PC 通信系统设计 ·· 194
14.1　单片机与 PC 通信系统功能要求 ·· 194
14.2　单片机与 PC 通信系统设计教学目标 ······································· 195
14.3　单片机与 PC 通信系统硬件设计 ·· 195
14.4　单片机与 PC 通信系统软件分析 ·· 198
14.5　单片机与 PC 通信系统检测调试 ·· 200
14.6　单片机与 PC 通信系统作业 ·· 200

第 15 章　万年历系统设计 ··· 203
15.1　万年历系统功能要求 ·· 203
15.2　万年历系统设计教学目标 ·· 204
15.3　万年历系统硬件设计 ·· 204
15.4　万年历系统软件分析 ·· 207
15.5　万年历系统检测调试 ·· 209
15.6　万年历系统作业 ·· 210

第 16 章　超声波测距系统设计 ··· 211
16.1　超声波测距系统功能要求 ·· 211
16.2　超声波测距系统设计教学目标 ··· 211
16.3　超声波测距系统硬件设计 ·· 212
16.4　超声波测距系统软件分析 ·· 215
16.5　超声波测距系统检测调试 ·· 217
16.6　超声波测距系统作业 ·· 218

第 17 章　数字电压表系统设计 ··· 220
17.1　数字电压表系统功能要求 ·· 220
17.2　数字电压表系统设计教学目标 ··· 220
17.3　数字电压表系统硬件设计 ·· 221
17.4　数字电压表系统软件分析 ·· 224
17.5　数字电压表系统检测调试 ·· 226
17.6　数字电压表系统作业 ·· 226

第 18 章　光照强度检测系统设计 ·· 229
18.1　光照强度检测系统功能要求 ·· 229
18.2　光照强度检测系统设计教学目标 ·· 229
18.3　光照强度检测系统硬件设计 ·· 230

18.4　光照强度检测系统软件分析 ··· 233
18.5　光照强度检测系统检测调试 ··· 235
18.6　光照强度检测系统作业 ·· 236

第 19 章　天然气检测系统设计 ··· 238
19.1　天然气检测系统功能要求 ··· 238
19.2　天然气检测系统设计教学目标 ·· 238
19.3　天然气检测系统硬件设计 ··· 239
19.4　天然气检测系统软件分析 ··· 242
19.5　天然气检测系统检测调试 ··· 244
19.6　天然气检测系统作业 ·· 244

第 20 章　心率检测系统设计 ·· 247
20.1　心率检测系统功能要求 ·· 247
20.2　心率检测系统设计教学目标 ··· 247
20.3　心率检测系统硬件设计 ·· 248
20.4　心率检测系统软件分析 ·· 251
20.5　心率检测系统检测调试 ·· 253
20.6　心率检测系统作业 ··· 253

第 21 章　密码门禁系统设计 ·· 255
21.1　密码门禁系统功能要求 ·· 255
21.2　密码门禁系统设计教学目标 ··· 256
21.3　密码门禁系统硬件设计 ·· 256
21.4　密码门禁系统软件分析 ·· 259
21.5　密码门禁系统检测调试 ·· 261
21.6　密码门禁系统作业 ··· 262

参考文献 ·· 263

附录 A　STC32G 单片机原理及应用——实践项目电路器件清单 ·· 264

附录 B　STC32G 单片机原理及应用——实践项目参考程序 ·· 264

附录 C　单片机原理及应用课程《科技报告编写规则》 ··· 264

基础知识篇

第 1 章　STC32G12K 单片机原理

1.1　STC32G12K 单片机原理教学目标

STC32G 系列单片机是不需要外部晶振和外部复位的单片机，是以超强抗干扰、超低价、高速、低功耗为目标的 32 位 8051 单片机。在相同的工作频率下，STC32G 系列单片机相比传统的 8051 单片机运行速度约快 70 倍。STC32G 系列单片机是由 STC 生产的单时钟/机器周期(1T)的单片机，是具有宽电压、高速、高可靠、低功耗、强抗静电、较强抗干扰、超级加密等特点的新一代 32 位 8051 单片机。

单片机内部有 4 个可选时钟源：内部高精度 IRC 时钟(在系统编程时可调整频率)、内部 32 kHz 的低速 IRC(Internal RC，内部 RC 振荡器)、外部 4 MHz～33 MHz 晶振或外部时钟以及内部 PLL(Phase-Locked Loops，锁相环)输出时钟。用户代码中可自由选择时钟源，时钟源选定后可再经过 8 bit 的分频器分频后再将时钟信号提供给 CPU(Central Processing Unit，中央处理器)和各个外设(如定时器、串口、SPI 等)。单片机提供了丰富的数字外设(4 个串口、5 个定时器、2 组针对三相电动机控制能够输出互补、对称、带死区控制信号的 16 位高级 PWM 定时器以及 I2C、SPI、USB、CAN、LIN)接口与模拟外设(超高速 12 位 ADC、比较器)，可满足设计需求。

STC32G 系列单片机有 268 条强大的指令，包含 32 位加减法指令和 16 位乘除法指令。其硬件扩充了 32 位硬件乘除单元 MDU32(包含 32 位除以 32 位和 32 位乘以 32 位)。STC32G 系列单片机内部集成了增强型的双数据指针，通过程序控制，可实现数据指针自动递增或递减功能以及两组数据指针的自动切换功能。

STC32G12K 单片机原理教学目标如图 1-1 所示。

教学目标

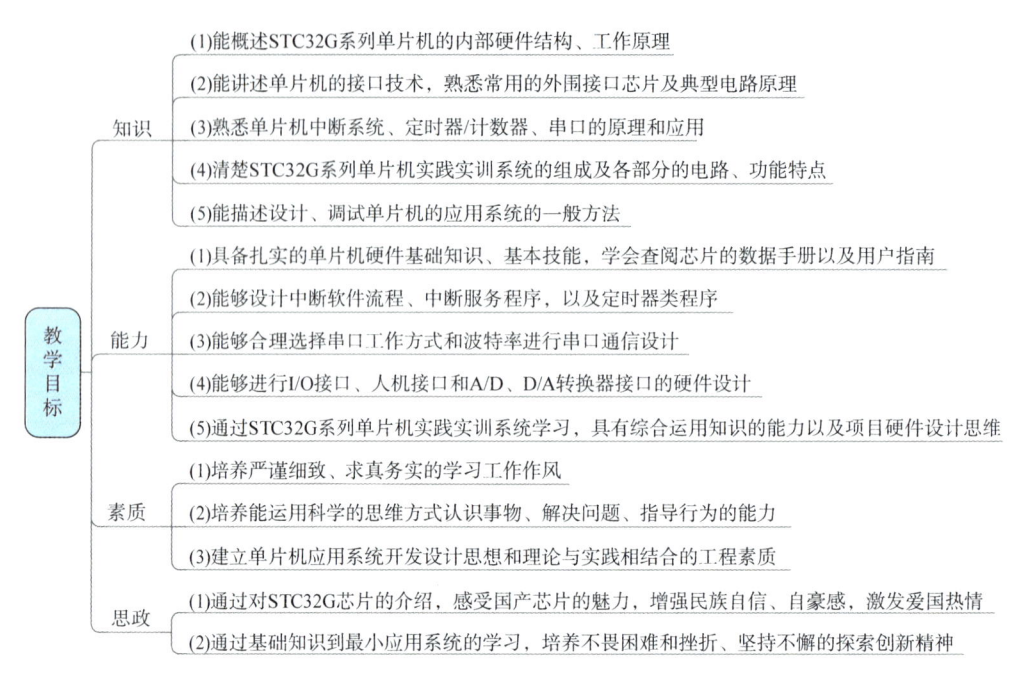

- 知识
  - (1)能概述STC32G系列单片机的内部硬件结构、工作原理
  - (2)能讲述单片机的接口技术，熟悉常用的外围接口芯片及典型电路原理
  - (3)熟悉单片机中断系统、定时器/计数器、串口的原理和应用
  - (4)清楚STC32G系列单片机实践实训系统的组成及各部分的电路、功能特点
  - (5)能描述设计、调试单片机的应用系统的一般方法

- 能力
  - (1)具备扎实的单片机硬件基础知识、基本技能，学会查阅芯片的数据手册以及用户指南
  - (2)能够设计中断软件流程、中断服务程序，以及定时器类程序
  - (3)能够合理选择串口工作方式和波特率进行串口通信设计
  - (4)能够进行I/O接口、人机接口和A/D、D/A转换器接口的硬件设计
  - (5)通过STC32G系列单片机实践实训系统学习，具有综合运用知识的能力以及项目硬件设计思维

- 素质
  - (1)培养严谨细致、求真务实的学习工作作风
  - (2)培养能运用科学的思维方式认识事物、解决问题、指导行为的能力
  - (3)建立单片机应用系统开发设计思想和理论与实践相结合的工程素质

- 思政
  - (1)通过对STC32G芯片的介绍，感受国产芯片的魅力，增强民族自信、自豪感，激发爱国热情
  - (2)通过基础知识到最小应用系统的学习，培养不畏困难和挫折、坚持不懈的探索创新精神

图 1-1　STC32G12K 单片机原理教学目标

1.2　STC32G12K 单片机内部结构

STC32G12K128 单片机内部结构如图 1-2 所示。

图 1-2　STC32G12K128 单片机内部结构

内核

- ◆超高速32位8051内核(1T)，比传统8051单片机快70倍
- ◆49个中断源，4级中断优先级
- ◆支持在线仿真

工作电压

- ◆1.9~5.5 V

工作温度

- ◆-40~85 ℃

Flash 存储器

- ◆最大128 KB Flash程序存储器(ROM)，用于存储用户代码
- ◆支持用户配置。EEPROM大小，512字节单页擦除，擦写次数10万次以上
- ◆支持硬件USB直接下载和普通串口下载
- ◆支持硬件SWD实时仿真，P3.0/P3.1(需要使用STC-USB Link1工具)

SRAM

- ◆4 KB 内部 SRAM(EDATA)
- ◆8 KB 内部扩展 RAM(内部 XDATA)

时钟控制

- ◆内部高精度IRC(ISP时可进行上下调整)
  - ○误差±0.3%(常温下25℃)
  - ○-1.35%~1.30%温漂(全温度范围，-40~85℃)
  - ○-0.76%~0.98%温漂(温度范围，-20~65℃)
- ◆内部32 kHz低速IRC(误差较大)
- ◆外部晶振(4 MHz~33 MHz)或外部时钟
- ◆内部PLL输出时钟
- ◆用户可自由选择上面的4种时钟源

复位

- ◆硬件复位
  - ○上电复位，复位电压值为1.7~1.9 V(在芯片未使能低压复位功能时有效)
  - ○复位脚复位，出厂时P5.4默认为I/O口，ISP下载时可将P5.4引脚设置为复位脚(注意：当设置P5.4引脚为复位脚时，复位电平为低电平)
  - ○看门狗复位
  - ○低压复位，提供4级低压检测电压：2.0 V、2.4 V、2.7 V、3.0 V
- ◆软件复位
  - ○软件方式写复位触发寄存器

中断

- ◆提供49个中断源：外部中断0(INT0)、外部中断1(INT1)、外部中断2(INT2)、外部中断3(INT3)、外部中断4(INT4)、定时器0(T0)、定时器1(T1)、定时器2(T2)、定时器3(T3)、定时器4(T4)、USART1、USART2、UART3、UART4、ADC模数转换、LVD(Low Voltage Directive，低电压指令)低压检测、SPI、I2C、比较器、PWMA、PWMB、USB、CAN、CAN2、LIN、LCMIF彩屏接口中断、RTC实时时钟、所有的I/O中断(8组)、串口1的DMA(Direct Memory Access，直接存储器访问)接收和发送中断、串口2的DMA接收和发送中断、串口3的DMA接收和发送中断、串口4的DMA接收和发送中断、I2C的DMA接收和发送中断、SPI的DMA中断、ADC的DMA中断、LCD驱动的DMA中断以及存储器到存储器的DMA中断
- ◆提供4级中断优先级

外设

◆5 个 16 位定时器：定时器 0、定时器 1、定时器 2、定时器 3、定时器 4，其中定时器 0 的模式 3 具有不可屏蔽中断(Non Maskable Interrupt，NMI)功能，定时器 0 和定时器 1 的模式 0 为 16 位自动重载模式

◆2 个高速同步/异步串口：串口 1(USART1)、串口 2(USART2)，波特率时钟源最快可为 FOSC/4。支持同步串口模式、异步串口模式、SPI 模式、LIN 模式、红外模式(IrDA)、智能卡模式(ISO7816)

◆2 个高速异步串口：串口 3(UART3)、串口 4(UART4)

◆2 组高级 PWM(Pulse Width Modulation，脉冲宽度调制)：可实现 8 通道(4 组互补对称)带死区控制信号的 PWM，并支持外部异常检测功能

SPI(Serial Peripheral Interface，串行外设接口)：支持主机模式和从机模式以及主机/从机自动切换

I2C(Inter-Integrated Circuit，内部集成电路)：支持主机模式和从机模式

ICE(In Circuit Emulator，在线仿真器)：硬件支持仿真

RTC(Real-Time Clock，实时时钟)：支持年、月、日、时、分、秒、次秒(1/128 秒)，并支持时钟中断和一组闹钟

USB(Universal Serial Bus，通用串行总线)：USB 2.0/USB 1.1 兼容全速 USB，6 个双向端点，支持 4 种端点传输模式(控制传输、中断传输、批量传输和同步传输)，每个端点拥有 64 字节的缓冲区

I2S(Inter-IC Sound，集成电路内置音频总线)：音频接口

CAN(Controller Area Network，控制器局域网络)：两个独立的 CAN 2.0 控制单元

LIN(Local Interconnect Network，局域互联网络)：一个独立的 LIN 控制单元(支持 1.3 和 2.1 版本)，USART1 和 USART2 可支持两组 LIN

MDU32：硬件 32 位乘除单元(包含 32 位除以 32 位、32 位乘以 32 位)

◆I/O 中断：所有的 I/O 均支持中断，每组 I/O 中断有独立的中断入口地址，所有的 I/O 中断可支持 4 种中断模式，即高电平中断、低电平中断、上升沿中断、下降沿中断。I/O 中断可以进行掉电唤醒，且有 4 级中断优先级

◆LCD 驱动模块：支持 8080 和 6800 两种接口以及 8 位和 16 位数据宽度

DMA：支持 SPI 移位接收数据到存储器，SPI 移位发送存储器的数据，I2C 发送存储器的数据，I2C 接收数据到存储器，串口 1、2、3、4 接收数据到存储器，串口 1、2、3、4 发送存储器的数据，ADC 自动采样数据到存储器(同时计算平均值)，LCD 驱动发送存储器的数据以及存储器到存储器的数据复制

◆硬件数字 ID：支持 32 字节

模拟外设

◆ADC(Analog-to-Digital Converter，模拟数字转换器)：超高速 ADC，支持 12 位高精度 15 通道(通道 0~通道 14)的模数转换，ADC 的通道 15 用于测试内部参考电压(芯片在出厂时，内部参考电压调整为 1.19 V，误差±1%)

◆比较器：一组比较器

◆GPIO(General-Purpose Input/Output，通用输入输出)：最多可达 60 个(P0.0~P0.7、P1.0~P1.7(无 P1.2)、P2.0~P2.7、P3.0~P3.7、P4.0~P4.7、P5.0~P5.4、P6.0~P6.7、P7.0~P7.7)，所有的 GPIO 均支持 4 种模式，即准双向口模式、强推挽输出模式、开漏输出模式、高阻输入模式

◆除 P3.0 和 P3.1 外，其余所有 I/O 口上电后的状态均为高阻输入状态，用户在使用 I/O 口时必须先设置 I/O 口模式。另外每个 I/O 均可独立使能内部 4 kΩ 上拉电阻

STC32G12K 单片机引脚图、最小系统、引脚说明，见二维码。

STC32G12K 单片机引脚图、最小系统、引脚说明

1.3 STC32G12K 单片机系统功能

1.3.1 STC32G12K 单片机系统时钟控制

系统时钟控制器为单片机的 CPU 和所有外设系统提供时钟源，系统时钟有 4 个时钟源可供选择：内部高精度 IRC、内部 32 kHz 的 IRC(误差较大)、外部晶振、内部 PLL 输出时钟。用户可通过程序分别使能和关闭各个时钟源，以及为内部提供时钟分频以达到降低功耗的目的。STC32G12K 单片机系统时钟控制如图 1-3 所示。

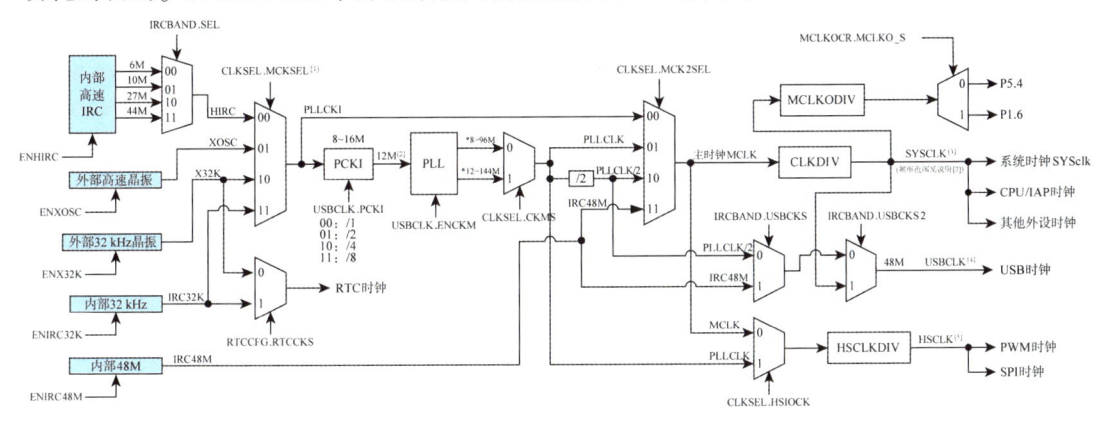

[1]控制信号"寄存器.控制位"表示寄存器中的控制位。例如：CLKSEL.MCKSEL 表示寄存器 CLKSEL 中的 MCKSEL 位。

[2]为使 PLL 能够正常锁频到 96 MHz 和 144 MHz，必须保证 PLLCKI 经过分频后的 PLL 输入时钟为 12 MHz。(注：PLL 输入时钟范围为 12(1±35%)，即 8 MHz~16 MHz，用户可通过适当调整输入频率以达到 PLL 输出特殊频率的需求。)

[3]虽然时钟系统能产生高达 144 MHz 的频率，但不同的单片机系列的工作频率不同，STC32G12K 系列的系统时钟最高可达 36 MHz。如果主时钟频率比所使用单片机的最高工作频率高，则必须通过 CLKDIV 进行分频。

[4]为使 USB 正常工作，USB 的工作时钟 USBCLK 必须为 48 MHz。

[5]高速时钟 HISCLK 是高速 PWM 和高速 SPI 的时钟源，由于 I/O 速度的原因，SPI 的输出频率不要高于 33 MHz (VCC=5.0 V)或 20 MHz(VCC=3.3 V)，并将 SPI 的输出口通过 PxSR 寄存器设置为高速输出模式。

图 1-3 STC32G12K 单片机系统时钟控制

①系统时钟选择寄存器如表 1-1 所示。

表 1-1 系统时钟选择寄存器

符号	地址	B7	B6	B5	B4	B3	B2	B1	B0
CKSEL	7EFE00H	CKMS	HSIOCK			MCK2SEL[1:0]		MCKSEL[1:0]	

CKMS：内部 PLL 输出时钟选择。

  0：PLL 输出 96 MHz。

  1：PLL 输出 144 MHz。

HSIOCK：高速 I/O 时钟源选择。

  0：主时钟 MCLK 为高速 I/O 时钟源。

1：PLL 输出 96 MHz/144 MHz 的 PLLCLK 为高速 I/O 时钟源。

MCK2SEL[1∶0]：主时钟源选择方式，如表 1-2 所示。

表 1-2 主时钟源选择方式

MCK2SEL[1∶0]	主时钟源
00	MCKSEL 选择的时钟源
01	内部 PLL 输出
10	内部 PLL 输出/2
11	内部 48MHz 高速 IRC

MCKSEL[1∶0]：主时钟源选择方式，如表 1-3 所示。

表 1-3 主时钟源选择方式

MCKSEL[1∶0]	主时钟源
00	内部高精度 IRC
01	外部高速晶振
10	外部 32 kHz 晶振
11	内部 32 kHz 低速 IRC

② 时钟分频寄存器如表 1-4 所示。

表 1-4 时钟分频寄存器

符号	地址	B7	B6	B5	B4	B3	B2	B1	B0
CLKDIV	7EFE01H								

CLKDIV：主时钟分频系数。

系统时钟 SYSCLK 是对主时钟 MCLK 进行分频后的时钟信号。CLKDIV 系统时钟频率如表 1-5 所示。

表 1-5 CLKDIV 系统时钟频率

CLKDIV	系统时钟频率
0	MCLK/1
1	MCLK/1
2	MCLK/2
3	MCLK/3
…	…
x	MCLK/x
…	…
255	MCLK/255

③ 内部高速高精度 IRC 控制寄存器如表 1-6 所示。

表 1-6　内部高速高精度 IRC 控制寄存器

符号	地址	B7	B6	B5	B4	B3	B2	B1	B0
HIRCCR	7EFE02H	ENHIRC							HIRCST

ENHIRC：内部高速高精度 IRC 使能位。

  0：关闭内部高精度 IRC。
  1：使能内部高精度 IRC。

HIRCST：内部高速高精度 IRC 频率稳定标志位(只读位)。

当内部的 IRC 从停振状态开始使能后，必须经过一段时间，振荡器的频率才会稳定，当振荡器频率稳定后，时钟控制器会自动将 HIRCST 标志位置 1。因此，当用户程序需要将时钟切换到使用内部 IRC 时，首先必须设置 ENHIRC=1 使能振荡器，然后一直查询振荡器稳定标志位 HIRCST，直到标志位变为 1，才可进行时钟源切换。

④外部晶体振荡器控制寄存器如表 1-7 所示。

表 1-7　外部晶体振荡器控制寄存器

符号	地址	B7	B6	B5	B4	B3	B2	B1	B0
XOSCCR	7EFE03H	ENXOSC	XITYPE	GAIN		XCFILTER[1:0]			XOSCST

ENXOSC：外部晶体振荡器使能位。

  0：关闭外部晶体振荡器。
  1：使能外部晶体振荡器。

XITYPE：外部时钟源类型。

  0：外部时钟源是外部时钟信号(或有源晶振)。信号源只需连接单片机的 XTALI (P1.7)。
  1：外部时钟源是晶体振荡器。信号源连接单片机的 XTALI(P1.7)和 XTALO (P1.6)。

GAIN：外部晶体振荡器振荡增益控制位。

  0：关闭振荡增益(低增益)。
  1：使能振荡增益(高增益)。

XCFILTER[1:0]：外部晶体振荡器抗干扰控制寄存器。

  00：外部晶体振荡器频率在 48 MHz 及以下时可选择此项。
  01：外部晶体振荡器频率在 24 MHz 及以下时可选择此项。
  1x：外部晶体振荡器频率在 12 MHz 及以下时可选择此项。

XOSCST：外部晶体振荡器频率稳定标志位(只读位)。

当外部晶体振荡器从停振状态开始使能后，必须经过一段时间，振荡器的频率才会稳定，当振荡器频率稳定后，时钟控制器会自动将 XOSCST 标志位置 1。因此，当用户程序需要将时钟切换到使用外部晶体振荡器时，首先必须设置 ENXOSC=1 使能振荡器，然后一直查询振荡器稳定标志位 XOSCST，直到标志位变为 1，才可进行时钟源切换。

⑤主时钟输出控制寄存器如表 1-8 所示。

表 1-8　主时钟输出控制寄存器

符号	地址	B7	B6	B5	B4	B3	B2	B1	B0
MCLKOCR	7EFE05H	MCLKO_S	\multicolumn{7}{c}{MCLKODIV[6：0]}							

MCLKODIV[6：0]：主时钟输出分频系数，如表 1-9 所示。

表 1-9　主时钟输出分频系数

MCLKODIV[6：0]	系统时钟分频输出频率
0000000	不输出时钟
0000001	SYSclk/1
0000010	SYSclk/2
0000011	SYSclk/3
…	…
1111110	SYSclk/126
1111111	SYSclk/127

MCLKO_S：系统时钟输出引脚选择。

> 0：系统时钟分频输出到 P5.4 口。
> 1：系统时钟分频输出到 P1.6 口。

⑥高速振荡器稳定时间控制寄存器如表 1-10 所示。

表 1-10　高速振荡器稳定时间控制寄存器

符号	地址	B7	B6	B5	B4	B3	B2	B1	B0
IRCDB	7EFE06H	\multicolumn{8}{c}{IRCDB[7：0]}								

IRCDB[7：0]：内部高速振荡器稳定时间控制。IRCDB[7：0]系统时钟分频频率如表 1-11 所示。

表 1-11　系统时钟分频频率

IRCDB	系统时钟频率
0	256 个时钟
1	1 个时钟
2	2 个时钟
3	3 个时钟
…	…
x	x 个时钟
…	…
255	255 个时钟

1.3.2　STC32G12K 单片机 IRC 频率调整

STC32G 系列单片机内部均集成有一个高精度内部 IRC 振荡器。在用户使用 ISP 下载软件进行下载时，ISP 下载软件会根据用户所选择/设置的频率自动进行调整，一般频率值可调整到设定值的±0.3%误差以内，调整后的频率在全温度范围内(−40~85 ℃)的温漂可达−1.35%~1.30%。

STC32G 系列单片机内部 IRC 有 4 个频段，各频段的中心频率分别为 6 MHz、10 MHz、27 MHz 和 44 MHz，每个频段的调节范围约为±27%(注意：不同的芯片以及不同的生成批次可能会有约 5%的制造误差)。IRC 频段选择寄存器如表 1-12 所示。

表 1-12　IRC 频段选择寄存器

符号	地址	B7	B6	B5	B4	B3	B2	B1	B0
IRCBAND	9DH	USBCKS	USBCKS2					SEL[1：0]	

USBCKS/USBCKS2：USB 时钟选择寄存器。

内部 IRC 频段调整寄存器如表 1-13 所示。

表 1-13　内部 IRC 频段调整寄存器

符号	地址	B7	B6	B5	B4	B3	B2	B1	B0
IRTRIM	9FH	IRTRIM[7：0]							

IRTRIM[7：0]：内部高精度 IRC 频率调整寄存器。

IRTRIM 可对 IRC 频率进行 256 个等级的调整，每个等级所调整的频率值在整体上呈线性分布，局部会有波动。宏观上，每一级所调整的频率约为 0.24%，即 IRTRIM 为($n+1$)时的频率比 IRTRIM 为 n 时的频率约快 0.24%。但由于 IRC 频率调整并非每一级都是 0.24%(每一级所调整频率的最大值约为 0.55%，最小值约为 0.02%，整体平均值约为 0.24%)，所以会造成局部波动。内部 IRC 频率微调寄存器如表 1-14 所示。

表 1-14　内部 IRC 频率微调寄存器

符号	地址	B7	B6	B5	B4	B3	B2	B1	B0
LIRTRIM	9EH				.				LIRTRIM

1.3.3　STC32G12K 单片机系统复位

STC32G 系列单片机的复位分为硬件复位和软件复位两种。

硬件复位时，所有寄存器的值会复位到初始值，系统会重新读取所有的硬件选项，同时根据硬件选项所设置的上电等待时间进行上电等待。硬件复位主要包括上电复位、低压复位、复位脚复位(低电平复位)和看门狗复位。

软件复位时，除与时钟相关的寄存器保持不变外，其余所有寄存器的值会复位到初始值，系统不会重新读取所有的硬件选项。软件复位主要包括写 IAP_CONTR 的 SWRST 所触发的复位。

①看门狗控制寄存器如表 1-15 所示。

表 1-15　看门狗控制寄存器

符号	地址	B7	B6	B5	B4	B3	B2	B1	B0
WDT_CONTR	C1H	WDT_FLAG		EN_WDT	CLR_WDT	IDL_WDT	WDT_PS[2：0]		

WDT_FLAG：看门狗溢出标志，看门狗发生溢出时，硬件自动将此位置 1，需要软件清零。

EN_WDT：看门狗使能位。

0：对单片机无影响。
　　1：启动看门狗定时器。

CLR_WDT：看门狗定时器清零。

　　0：对单片机无影响。
　　1：清零看门狗定时器，硬件自动将此位复位。

IDL_WDT：IDLE模式时的看门狗控制位。

　　0：IDLE模式时看门狗停止计数。
　　1：IDLE模式时看门狗继续计数。

WDT_PS[2：0]：看门狗定时器时钟分频系数。

②IAP控制寄存器如表1-16所示。

表1-16　IAP控制寄存器

符号	地址	B7	B6	B5	B4	B3	B2	B1	B0
IAP_CONTR	C7H	IAPEN	SWBS	SWRST	CMD_FAIL				

SWBS：软件复位启动选择。

　　0：软件复位后从用户程序区开始执行代码，用户数据区的数据保持不变。
　　1：软件复位后从系统ISP区开始执行代码，用户数据区的数据会被初始化。

SWRST：软件复位触发位。

　　0：对单片机无影响。
　　1：触发软件复位。

③复位配置寄存器如表1-17所示。

表1-17　复位配置寄存器

符号	地址	B7	B6	B5	B4	B3	B2	B1	B0
RSTCFG	FFH		ENLVR		P54RST			LVDS[1：0]	

ENLVR：低压复位控制位。

　　0：禁止低压复位。当系统检测到低压事件时，会产生低压中断。
　　1：使能低压复位。当系统检测到低压事件时，自动复位。

P54RST：RST引脚功能选择。

　　0：RST引脚用作普通I/O口（P5.4）。
　　1：RST引脚用作复位脚（低电平复位）。

LVDS[1：0]：低压检测门槛电压设置，如表1-18所示。

表1-18　低压检测门槛电压设置

LVDS[1：0]	低压检测门槛电压/V
00	2.0
01	2.4
10	2.7
11	3.0

1.3.4　STC32G12K 单片机复位电路及外部晶振时钟电路

低电平上电复位电路如图 1-4 所示，低电平按键复位电路如图 1-5 所示。

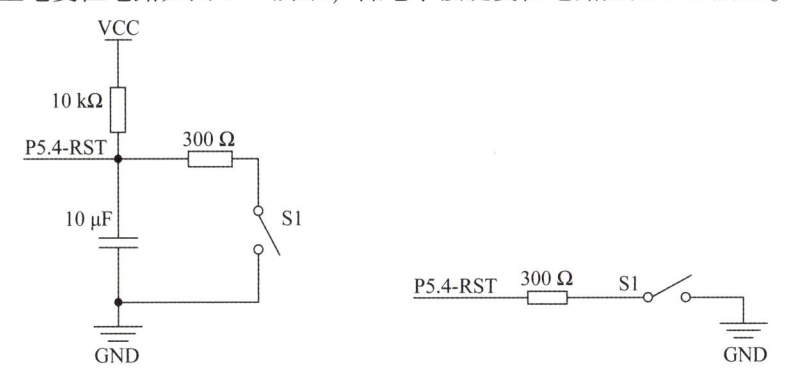

图 1-4　低电平上电复位电路　　　　图 1-5　低电平按键复位电路

外部晶振输入电路如图 1-6 所示，外部时钟输入电路如图 1-7 所示。

图 1-6　外部晶振输入电路　　　　图 1-7　外部时钟输入电路

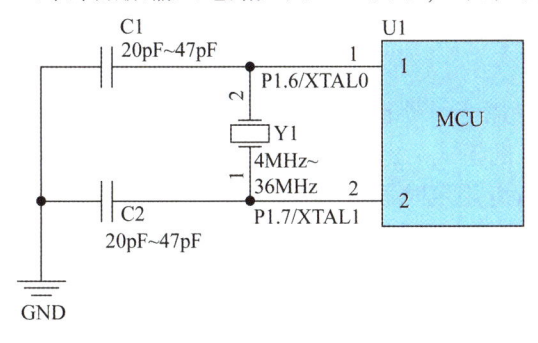

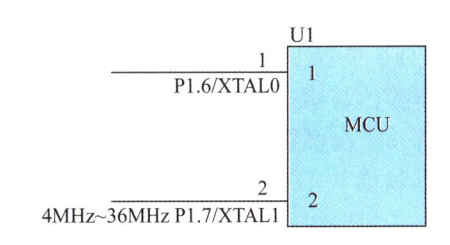

1.3.5　STC32G12K 单片机系统电源管理

电源控制寄存器如表 1-19 所示。

表 1-19　电源控制寄存器

符号	地址	B7	B6	B5	B4	B3	B2	B1	B0
PCON	87H	SMOD	SMOD0	LVDF	POF	GF1	GF0	PD	IDL

LVDF：低压检测标志位。当系统检测到低压事件时，硬件自动将此位置 1，并向 CPU 提出中断请求。此位需要用户软件清零。

POF：上电标志位。当单片机上电时，硬件自动将此位置 1。

PD：掉电模式控制位。

0：无影响。

1：单片机进入时钟停振模式/掉电模式，CPU 以及全部外设均停止工作。唤醒后硬件自动清零。（注意：在时钟停振模式下，CPU 和全部的外设均停止工作，但 SRAM 和 XRAM 中的数据一直维持不变。）

IDL：IDLE(空闲)模式控制位。

> 0：无影响。
> 1：单片机进入 IDLE 模式，只有 CPU 停止工作，其他外设依然在运行。唤醒后硬件自动清零。

1.3.6　STC32G12K 单片机掉电唤醒定时器

内部掉电唤醒定时器是一个 15 位的计数器(由{WKTCH[6∶0]，WKTCL[7∶0]}组成 15 位)，用于唤醒处于掉电模式的单片机。

掉电唤醒定时器计数寄存器如表 1-20 所示。

表 1-20　掉电唤醒定时器计数寄存器

符号	地址	B7	B6	B5	B4	B3	B2	B1	B0
WKTCL	AAH								
WKTCH	ABH	WKTEN							

WKTEN：掉电唤醒定时器的使能控制位。

> 0：停用掉电唤醒定时器。
> 1：启用掉电唤醒定时器。

如果 STC32G 系列单片机内置掉电唤醒专用定时器被允许(通过软件将 WKTCH 中的 WKTEN 位置 1)，当单片机进入掉电模式/停机模式后，掉电唤醒专用定时器开始计数，当计数值与用户所设置的值相等时，掉电唤醒专用定时器将单片机唤醒。MCU 被唤醒后，程序从上次设置单片机进入掉电模式语句的下一条语句开始往下执行。掉电唤醒之后，可以通过读 WKTCH 和 WKTCL 中的内容获取单片机在掉电模式中的睡眠时间。

这里要注意：在寄存器{WKTCH[6∶0]，WKTCL[7∶0]}中写入的值必须比实际计数值少 1。如果需计数 10 次，则将 9 写入寄存器{WKTCH[6∶0]，WKTCL[7∶0]}。同样，如果需计数 32 767 次，则应对{WKTCH[6∶0]，WKTCL[7∶0]}写入 7FFEH(即 32 766)。(计数值 0 和计数值 32 767 为内部保留值，不能使用。)

内部掉电唤醒定时器有自己的内部时钟，其中掉电唤醒定时器计数一次的时间就是由该时钟决定的。内部掉电唤醒定时器的时钟频率约为 32 kHz，当然误差较大。可以通过读 RAM 区 F8H 和 F9H 的内容(F8H 存放频率的高字节，F9H 存放低字节)来获取内部掉电唤醒定时器出厂时所记录的时钟频率。

掉电唤醒定时器计数时间的计算公式如下：

$$掉电唤醒定时器计数时间 = \frac{10^{16} \times 16 \times 计数次数}{F_{wt}} (微秒)$$

其中，F_{wt} 为从 RAM 区 F8H 和 F9H 获取到的内部掉电唤醒定时器的时钟频率。

1.3.7　STC32G12K 单片机存储器

STC32G 系列单片机的程序存储器和数据存储器是统一编址的。STC32G 系列单片机提供 24 位寻址空间，最多能够访问 16 MB 的存储器。由于没有提供访问外部程序存储器的总线，所有单片机的所有程序存储器都是片上 Flash 存储器，不能访问外部程序存储器。

STC32G 系列单片机内部集成了大容量的数据存储器，内部的数据存储器在物理和逻辑上都分为两个地址空间：内部 RAM 和内部扩展 RAM。存储器分布图如图 1-8 所示。

第1章 STC32G12K 单片机原理

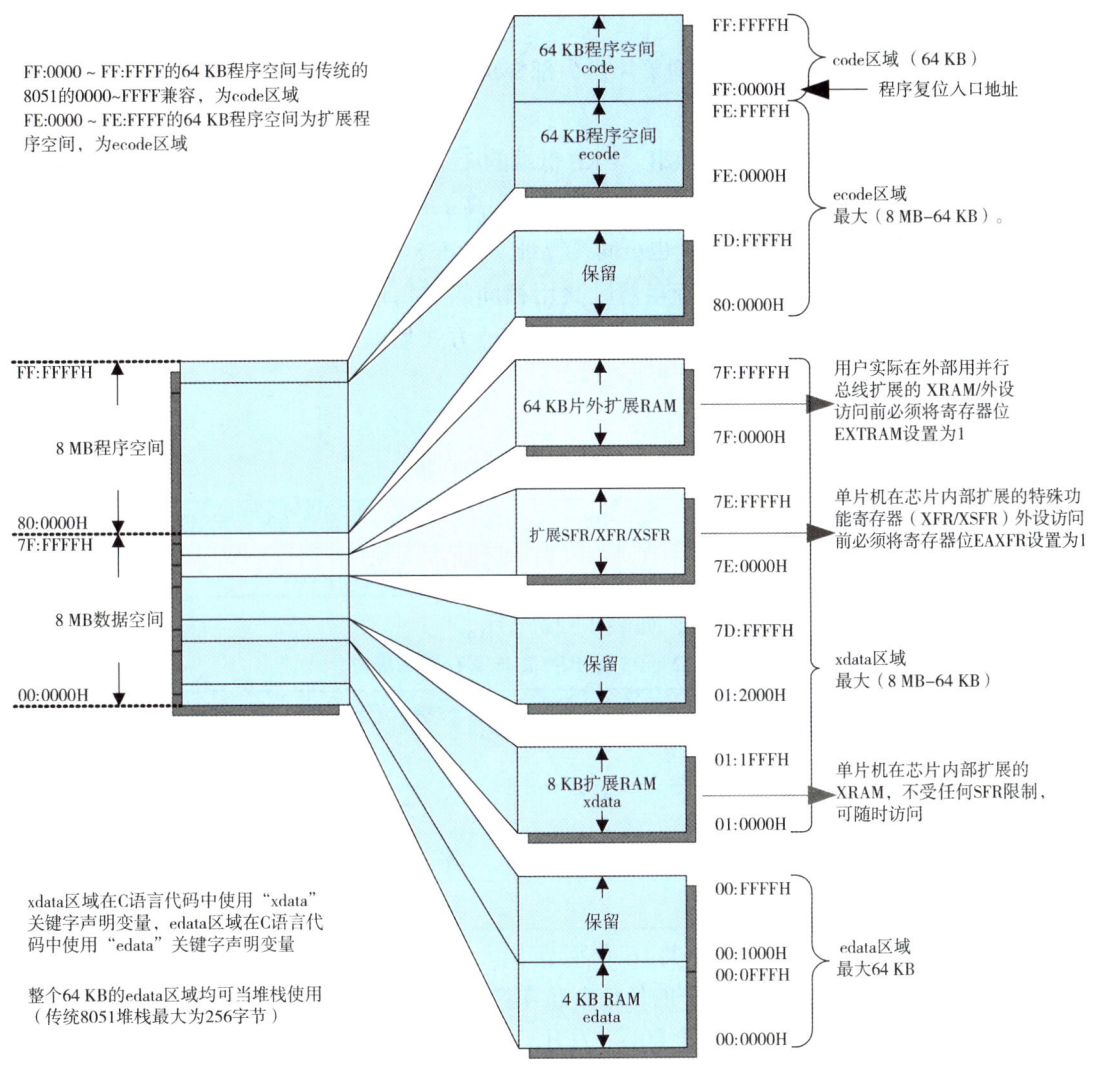

FF:0000~FF:FFFF的64 KB程序空间与传统的8051的0000~FFFF兼容，为code区域
FE:0000~FE:FFFF的64 KB程序空间为扩展程序空间，为ecode区域

64 KB程序空间 code　FF:FFFFH
　　　　　　　　　　FF:0000H　code区域（64 KB）　程序复位入口地址
64 KB程序空间 ecode　FE:FFFFH
　　　　　　　　　　FE:0000H
保留　　　　　　　　FD:FFFFH　ecode区域 最大（8 MB-64 KB）
　　　　　　　　　　80:0000H

FF:FFFFH
8 MB程序空间
80:0000H
7F:FFFFH
8 MB数据空间
00:0000H

64 KB片外扩展RAM　7F:FFFFH　用户实际在外部用并行总线扩展的XRAM/外设访问前必须将寄存器位EXTRAM设置为1
　　　　　　　　　7F:0000H

扩展SFR/XFR/XSFR　7E:FFFFH　单片机在芯片内部扩展的特殊功能寄存器（XFR/XSFR）外设访问前必须将寄存器位EAXFR设置为1
　　　　　　　　　7E:0000H

保留　　　　　　　7D:FFFFH　xdata区域 最大（8 MB-64 KB）
　　　　　　　　　01:2000H

8 KB扩展RAM xdata　01:1FFFH　单片机在芯片内部扩展的XRAM，不受任何SFR限制，可随时访问
　　　　　　　　　01:0000H

xdata区域在C语言代码中使用"xdata"关键字声明变量，edata区域在C语言代码中使用"edata"关键字声明变量

保留　　　　　　　00:FFFFH
　　　　　　　　　00:1000H　edata区域 最大64 KB
4 KB RAM edata　　00:0FFFH
　　　　　　　　　00:0000H

整个64 KB的edata区域均可当堆栈使用（传统8051堆栈最大为256字节）

图1-8　存储器分布图

（1）程序存储器：单片机复位后，程序计数器(PC)的内容为FF:0000H，从FF:0000H单元开始执行程序。另外，中断服务程序的入口地址（又称中断向量）也位于程序存储器单元。在程序存储器中，每个中断都有一个固定的入口地址，当中断发生并得到响应后，单片机就会自动跳转到相应的中断入口地址去执行程序。外部中断0(INT0)的中断服务程序的入口地址是FF:0003H，定时器/计数器0的中断服务程序的入口地址是FF:000BH，外部中断1(INT1)的中断服务程序的入口地址是FF:0013H，定时器/计数器1的中断服务程序的入口地址是FF:001BH等。

由于相邻中断入口地址的间隔区间仅有8个字节，一般情况下无法保存完整的中断服务程序，因此在中断响应的地址区域存放一条无条件转移指令，指向真正存放中断服务程序的空间。

STC32G系列单片机中都有Flash数据存储器(EEPROM)。该存储器以字节为单位进行读/写数据，以512字节为单位进行擦除，可在线反复编程擦写10万次以上，使用灵活方便。

（2）数据存储器：STC32G 系列单片机内部集成的 RAM 可用于存放程序执行的中间结果和过程数据。

①内部 RAM：内部 RAM 共 4 KB，4 KB 低端的 256 字节与 8051 单片机的 256 字节 DATA 完全兼容，可分为两个部分，即低 128 字节 RAM 和高 128 字节 RAM。低 128 字节 RAM 与传统 8051 单片机兼容，既可直接寻址也可间接寻址。高 128 字节 RAM（在 8052 单片机中扩展了高 128 字节 RAM）与特殊功能寄存器区共用相同的逻辑地址，即都使用 80H~FFH，但在物理上是分别独立的，即使用时通过不同的寻址方式加以区分。高 128 字节 RAM 只能间接寻址，特殊功能寄存器区只可直接寻址。

②程序状态寄存器如表 1-21 所示。

表 1-21 程序状态寄存器

符号	地址	B7	B6	B5	B4	B3	B2	B1	B0
PSW	D0H	CY	AC	F0	RS1	RS0	OV	—	P

RS1、RS0 工作寄存器选择位，如表 1-22 所示。

表 1-22 RS1、RS0 工作寄存器选择位

RS1	RS0	工作寄存器组（R0~R7）
0	0	第 0 组（00H~07H）
0	1	第 1 组（08H~0FH）
1	0	第 2 组（10H~17H）
1	1	第 3 组（18H~1FH）

位寻址区的地址从 20H~2FH 共 16 个字节单元。20H~2FH 单元既可像普通 RAM 单元一样按字节存取，也可以对单元中的任何一位单独存取，共 128 位，所对应的逻辑位地址范围是 00H~7FH。位地址范围是 00H~7FH，内部 RAM 低 128 字节的地址也是 00H~7FH。从外表看，二者地址是一样的，实际上二者具有本质的区别：位地址指向的是一个位，而字节地址指向的是一个字节单元，在程序中使用不同的指令区分。

内部 RAM 中的 30H~FFH 单元是用户 RAM 和堆栈区。一个 8 位的堆栈指针（SP），用于指向堆栈区。单片机复位后，堆栈指针 SP 为 07H，指向工作寄存器组 0 中的 R7，所以用户初始化程序都应对 SP 设置初值，一般设置为 80H 以后的单元为宜。

堆栈指针是一个 8 位专用寄存器，用于指示堆栈顶部在内部 RAM 中的位置。系统复位后，SP 初始化为 07H，使堆栈事实上由 08H 单元开始，考虑 08H~1FH 单元分别属于工作寄存器组 1~3，若在程序设计中用到这些区，则最好把 SP 值改为 80H 或更大的值。STC32G 系列单片机的堆栈是向上生长的，即将数据压入堆栈后，SP 内容增大，且堆栈可提高到 32 KB。

③内部扩展 RAM，XRAM，XDATA：STC32G 系列单片机片内除集成 256 字节的内部 RAM 外，还集成了内部扩展 RAM。访问内部扩展 RAM 的方法和传统 8051 单片机访问外部扩展 RAM 的方法相同，但是不影响 P0 口（数据总线和高 8 位地址总线）、P2 口（低 8 位地址总线），以及 RD、WR 和 ALE 等端口上的信号。

注意：pdata 为 XDATA 的低 256 字节，在 C 语言中定义变量为 pdata 类型后，编译器

会自动将变量分配在 XDATA 的 0000H~00FFH 区域,并使用"MOVX@Ri,A"和"MOVX A @Ri"进行访问。

单片机内部扩展 RAM 是否可以访问,受辅助寄存器 AUXR 中的 EXTRAM 位控制。

④辅助寄存器如表 1-23 所示。

表 1-23　辅助寄存器

符号	地址	B7	B6	B5	B4	B3	B2	B1	B0
AUXR	8EH	T0x12	T1x12	UART_M0x6	T2R	T2_C/T	T2x12	EXTRAM	S1BRT

EXTRAM:扩展 RAM 访问控制位。

　　0:禁止访问内部扩展 RAM。
　　1:可以访问内部扩展 RAM。

⑤外部扩展 RAM,XRAM,XDATA:STC32G 系列单片机具有扩展 64 KB 外部数据存储器的能力。访问外部数据存储器期间,WR/RD/ALE 信号要有效。STC32G 系列单片机控制外部 64 KB 数据总线速度的特殊功能寄存器,如表 1-24 所示。

表 1-24　总线速度控制寄存器

符号	地址	B7	B6	B5	B4	B3	B2	B1	B0
BUS_SPEED	A1H	RW_S[1:0]					SPEED[2:0]		

RW_S[1:0]:RD/WR 控制线选择位。

　　00:P4.4 为 RD,P4.2 为 WR。
　　x1:保留。

SPEED[2:0]:总线读/写速度控制(读/写数据时控制信号和数据信号的准备时间和保持时间)。

1.3.8　STC32G12K 单片机特殊功能寄存器

特殊功能寄存器如表 1-25 所示。

表 1-25　特殊功能寄存器

地址	0/8	1/9	2/A	3/B	4/C	5/D	6/E	7/F
F8H	P7	LINICR	LINAR	LINDR	USBADR	S4CON	S4BUF	RSTCFG
F0H	B	CANICR			USBCON	IAP_TPS	IAP_ADDRE	ICHECR
E8H	P6	WTST	CKCON	MXAX	USBDAT	DMAIR	IP3H	AUXINTIF
E0H	ACC	P7M1	P7M0	DPS			CMPCR1	CMPCR2
D8H					USBCLK	T4T3M	ADCCFG	IP3
D0H	PSW	PSW1	T4H	T4L	T3H	T3L	T2H	T2L
C8H	P5	P5M1	P5M0	P6M1	P6M0	SPSTAT	SPCTL	SPDAT
C0H	P4	WDT_CONTR	IAP_DATA	IAP_ADDRH	IAP_ADDRL	IAP_CMD	IAP_TRIG	IAP_CONTR
B8H	IP	SADEN	P_SW2	P_SW3	ADC_CONTR	ADC_RES	ADC_RESL	
B0H	P3	P3M1	P3M0	P4M1	P4M0	IP2	IP2H	IPH

续表

地址	0/8	1/9	2/A	3/B	4/C	5/D	6/E	7/F
A8H	IE	SADDR	WKTCL	WKTCH	S3CON	S3BUF	TA	IE2
A0H	P2	BUS_SPEED	P_SW1					
98H	SCON	SBUF	S2CON	S2BUF		IRCBAND	LIRTRIM	IRTRIM
90H	P1	P1M1	P1M0	P0M1	P0M0	P2M1	P2M0	AUXR2
88H	TCON	TMOD	TL0	TL1	TH0	TH1	AUXR	INTCLKO
80H	P0	SP	DPL	DPH	DPXL	SPH		PCON

1.4　STC32G12K 单片机接口系统

1.4.1　STC32G12K 单片机端口数据寄存器

端口数据寄存器分布情况如表 1-26 所示。

表 1-26　端口数据寄存器分布情况

符号	地址	B7	B6	B5	B4	B3	B2	B1	B0
P0	80H	P0.7	P0.6	P0.5	P0.4	P0.3	P0.2	P0.1	P0.0
P1	90H	P1.7	P1.6	P1.5	P1.4	P1.3	P1.2	P1.1	P1.0
P2	A0H	P2.7	P2.6	P2.5	P2.4	P2.3	P2.2	P2.1	P2.0
P3	B0H	P3.7	P3.6	P3.5	P3.4	P3.3	P3.2	P3.1	P3.0
P4	C0H	P4.7	P4.6	P4.5	P4.4	P4.3	P4.2	P4.1	P4.0
P5	C8H			P5.5	P5.4	P5.3	P5.2	P5.1	P5.0
P6	E8H	P6.7	P6.6	P6.5	P6.4	P6.3	P6.2	P6.1	P6.0
P7	F8H	P7.7	P7.6	P7.5	P7.4	P7.3	P7.2	P7.1	P7.0

读/写端口状态如下。

> 写 0：输出低电平到端口缓冲区。
> 写 1：输出高电平到端口缓冲区。
> 读：直接读端口引脚上的电平。

1.4.2　STC32G12K 单片机 I/O 口配置

每个 I/O 口的配置都需要使用两个寄存器进行设置。以 P0 口为例，配置 P0 口需要使用 P0M0 和 P0M1 两个寄存器进行配置，即 P0M0 的第 0 位和 P0M1 的第 0 位组合起来配置 P0.0 口的模式，P0M0 的第 1 位和 P0M1 的第 1 位组合起来配置 P0.1 口的模式。其他所有 I/O 口的配置都与此类似。

PnM0 与 PnM1 的组合方式如表 1-27 所示。

表 1-27　P*n*M0 与 P*n*M1 的组合方式

P*n*M1	P*n*M0	I/O 口工作模式
0	0	准双向口(传统 8051 端口模式，弱上拉) 灌电流可达 20 mA，拉电流为 270 μA～150 μA(存在制造误差)
0	1	强推挽输出(强上拉输出，可达 20 mA，要加限流电阻)
1	0	高阻输入(电流既不能流入也不能流出)
1	1	开漏输出(Open-Drain)，内部上拉电阻断开 开漏模式既可读外部状态也可对外输出(高电平或低电平)。如果要正确读外部状态或需要对外输出高电平，则需外加上拉电阻，否则读不到外部状态，也对外输不出高电平

注：$n=0, 1, 2, 3, 4, 5, 6, 7$。

注意：虽然每个 I/O 口在弱上拉(准双向口)/强推挽输出/开漏输出模式时都能承受 20 mA 的灌电流(还是要加限流电阻，如 1 kΩ、560 Ω、472 Ω 等)，在强推挽输出时能输出 20 mA 的拉电流(也要加限流电阻)，但整个芯片的工作电流推荐不要超过 90 mA，即从 VCC 流入的电流建议不要超过 90 mA，从 GND 流出的电流建议不要超过 90 mA，整体流入/流出的电流建议都不要超过 90 mA。

1.4.3　STC32G12K 单片机 I/O 结构

①准双向口(弱上拉)：准双向口(弱上拉)输出类型可用作输出和输入功能而不需要重新配置端口输出状态。这是因为当端口输出为 1 时驱动能力很弱，允许外部装置将其拉低。当引脚输出为低电平时，它的驱动能力很强，可吸收相当大的电流。准双向口有 3 个上拉晶体管以适应不同的需要。

在 3 个上拉晶体管中，第 1 个上拉晶体管称为"弱上拉"晶体管，当端口寄存器为 1 且引脚本身也为 1 时打开。此上拉晶体管提供基本驱动电流使准双向口输出为 1。如果一个引脚输出为 1 而由外部装置下拉到低电平时，"弱上拉"晶体管关闭而"极弱上拉"晶体管维持开状态，为了把这个引脚强拉为低电平，外部装置必须有足够的灌电流使引脚上的电压降到门槛电压以下。对于 5 V 单片机，"弱上拉"晶体管的电流约为 250 μA；对于 3.3 V 单片机，"弱上拉"晶体管的电流约为 150 μA。

第 2 个上拉晶体管称为"极弱上拉"晶体管，当端口锁存器为 1 时打开。当引脚悬空时，这个极弱的上拉源产生很弱的上拉电流将引脚上拉为高电平。对于 5 V 单片机，"极弱上拉"晶体管的电流约为 18 μA；对于 3.3 V 单片机，"极弱上拉"晶体管的电流约为 5 μA。

第 3 个上拉晶体管称为"强上拉"晶体管，当端口锁存器由 0 到 1 跳变时，这个上拉源用来加快准双向口由逻辑 0 到逻辑 1 转换。当发生这种情况时，强上拉打开约 2 个时钟以使引脚能够迅速上拉到高电平。

准双向口(弱上拉)带有一个施密特触发输入以及一个干扰抑制电路。准双向口(弱上拉)读外部状态前，要先锁存为 1，才可读到外部正确的状态。

STC32G12K 单片机准双向口输出如图 1-9 所示。

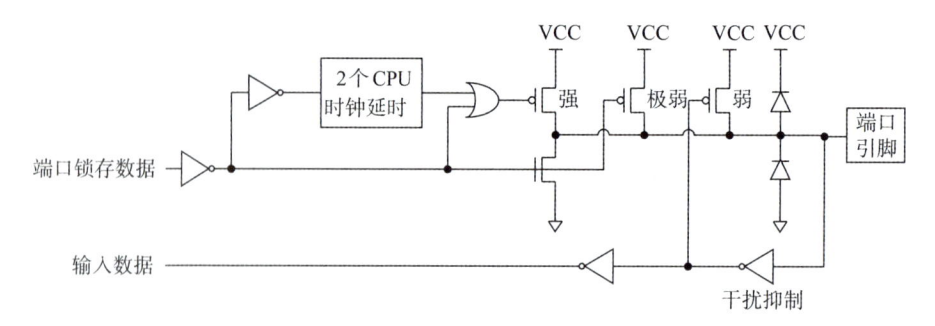

图 1-9　STC32G12K 单片机准双向口输出

②强推挽输出：推挽输出配置的下拉结构与开漏输出以及准双向口的下拉结构相同，但当锁存器为 1 时提供持续的强上拉。推挽模式一般用于需要更大驱动电流的情况。

STC32G12K 单片机强推挽输出如图 1-10 所示。

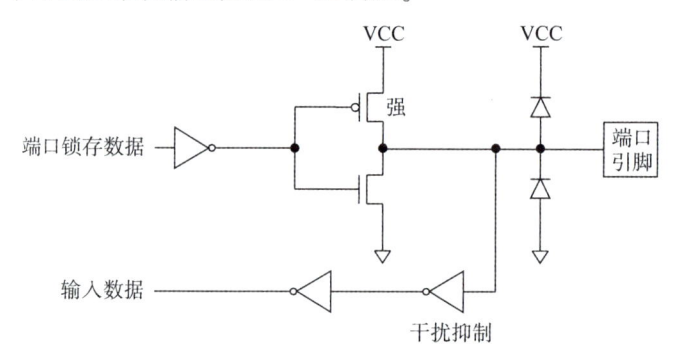

图 1-10　STC32G12K 单片机强推挽输出

③高阻输入：电流既不能流入也不能流出，输入口带有一个施密特触发输入以及一个干扰抑制电路。

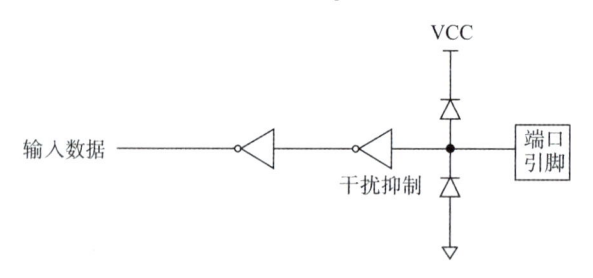

STC32G12K 单片机高阻输入如图 1-11 所示。

图 1-11　STC32G12K 单片机高阻输入

④开漏输出：开漏模式既可读外部状态也可对外输出(高电平或低电平)。如果要正确读外部状态或需要对外输出高电平，则需外加上拉电阻。

当端口锁存器为 0 时，开漏输出关闭所有上拉晶体管。当作为一个逻辑输出高电平时，这种配置方式必须有外部上拉，一般通过电阻外接到 VCC。如果外部有上拉电阻，开漏的 I/O 口还可读外部状态，即此时被配置为开漏模式的 I/O 口还可作为输入 I/O 口。这种方式的下拉结构与准双向口相同。

开漏端口带有一个施密特触发输入以及一个干扰抑制电路。

STC32G12K 单片机开漏输出如图 1-12 所示。

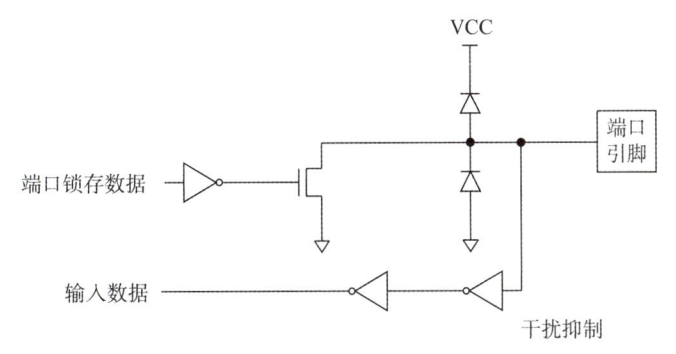

图 1-12　STC32G12K 单片机开漏输出

⑤新增 4.1 kΩ 上拉电阻如表 1-28 所示。

表 1-28　新增 4.1 kΩ 上拉电阻

符号	地址	B7	B6	B5	B4	B3	B2	B1	B0
P0PU	7EFE10H	P07PU	P06PU	P05PU	P04PU	P03PU	P02PU	P01PU	P00PU
P1PU	7EFE11H	P17PU	P16PU	P15PU	P14PU	P13PU	P12PU	P11PU	P10PU
P2PU	7EFE12H	P27PU	P26PU	P25PU	P24PU	P23PU	P22PU	P21PU	P20PU
P3PU	7EFE13H	P37PU	P36PU	P35PU	P34PU	P33PU	P32PU	P31PU	P30PU
P4PU	7EFE14H	P47PU	P46PU	P45PU	P44PU	P43PU	P42PU	P41PU	P40PU
P5PU	7EFE15H				P54PU	P53PU	P52PU	P51PU	P50PU
P6PU	7EFE16H	P67PU	P66PU	P65PU	P64PU	P63PU	P62PU	P61PU	P60PU
P7PU	7EFE17H	P77PU	P76PU	P75PU	P74PU	P73PU	P72PU	P71PU	P70PU

端口内部 4.1 kΩ 上拉电阻控制位：（注意：P3.0 和 P3.1 口上的上拉电阻可能会略小一些。）

0：禁止端口内部的 4.1 kΩ 上拉电阻。

1：使能端口内部的 4.1 kΩ 上拉电阻。

⑥如何设置 I/O 口对外输出速度：当用户需要 I/O 口对外输出较快的频率时，可加大 I/O 口驱动电流以及提高 I/O 口电平转换速度，如表 1-29 所示。

表 1-29　I/O 口对外输出速度寄存器

符号	地址	B7	B6	B5	B4	B3	B2	B1	B0
P0SR	7EFE20H	P07SR	P06SR	P05SR	P04SR	P03SR	P02SR	P01SR	P00SR
P1SR	7EFE21H	P17SR	P16SR	P15SR	P14SR	P13SR	P12SR	P11SR	P10SR
P2SR	7EFE22H	P27SR	P26SR	P25SR	P24SR	P23SR	P22SR	P21SR	P20SR
P3SR	7EFE23H	P37SR	P36SR	P35SR	P34SR	P33SR	P32SR	P31SR	P30SR

续表

符号	地址	B7	B6	B5	B4	B3	B2	B1	B0
P4SR	7EFE24H	P47SR	P46SR	P45SR	P44SR	P43SR	P42SR	P41SR	P40SR
P5SR	7EFE25H	—	—	P55SR	P54SR	P53SR	P52SR	P51SR	P50SR
P6SR	7EFE26H	P67SR	P66SR	P65SR	P64SR	P63SR	P62SR	P61SR	P60SR
P7SR	7EFE27H	P77SR	P76SR	P75SR	P74SR	P73SR	P72SR	P71SR	P70SR

设置 PxSR 寄存器,可用于控制 I/O 口电平转换速度,当 PxSR 设置为 0 时相应的 I/O 口为快速翻转,设置为 1 时相应的 I/O 口为慢速翻转。

设置 PxDR 寄存器,可用于控制 I/O 口驱动电流大小,当 PxDR 设置为 1 时 I/O 输出为一般驱动电流,设置为 0 时 I/O 输出为强驱动电流。

⑦如何设置 I/O 电流驱动能力:若需要改变 I/O 口的电流驱动能力,则可通过设置 PxDR 寄存器来实现,如表 1-30 所示。

表 1-30　I/O 口电流驱动寄存器

符号	地址	B7	B6	B5	B4	B3	B2	B1	B0
P0DR	7EFE28H	P07DR	P06DR	P05DR	P04DR	P03DR	P02DR	P01DR	P00DR
P1DR	7EFE29H	P17DR	P16DR	P15DR	P14DR	P13DR	P12DR	P11DR	P10DR
P2DR	7EFE2AH	P27DR	P26DR	P25DR	P24DR	P23DR	P22DR	P21DR	P20DR
P3DR	7EFE2BH	P37DR	P36DR	P35DR	P34DR	P33DR	P32DR	P31DR	P30DR
P4DR	7EFE2CH	P47DR	P46DR	P45DR	P44DR	P43DR	P42DR	P41DR	P40DR
P5DR	7EFE2DH	—	—	P55DR	P54DR	P53DR	P52DR	P51DR	P50DR
P6DR	7EFE2EH	P67DR	P66DR	P65DR	P64DR	P63DR	P62DR	P61DR	P60DR
P7DR	7EFE2FH	P77DR	P76DR	P75DR	P74DR	P73DR	P72DR	P71DR	P70DR

设置 PxDR 寄存器,可用于控制 I/O 口驱动电流大小,PxDR 设置为 1 时 I/O 输出为一般驱动电流,设置为 0 时 I/O 输出为强驱动电流。

1.4.4　STC32G12K 单片机端口程序设置范例

(1)端口模式设置(适用于所有的 I/O)。

```c
#include "stc32g.h"              //头文件见下载软件
#include "intrins.h"

void main()
{
    EAXFR = 1;                   //使能访问 XFR
    CKCON = 0x00;                //设置外部数据总线速度为最快
    WTST = 0x00;                 //设置程序代码等待参数,赋值为 0 时可将 CPU 执行
                                 //程序的速度设置为最快
```

```c
    P0M0 = 0x00;                //设置 P0.0~P0.7 为准双向口模式
    P0M1 = 0x00;
    P1M0 = 0xff;                //设置 P1.0~P1.7 为强推挽输出模式
    P1M1 = 0x00;
    P2M0 = 0x00;                //设置 P2.0~P2.7 为高阻输入模式
    P2M1 = 0xff;

    P3M0 = 0xcc;                //设置 P3.0~P3.1 为准双向口模式
    P3M1 = 0xf0;                //设置 P3.2~P3.3 为强推挽输出模式
                                //设置 P3.4~P3.5 为高阻输入模式
                                //设置 P3.6~P3.7 为开漏模式
    while (1);
}
```

(2) 打开 I/O 口内部上拉电阻(适用于所有的 I/O)。

```c
#include "stc32g.h"             //头文件见下载软件
#include "intrins.h"

void main()
{
    EAXFR = 1;                  //使能访问 XFR
    CKCON = 0x00;               //设置外部数据总线速度为最快
    WTST = 0x00;                //设置程序代码等待参数,
                                //赋值为 0 时可将 CPU 执行程序的速度设置为最快

    P0M0 = 0x00;
    P0M1 = 0x00;
    P1M0 = 0x00;
    P1M1 = 0x00;
    P2M0 = 0x00;
    P2M1 = 0x00;
    P3M0 = 0x00;
    P3M1 = 0x00;
    P4M0 = 0x00;
    P4M1 = 0x00;
    P5M0 = 0x00;
    P5M1 = 0x00;

    P0PU = 0x0f;                //打开 P0.0~P0.3 口的内部上拉电阻

    P1PU = 0xf0;                //打开 P1.4~P1.7 口的内部上拉电阻

    while (1);
}
```

1.5　STC32G12K 单片机中断系统

中断系统是为使 CPU 具有对外界紧急事件的实时处理能力而设置的。当 CPU 正在处理某件事的时候外界发出了紧急事件请求，要求 CPU 暂停当前的工作，转而去处理这个紧急事件，处理完以后，再回到原来被中断的地方，继续原来的工作，这样的过程称为中断。实现这种功能的部件称为中断系统，请示 CPU 中断的请求源称为中断源。微型机的中断系统一般允许有多个中断源，当几个中断源同时向 CPU 请求中断，要求为它服务时，这就存在 CPU 优先响应哪一个中断源请求的问题。通常根据中断源的轻重缓急排队，优先处理最紧急事件的中断源请求，即规定每一个中断源有一个优先级别。CPU 总是先响应优先级别最高的中断请求。

当 CPU 正在处理一个中断源请求的时候(执行相应的中断服务程序)，发生了另外一个优先级比它还高的中断源请求。如果 CPU 能够暂停对原来中断源的服务程序，转而去处理优先级更高的中断源请求，处理完以后，再回到原低级中断服务程序，这样的过程称为中断嵌套，这样的中断系统称为多级中断系统，没有中断嵌套功能的中断系统称为单级中断系统。

用户可以关闭总中断允许位(EA/IE.7)或相应中断的允许位来屏蔽相应的中断请求，也可以打开相应的中断允许位来使 CPU 响应相应的中断申请。每一个中断源可以用软件独立地控制为开中断或关中断状态，部分中断的优先级别均可用软件设置。高优先级的中断请求可以打断低优先级的中断，反之，低优先级的中断请求不能打断高优先级的中断。当两个相同优先级的中断请求同时产生时，将由查询次序来决定系统先响应哪个中断请求。

1.5.1　STC32G 系列单片机中断源

STC32G 系列单片机中断源如表 1-31 所示。

表 1-31　STC32G 系列单片机中断源

中断源	STC32G12K128	STC32G8K64	STC32F12K60
外部中断 0 中断(INT0)	√	√	√
定时器 0 中断(Timer0)	√	√	√
外部中断 1 中断(INT1)	√	√	√
定时器 1 中断(Timer1)	√	√	√
串口 1 中断(UART1)	√	√	√
模数转换中断(ADC)	√	√	√
低压检测中断(LVD)	√	√	√
串口 2 中断(UART2)	√	√	√
串行外设接口中断(SPI)	√	√	√
外部中断 2 中断(INT2)	√	√	√
外部中断 3 中断(INT3)	√	√	√
定时器 2 中断(Timer2)	√	√	√
外部中断 4 中断(INT4)	√	√	√
串口 3 中断(UART3)	√	√	√

续表

中断源	STC32G12K128	STC32G8K64	STC32F12K60
串口 4 中断(UART4)	√	√	√
定时器 3 中断(Timer3)	√	√	√
定时器 4 中断(Timer4)	√	√	√
比较器中断(CMP)	√	√	√
I2C 总线中断	√	√	
USB 中断	√		√
PWMA	√	√	√
PWMB	√	√	√
CAN 中断	√	√	√
CAN2 中断	√	√	√
LIN 中断	√	√	√
RTC 中断	√	√	√
P0 口中断	√	√	√
P1 口中断	√	√	√
P2 口中断	√	√	√
P3 口中断	√	√	√
P4 口中断	√	√	√
P5 口中断	√		
P6 口中断	√		
P7 口中断	√		
M2M_DMA 中断	√	√	√
ADC_DMA 中断	√	√	√
SPI_DMA 中断	√	√	√
串口 1 发送 DMA 中断	√	√	√
串口 1 接收 DMA 中断	√	√	√
串口 2 发送 DMA 中断	√	√	√
串口 2 接收 DMA 中断	√	√	√
串口 3 发送 DMA 中断	√	√	√
串口 3 接收 DMA 中断	√	√	√
串口 4 发送 DMA 中断	√	√	√
串口 4 接收 DMA 中断	√	√	√
LCM_DMA 中断	√	√	√
LCM 中断	√	√	√
I2C 发送 DMA 中断	√	√	√
I2C 接收 DMA 中断	√	√	√
I2S 中断			√
I2S 发送 DMA 中断			√
I2S 接收 DMA 中断			√

1.5.2 STC32G 系列单片机中断结构

STC32G 系列单片机中断结构如图 1-13 所示。

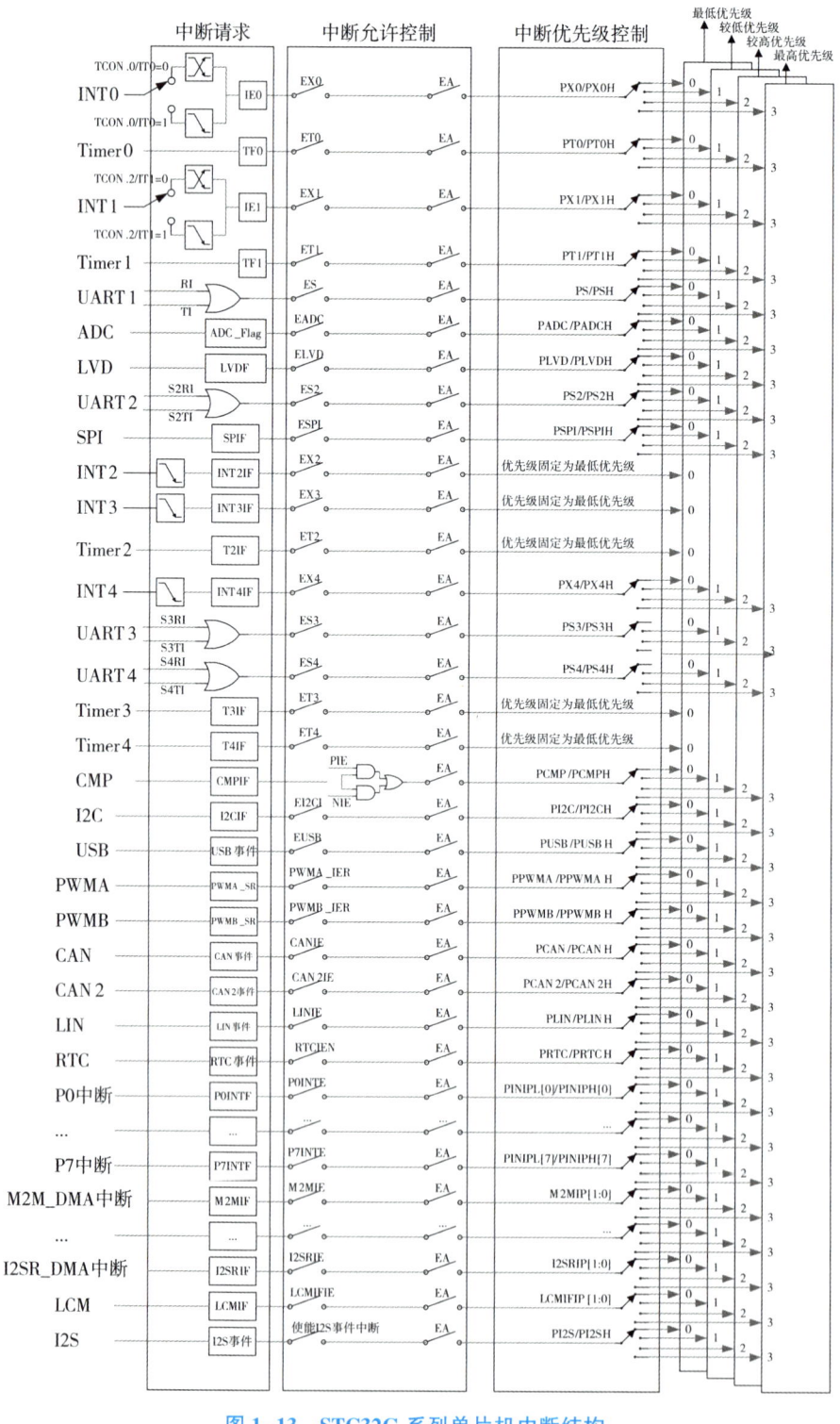

图 1-13 STC32G 系列单片机中断结构

1.5.3　STC32G12K 单片机中断使能寄存器（中断允许位）

①IE 中断使能寄存器如表 1-32 所示。

表 1-32　IE 中断使能寄存器

符号	地址	B7	B6	B5	B4	B3	B2	B1	B0
IE	A8H	EA	ELVD	EADC	ES	ET1	EX1	ET0	EX0

EA：总中断允许控制位。EA 的作用是使中断允许形成多级控制，即各中断源首先受 EA 控制；其次还受各中断源自己的中断允许控制位控制。

　　0：CPU 屏蔽所有的中断申请。
　　1：CPU 开放中断。

ELVD：低压检测中断允许位。

　　0：禁止低压检测中断。
　　1：允许低压检测中断。

EADC：A/D 转换中断允许位。

　　0：禁止 A/D 转换中断。
　　1：允许 A/D 转换中断。

ES：串口 1 中断允许位。

　　0：禁止串口 1 中断。
　　1：允许串口 1 中断。

ET1：定时/计数器 T1 的溢出中断允许位。

　　0：禁止 T1 中断。
　　1：允许 T1 中断。

EX1：外部中断 1 中断允许位。

　　0：禁止外部中断 1 中断。
　　1：允许外部中断 1 中断。

ET0：定时/计数器 T0 的溢出中断允许位。

　　0：禁止 T0 中断。
　　1：允许 T0 中断。

EX0：外部中断 0 中断允许位。

　　0：禁止外部中断 0 中断。
　　1：允许外部中断 0 中断。

②IE2 中断使能寄存器如表 1-33 所示。

表 1-33　IE2 中断使能寄存器

符号	地址	B7	B6	B5	B4	B3	B2	B1	B0
IE2	AFH	EUSB	ET4	ET3	ES4	ES3	ET2	ESPI	ES2

EUSB：USB 中断允许位。

　　0：禁止 USB 中断。
　　1：允许 USB 中断。

ET4：定时/计数器 T4 的溢出中断允许位。

> 0：禁止 T4 中断。
> 1：允许 T4 中断。

ET3：定时/计数器 T3 的溢出中断允许位。

> 0：禁止 T3 中断。
> 1：允许 T3 中断。

ES4：串口 4 中断允许位。

> 0：禁止串口 4 中断。
> 1：允许串口 4 中断。

ES3：串口 3 中断允许位。

> 0：禁止串口 3 中断。
> 1：允许串口 3 中断。

ET2：定时/计数器 T2 的溢出中断允许位。

> 0：禁止 T2 中断。
> 1：允许 T2 中断。

ESPI：SPI 中断允许位。

> 0：禁止 SPI 中断。
> 1：允许 SPI 中断。

ES2：串口 2 中断允许位。

> 0：禁止串口 2 中断。
> 1：允许串口 2 中断。

STC32G12K 单片机中断相关寄存器，见二维码。

1.5.4　STC32G12K 单片机中断请求寄存器(中断标志位)

定时器控制寄存器如表 1-34 所示。

表 1-34　定时器控制寄存器

符号	地址	B7	B6	B5	B4	B3	B2	B1	B0
TCON	88H	TF1	TR1	TF0	TR0	IE1	IT1	IE0	IT0

TF1：定时器 1 溢出中断标志。中断服务程序中，硬件自动清零。
TF0：定时器 0 溢出中断标志。中断服务程序中，硬件自动清零。
IE1：外部中断 1 中断请求标志。中断服务程序中，硬件自动清零。
IE0：外部中断 0 中断请求标志。中断服务程序中，硬件自动清零。

中断标志辅助寄存器如表 1-35 所示。

表 1-35　中断标志辅助寄存器

符号	地址	B7	B6	B5	B4	B3	B2	B1	B0
AUXINTIF	EFH		INT4IF	INT3IF	INT2IF		T4IF	T3IF	T2IF

INT4IF：外部中断 4 中断请求标志。中断服务程序中，硬件自动清零。
INT3IF：外部中断 3 中断请求标志。中断服务程序中，硬件自动清零。

INT2IF：外部中断 2 中断请求标志。中断服务程序中，硬件自动清零。

T4IF：定时器 4 溢出中断标志。中断服务程序中，硬件自动清零（注意：此位为只写寄存器，不可读）。

T3IF：定时器 3 溢出中断标志。中断服务程序中，硬件自动清零（注意：此位为只写寄存器，不可读）。

T2IF：定时器 2 溢出中断标志。中断服务程序中，硬件自动清零（注意：此位为只写寄存器，不可读）。

串口控制寄存器如表 1-36 所示。

表 1-36 串口控制寄存器

符号	地址	B7	B6	B5	B4	B3	B2	B1	B0
SCON	98H	SM0/FE	SM1	SM2	REN	TB8	RB8	TI	RI
S2CON	9AH	S2SM0		S2SM2	S2REN	S2TB8	S2RB8	S2TI	S2RI
S3CON	ACH	S3SM0	S3ST3	S3SM2	S3REN	S3TB8	S3RB8	S3TI	S3RI
S4CON	FDH	S4SM0	S4ST4	S4SM2	S4REN	S4TB8	S4RB8	S4TI	S4RI

TI：串口 1 发送完成中断请求标志。需要软件清零。

RI：串口 1 接收完成中断请求标志。需要软件清零。

S2TI：串口 2 发送完成中断请求标志。需要软件清零。

S2RI：串口 2 接收完成中断请求标志。需要软件清零。

S3TI：串口 3 发送完成中断请求标志。需要软件清零。

S3RI：串口 3 接收完成中断请求标志。需要软件清零。

S4TI：串口 4 发送完成中断请求标志。需要软件清零。

S4RI：串口 4 接收完成中断请求标志。需要软件清零。

电源管理寄存器如表 1-37 所示。

表 1-37 电源管理寄存器

符号	地址	B7	B6	B5	B4	B3	B2	B1	B0
PCON	87H	SMOD	SMOD0	LVDF	POF	GF1	GF0	PD	IDL

LVDF：低压检测中断请求标志。需要软件清零。

ADC 控制寄存器如表 1-38 所示。

表 1-38 ADC 控制寄存器

符号	地址	B7	B6	B5	B4	B3	B2	B1	B0
ADC_CONTR	BCH	ADC_POWER	ADC_START	ADC_FLAG	ADC_EPWMT	ADC_CHS[3:0]			

ADC_FLAG：ADC 转换完成中断请求标志。需要软件清零。

STC32G12K 单片机其他相关标志寄存器功能，见二维码。

1.5.5 STC32G12K 单片机中断优先级寄存器

中断优先级控制寄存器如表 1-39 所示。

STC32G12K 单片机
其他相关标志寄存器功能

表 1-39　中断优先级控制寄存器

符号	地址	B7	B6	B5	B4	B3	B2	B1	B0
IP	B8H	PPWMA	PLVD	PADC	PS	PT1	PX1	PT0	PX0
IPH	B7H	PPWMAH	PLVDH	PADCH	PSH	PT1H	PX1H	PT0H	PX0H
IP2	B5H	PUSB	PI2C	PCMP	PX4	PPWMB	PUSB	PSPI	PS2
IP2H	B6H	PUSBH	PI2CH	PCMPH	PX4H	PPWMBH	PUSBH	PSPIH	PS2H
IP3	DFH					PI2S	PRTC	PS4	PS3
IP3H	EEH					PI2SH	PRTCH	PS4H	PS3H

PX0H，PX0：外部中断 0 中断优先级控制位。

  00：外部中断 0 中断优先级为 0 级(最低级)。
  01：外部中断 0 中断优先级为 1 级(较低级)。
  10：外部中断 0 中断优先级为 2 级(较高级)。
  11：外部中断 0 中断优先级为 3 级(最高级)。

PT0H，PT0：定时器 0 中断优先级控制位。

  00：定时器 0 中断优先级为 0 级(最低级)。
  01：定时器 0 中断优先级为 1 级(较低级)。
  10：定时器 0 中断优先级为 2 级(较高级)。
  11：定时器 0 中断优先级为 3 级(最高级)。

PX1H，PX1：外部中断 1 中断优先级控制位。

  00：外部中断 1 中断优先级为 0 级(最低级)。
  01：外部中断 1 中断优先级为 1 级(较低级)。
  10：外部中断 1 中断优先级为 2 级(较高级)。
  11：外部中断 1 中断优先级为 3 级(最高级)。

PT1H，PT1：定时器 1 中断优先级控制位。

  00：定时器 1 中断优先级为 0 级(最低级)。
  01：定时器 1 中断优先级为 1 级(较低级)。
  10：定时器 1 中断优先级为 2 级(较高级)。
  11：定时器 1 中断优先级为 3 级(最高级)。

PSH，PS：串口 1 中断优先级控制位。

  00：串口 1 中断优先级为 0 级(最低级)。
  01：串口 1 中断优先级为 1 级(较低级)。
  10：串口 1 中断优先级为 2 级(较高级)。
  11：串口 1 中断优先级为 3 级(最高级)。

PADCH，PADC：ADC 中断优先级控制位。

  00：ADC 中断优先级为 0 级(最低级)。
  01：ADC 中断优先级为 1 级(较低级)。
  10：ADC 中断优先级为 2 级(较高级)。
  11：ADC 中断优先级为 3 级(最高级)。

PLVDH，PLVD：LVD 低压检测中断优先级控制位。

> 00：LVD 中断优先级为 0 级（最低级）。
> 01：LVD 中断优先级为 1 级（较低级）。
> 10：LVD 中断优先级为 2 级（较高级）。
> 11：LVD 中断优先级为 3 级（最高级）。

PS2H，PS2：串口 2 中断优先级控制位。

> 00：串口 2 中断优先级为 0 级（最低级）。
> 01：串口 2 中断优先级为 1 级（较低级）。
> 10：串口 2 中断优先级为 2 级（较高级）。
> 11：串口 2 中断优先级为 3 级（最高级）。

PS3H，PS3：串口 3 中断优先级控制位。

> 00：串口 3 中断优先级为 0 级（最低级）。
> 01：串口 3 中断优先级为 1 级（较低级）。
> 10：串口 3 中断优先级为 2 级（较高级）。
> 11：串口 3 中断优先级为 3 级（最高级）。

PS4H，PS4：串口 4 中断优先级控制位。

> 00：串口 4 中断优先级为 0 级（最低级）。
> 01：串口 4 中断优先级为 1 级（较低级）。
> 10：串口 4 中断优先级为 2 级（较高级）。
> 11：串口 4 中断优先级为 3 级（最高级）。

PSPIH，PSPI：SPI 中断优先级控制位。

> 00：SPI 中断优先级为 0 级（最低级）。
> 01：SPI 中断优先级为 1 级（较低级）。
> 10：SPI 中断优先级为 2 级（较高级）。
> 11：SPI 中断优先级为 3 级（最高级）。

PPWMAH，PPWMA：高级 PWMA 中断优先级控制位。

> 00：高级 PWMA 中断优先级为 0 级（最低级）。
> 01：高级 PWMA 中断优先级为 1 级（较低级）。
> 10：高级 PWMA 中断优先级为 2 级（较高级）。
> 11：高级 PWMA 中断优先级为 3 级（最高级）。

PPWMBH，PPWMB：高级 PWMB 中断优先级控制位。

> 00：高级 PWMB 中断优先级为 0 级（最低级）。
> 01：高级 PWMB 中断优先级为 1 级（较低级）。
> 10：高级 PWMB 中断优先级为 2 级（较高级）。
> 11：高级 PWMB 中断优先级为 3 级（最高级）。

PX4H，PX4：外部中断 4 中断优先级控制位。

> 00：外部中断 4 中断优先级为 0 级（最低级）。
> 01：外部中断 4 中断优先级为 1 级（较低级）。
> 10：外部中断 4 中断优先级为 2 级（较高级）。
> 11：外部中断 4 中断优先级为 3 级（最高级）。

PCMPH，PCMP：比较器(Comparator，CMP)中断优先级控制位。

00：CMP 中断优先级为 0 级(最低级)。
01：CMP 中断优先级为 1 级(较低级)。
10：CMP 中断优先级为 2 级(较高级)。
11：CMP 中断优先级为 3 级(最高级)。

PI2CH，PI2C：I2C 中断优先级控制位。

00：I2C 中断优先级为 0 级(最低级)。
01：I2C 中断优先级为 1 级(较低级)。
10：I2C 中断优先级为 2 级(较高级)。
11：I2C 中断优先级为 3 级(最高级)。

PUSBH，PUSB：USB 中断优先级控制位。

00：USB 中断优先级为 0 级(最低级)。
01：USB 中断优先级为 1 级(较低级)。
10：USB 中断优先级为 2 级(较高级)。
11：USB 中断优先级为 3 级(最高级)。

PRTCH，PRTC：RTC 中断优先级控制位。

00：RTC 中断优先级为 0 级(最低级)。
01：RTC 中断优先级为 1 级(较低级)。
10：RTC 中断优先级为 2 级(较高级)。
11：RTC 中断优先级为 3 级(最高级)。

PI2SH，PI2S：I2S 中断优先级控制位。

00：I2S 中断优先级为 0 级(最低级)。
01：I2S 中断优先级为 1 级(较低级)。
10：I2S 中断优先级为 2 级(较高级)。
11：I2S 中断优先级为 3 级(最高级)。

STC32G12K 单片机其他相关中断优先级寄存器功能，见二维码。

1.5.6 STC32G12K 单片机中断程序设置范例

(1)外部中断 0 中断(上升沿和下降沿)，可同时支持上升沿和下降沿。

```
#include "stc32g.h"              //头文件见下载软件
#include "intrins.h"

void INT0_Isr() interrupt 0
{
    if (P32)                     //判断上升沿和下降沿
    {
        P10 = !P10;              //测试端口
    }
    else
    {
        P11 = !P11;              //测试端口
```

```
        }
}

void main()
{
    EAXFR = 1;                  //使能访问 XFR
    CKCON = 0x00;               //设置外部数据总线速度为最快
    WTST = 0x00;                //设置程序代码等待参数,赋值为 0 时可将 CPU 执行
                                //程序的速度设置为最快

    P0M0 = 0x00;
    P0M1 = 0x00;
    P1M0 = 0x00;
    P1M1 = 0x00;
    P2M0 = 0x00;
    P2M1 = 0x00;
    P3M0 = 0x00;
    P3M1 = 0x00;
    P4M0 = 0x00;
    P4M1 = 0x00;
    P5M0 = 0x00;
    P5M1 = 0x00;

    IT0 = 0;                    //使能外部中断 0 上升沿和下降沿中断
    EX0 = 1;                    //使能外部中断 0 中断
    EA = 1;

    while (1);
}
```

(2)外部中断 0 中断(下降沿)。

```
#include "stc32g.h"             //头文件见下载软件
#include "intrins.h"

void INT0_Isr() interrupt 0
{
    P10 = !P10;                 //测试端口
}

void main()
{
    EAXFR = 1;                  //使能访问 XFR
    CKCON = 0x00;               //设置外部数据总线速度为最快
    WTST = 0x00;                //设置程序代码等待参数,赋值为 0 时可将 CPU 执行
                                //程序的速度设置为最快
```

```c
    P0M0 = 0x00;
    P0M1 = 0x00;
    P1M0 = 0x00;
    P1M1 = 0x00;
    P2M0 = 0x00;
    P2M1 = 0x00;
    P3M0 = 0x00;
    P3M1 = 0x00;
    P4M0 = 0x00;
    P4M1 = 0x00;
    P5M0 = 0x00;
    P5M1 = 0x00;

    IT0 = 1;                    //使能外部中断0下降沿中断
    EX0 = 1;                    //使能外部中断0中断
    EA = 1;

    while (1);
}
```

（3）定时器0中断。

```c
#include "stc32g.h"             //头文件见下载软件
#include "intrins.h"

void TM0_Isr() interrupt 1
{
    P10 = !P10;                 //测试端口
}

void main()
{
    EAXFR = 1;                  //使能访问XFR
    CKCON = 0x00;               //设置外部数据总线速度为最快
    WTST = 0x00;                //设置程序代码等待参数,//赋值为0时可将CPU执
                                //行程序的速度设置为最快

    P0M0 = 0x00;
    P0M1 = 0x00;
    P1M0 = 0x00;
    P1M1 = 0x00;
    P2M0 = 0x00;
    P2M1 = 0x00;
    P3M0 = 0x00;
    P3M1 = 0x00;
```

```
    P4M0 = 0x00;
    P4M1 = 0x00;
    P5M0 = 0x00;
    P5M1 = 0x00;

    TMOD = 0x00;
    TL0 = 0x66;              //65 536-11.0592M/12/1000
    TH0 = 0xfc;
    TR0 = 1;                 //启动定时器
    ET0 = 1;                 //使能定时器中断
    EA = 1;

    while (1);
}
```

1.6　STC32G12K 单片机定时器/计数器

STC32G 系列单片机内部设置了 5 个 24 位定时器/计数器(8 位预分频+16 位计数)。5 个 16 位定时器，定时器 0、定时器 1、定时器 2、定时器 3 和定时器 4 都具有计数方式和定时方式两种工作方式。对定时器/计数器 T0 和 T1，用特殊功能寄存器 TMOD 中的控制位 T0_C/T 或 T1_C/T 来选择 T0 或 T1 为定时模式还是计数模式。对定时器/计数器 T2，用特殊功能寄存器 AUXR 中的控制位 T2_C/T 来选择 T2 为定时模式还是计数模式。对定时器/计数器 T3，用特殊功能寄存器 T4T3M 中的控制位 T3_C/T 来选择 T3 为定时模式还是计数模式。对定时器/计数器 T4，用特殊功能寄存器 T4T3M 中的控制位 T4_C/T 来选择 T4 为定时模式还是计数模式。定时器/计数器的核心部件是一个加法计数器，其本质是对脉冲进行计数，只是计数脉冲来源不同：如果计数脉冲来自系统时钟，则为定时模式，此时定时器/计数器每 12 个时钟或每 1 个时钟得到一个计数脉冲，计数值加 1；如果计数脉冲来自单片机外部引脚，则为计数模式，每来一个脉冲计数值加 1。

定时器/计数器 T0、T1 及 T2 工作在定时模式时，特殊功能寄存器 AUXR 中的 T0x12、T1x12 和 T2x12 分别决定是系统时钟/12 还是系统时钟/1(不分频)后让定时器 0、定时器 1 和定时器 2 进行计数。当定时器/计数器 T3 和 T4 工作在定时模式时，特殊功能寄存器 T4T3M 中的 T3x12 和 T4x12 分别决定是系统时钟/12 还是系统时钟/1(不分频)后让 T3 和 T4 进行计数。当定时器/计数器工作在计数模式时，对外部脉冲计数不分频。

定时器/计数器 0 有 4 种工作模式：模式 0(16 位自动重载模式)，模式 1(16 位不可重载模式)，模式 2(8 位自动重载模式)，模式 3(不可屏蔽中断的 16 位自动重载模式)。定时器/计数器 1 除模式 3 外，其他工作模式与定时器/计数器 0 相同。定时器 1 在模式 3 时无效，停止计数。定时器 2 的工作模式固定为 16 位自动重载模式。定时器 2 可以当定时器使用，也可以作为串口的波特率发生器和可编程时钟输出。定时器 3、定时器 4 与定时器 2 一样，工作模式固定为 l6 位自动重载模式。定时器 3、定时器 4 可以当定时器使用，也可以作为串口的波特率发生器和可编程时钟输出。

1.6.1 STC32G12K 单片机的定时器/计数器 0/1/控制寄存器

定时器/计数器 0/1 控制寄存器如表 1-40 所示。

表 1-40 定时器/计数器 0/1 控制寄存器

符号	地址	B7	B6	B5	B4	B3	B2	B1	B0
TCON	88H	TF1	TR1	TF0	TR0	IE1	IT1	IE0	IT0

TF1：T1 溢出中断标志。T1 被允许计数以后，从初值开始加 1 计数。当产生溢出时由硬件将 TF1 位置 1，并向 CPU 请求中断，一直保持到 CPU 响应中断，才由硬件清零(也可由查询软件清零)。

TR1：T1 的运行控制位。该位由软件置位和清零。当 GATE(TMOD.7)＝0，TR1＝1 时允许 T1 开始计数，TR1＝0 时禁止定时器 1 计数。当 GATE(TMOD.7)＝1，TR1＝1 且 INT1 输入高电平时，才允许 T1 计数。

TF0：T0 溢出中断标志。T0 被允许计数以后，从初值开始加 1 计数。当产生溢出时由硬件将 TF0 置 1，并向 CPU 请求中断，一直保持到 CPU 响应该中断，才由硬件清零(也可由查询软件清零)。

TR0：T0 的运行控制位。该位由软件置位和清零。当 GATE(TMOD.3)＝0，TR0＝1 时允许 T0 开始计数，TR0＝0 时禁止定时器 0 计数。当 GATE(TMOD.3)＝1，TR0＝1 且 INT0 输入高电平时，才允许 T0 计数，TR0＝0 时禁止 T0 计数。

IE1：外部中断 1 请求源(INT1/P3.3)标志。当 IE1＝1 时，外部中断 1 向 CPU 请求中断，当 CPU 响应该中断时由硬件清零。

IT1：外部中断源 1 触发控制位。当 IT1＝0 时，上升沿或下降沿均可触发外部中断 1。当 IT1＝1 时，外部中断 1 触控为下降沿触发方式。

IE0：外部中断 0 请求源(INT0/P3.2)标志。当 IE0＝1 时，外部中断 0 向 CPU 请求中断，当 CPU 响应该中断时由硬件清零(边沿触发方式)。

IT0：外部中断源 0 触发控制位。当 IT0＝0 时，上升沿或下降沿均可触发外部中断 0。当 IT0＝1 时，外部中断 0 触控为下降沿触发方式。

1.6.2 STC32G12K 单片机的定时器/计数器 0/1/模式寄存器

定时器/计数器 0/1 模式寄存器如表 1-41 所示。

表 1-41 定时器/计数器 0/1 模式寄存器

符号	地址	B7	B6	B5	B4	B3	B2	B1	B0
TMOD	89H	T1_GATE	T1_C/T	T1_M1	T1_M0	T0_GATE	T0_C/T	T0_M1	T0_M0

T1_GATE：控制定时器 1，置 1 时只有在 INT1 脚为高电平及 TR1 控制位置 1 时才可打开定时器/计数器 1。

T0_GATE：控制定时器 0，置 1 时只有在 INT0 脚为高电平及 TR0 控制位置 1 时才可打开定时器/计数器 0。

T1_C/T：控制定时器 1 用作定时器或计数器，置 0 用作定时器(对内部系统时钟进行计数)，置 1 则用作计数器(对引脚 T1/P3.5 外部脉冲进行计数)。

T0_C/T：控制定时器 0 用作定时器或计数器，置 0 用作定时器(对内部系统时钟进行计数)，置 1 则用作计数器(对引脚 T0/P3.4 外部脉冲进行计数)。

T0_M1/T0_M0：定时器/计数器 0 模式选择，如表 1-42 所示。

表 1-42 定时器/计数器 0 模式选择

T0_M1	T0_M0	定时器/计数器 0 工作模式
0	0	16 位自动重载模式 当[TH0，TL0]中的 16 位计数值溢出时，系统会自动将内部 16 位重载寄存器中的重载值装入[TH0，TL0]
0	1	16 位不可重载模式 当[TH0，TL0]中的 16 位计数值溢出时，定时器 0 将从 0 开始计数
1	0	8 位自动重载模式 当 TL0 中的 8 位计数值溢出时，系统会自动将 TH0 中的重载值装入 TL0
1	1	不可屏蔽中断的 16 位自动重载模式 与模式 0 相同，不可屏蔽中断，中断优先级最高，高于其他所有中断的优先级，并且不可关闭，可用作操作系统的系统节拍定时器或系统监控定时器

T1_M1/T1_M0：定时器/计数器 1 模式选择，如表 1-43 所示。

表 1-43 定时器/计数器 1 模式选择

T1_M1	T1_M0	定时器/计数器 1 工作模式
0	0	16 位自动重载模式 当[TH1，TL1]中的 16 位计数值溢出时，系统会自动将内部 16 位重载寄存器中的重载值装入[TH1，TL1]中
0	1	16 位不可重载模式 当[TH1，TL1]中的 16 位计数值溢出时，定时器 1 将从 0 开始计数
1	0	8 位自动重载模式 当 TL1 中的 8 位计数值溢出时，系统会自动将 TH1 中的重载值装入 TL1
1	1	定时器 1 停止工作

1.6.3　STC32G12K 单片机的定时器/计数器 0 模式 0(16 位自动重载模式)

此模式下定时器/计数器 0 作为可自动重载的 16 位计数器，如图 1-14 所示。

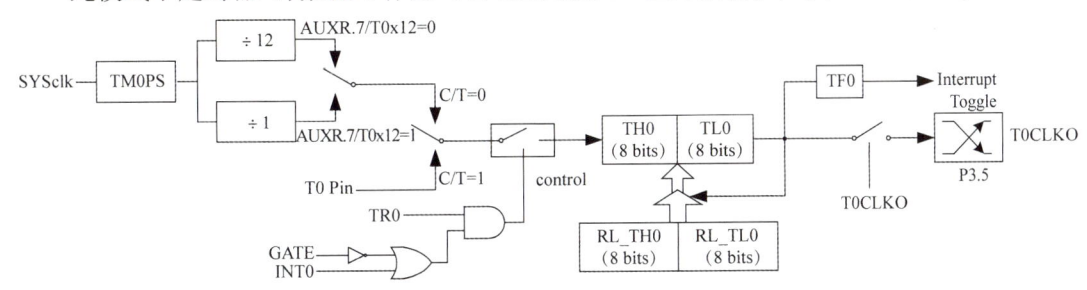

图 1-14 定时器/计数器 0 的 16 位自动重载模式

当 GATE(TMOD.3)=0 时,如果 TR0=1,则定时器计数。当 GATE(TMOD.3)=1 时,允许由外部输入 INT0 控制定时器 0,这样可实现脉宽测量。TR0 为 TCON 寄存器内的控制位,TCON 寄存器各位的具体功能描述见上一节 TCON 寄存器的介绍。当 T0_C/T=0 时,多路开关连接到系统时钟的分频输出,定时器 0 对内部系统时钟计数,定时器 0 工作在定时模式。当 T0_C/T=1 时,多路开关连接到外部脉冲输入 P3.4/T0,即定时器 0 工作在计数模式。

STC32G 系列单片机的定时器 0 有两种计数速率:一种是 12T 模式,每 12 个时钟加 1,速率与传统 8051 单片机相同;另外一种是 1T 模式,每个时钟加 1,速率是传统 8051 单片机的 12 倍。T0 的速率由特殊功能寄存器 AUXR 中的 T0x12 决定,如果 T0x12=0,则定时器 0 工作在 12T 模式;如果 T0x12=1,则定时器 0 工作在 1T 模式。

定时器 0 有两个隐藏的寄存器 RL_TH0 和 RL_TL0。RL_TH0 与 TH0 共用同一个地址,RL_TL0 与 TL0 共用同一个地址。当 TR0=0 即定时器/计数器 0 被禁止工作时,对 TL0 写入的内容会同时写入 RL_TL0,对 TH0 写入的内容也会同时写入 RL_TH0。当 TR0=1 即定时器/计数器 0 被允许工作时,对 TL0 写入内容,实际上不是写入当前寄存器 TL0,而是写入隐藏的寄存器 RL_TL0,对 TH0 写入内容,实际上也不是写入当前寄存器 TH0,而是写入隐藏的寄存器 RL_TH0,这样可以巧妙地实现 16 位重装载定时器。当读 TH0 和 TL0 的内容时,所读的内容就是 TH0 和 TL0 的内容,而不是 RL_TH0 和 RL_TL0 的内容。

当定时器 0 工作在模式 0(TMOD[1:0]/[M1,M0]=00B)时,[TH0,TL0] 的溢出不仅置位 TF0,而且会自动将 [RL_TH0,RL_TL0] 的内容重新装入 [TH0,TL0]。

当 T0CLKO/INT_CLKO.0=1 时,P3.5/T1 引脚配置为定时器 0 的时钟输出 T0CLKO,输出时钟频率为 T0 溢出率/2。

如果 T0_C/T=0,定时器/计数器 0 对内部系统时钟计数,则定时器 0 工作在 1T 模式(AUXR.7/T0x12=1)时的输出时钟频率=(SYSclk)(TM0PS+1)(65 536−[RL_TH0,RL_TL0])/2;定时器 0 工作在 12T 模式(AUXR.7/T0x12=0)时的输出时钟频率=(SYSclk)(TM0PS+1)/12(65 536−[RL_TH0,RL_TL0])/2。如果 T0_C/T=1,定时器/计数器 0 是对外部脉冲输入(P3.4/T0)计数,则输出时钟频率=(T0_Pin_CLK)/(65 536−[RL_TH0,RL_TL0])/2。其中,SYSclk 为系统时钟,TM0PS 为分频频率,T0_Pin_CLK 为 T0 脚输入频率。

1.6.4 STC32G12K 单片机的定时器/计数器 0 模式 1(16 位不可重载模式)

此模式下定时器/计数器 0 工作在 16 位不可重载模式,如图 1-15 所示。

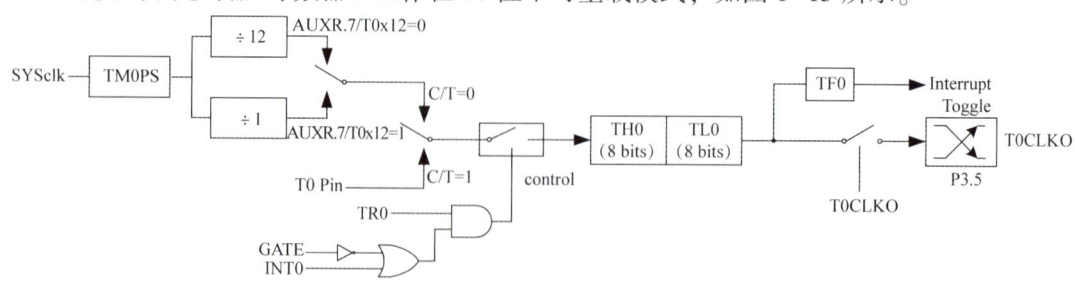

图 1-15 定时器/计数器 0 的 16 位不可重载模式

定时器/计数器 0 配置为 16 位不可重载模式，由 TL0 的 8 位和 TH0 的 8 位构成。TL0 的 8 位溢出向 TH0 进位，TH0 计数溢出置位 TCON 中的溢出标志位 TF0。

1.6.5　STC32G12K 单片机的定时器/计数器 0 模式 2(8 位自动重载模式)

此模式下定时器/计数器 0 作为可自动重载的 8 位计数器，如图 1-16 所示。

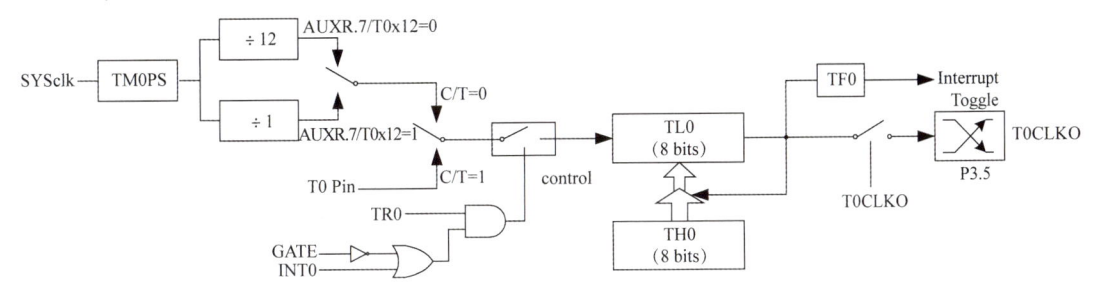

图 1-16　定时器/计数器 0 的 8 位自动重载模式

TL0 的溢出不仅置位 TF0，而且将 TH0 的内容重新装入 TL0，TH0 内容由软件预置，重装时 TH0 内容不变。

当 T0CLKO/INT_CLKO.0=1 时，P3.5/T1 引脚配置为定时器 0 的时钟输出 T0CLKO，输出时钟频率为定时器 0 溢出率/2。

如果 T0_C/T=0，定时器/计数器 0 对内部系统时钟计数，则定时器 0 工作在 1T 模式 (AUXR.7/T0x12=1) 时的输出时钟频率=(SYSclk)(TM0PS+1)(256-TH0)/2；定时器 0 工作在 12T 模式 (AUXR.7/T0x12=0) 时的输出时钟频率=(SYSclk)/(TM0PS+1)/12/(256-TH0)/2。如果 T0_C/T=1，定时器/计数器 0 对外部脉冲输入(P3.4/T0)计数，则输出时钟频率=(T0_Pin_CLK)/(256-TH0)/2。

1.6.6　STC32G12K 单片机的定时器/计数器 0 模式 3

STC32G12K 单片机定时器/计数器 0 模式 3，即不可屏蔽中断的 16 位自动重载模式，如图 1-17 所示。

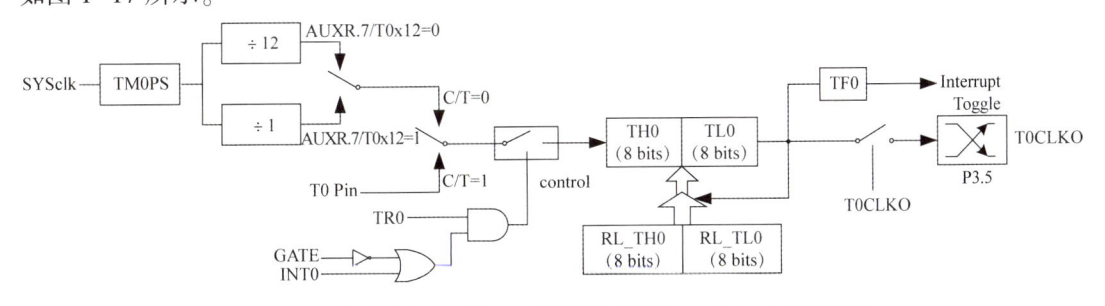

图 1-17　定时器/计数器 0 不可屏蔽中断的 16 位自动重载模式

定时器/计数器 0，其工作模式 3 与工作模式 0 相似，唯一不同的是，当定时器/计数器 0 工作在模式 3 时，只需允许 ET0/IE.1(定时器/计数器 0 中断允许位)，不需要允许 EA/IE.7(总中断使能位)就能打开定时器/计数器 0 的中断，此模式下的定时器/计数器 0 中断与总中断使能位 EA 无关。一旦工作在模式 3 下的定时器/计数器 0 中断被打开(ET0=1)，那么该中断是不可屏蔽的，且该中断的优先级是最高的，即该中断不能被任何中断所打断，而且该中断打开后既不受EA/IE.7控制也不再受ET0控制，当EA=0或ET0=0时都不能屏蔽此中断。因此，将此模式称为不可屏蔽中断的16位自动重载模式。

1.6.7　STC32G12K单片机的定时器0计数寄存器

定时器0计数寄存器如表1-44所示。

表1-44　定时器0计数寄存器

符号	地址	B7	B6	B5	B4	B3	B2	B1	B0
TL0	8AH								
TH0	8CH								

辅助寄存器如表1-45所示。

表1-45　辅助寄存器

符号	地址	B7	B6	B5	B4	B3	B2	B1	B0
AUXR	8EH	T0x12	T1x12	UART_M0x6	T2R	T2_C/T	T2x12	EXTRAM	S1ST2

T0x12：定时器0速度控制位。

> 0：12T模式，即CPU时钟12分频(FOSC/12)。
> 1：1T模式，即CPU时钟不分频(FOSC/1)。

T1x12：定时器1速度控制位。

> 0：12T模式，即CPU时钟12分频(FOSC/12)。
> 1：1T模式，即CPU时钟不分频(FOSC/1)。

中断与时钟输出控制寄存器如表1-46所示。

表1-46　中断与时钟输出控制寄存器

符号	地址	B7	B6	B5	B4	B3	B2	B1	B0
INTCLKO	8FH		EX4	EX3	EX2		T2CLKO	T1CLKO	T0CLKO

T0CLKO：定时器0时钟输出控制。

> 0：关闭时钟输出。
> 1：使能P3.5口的是定时器0时钟输出功能。

当定时器0计数发生溢出时，P3.5口的电平自动发生翻转。

T1CLKO：定时器1时钟输出控制。

> 0：关闭时钟输出。
> 1：使能P3.4口的是定时器1时钟输出功能。

当定时器1计数发生溢出时，P3.4口的电平自动发生翻转。
STC32G12K单片机其他定时器，见二维码。

STC32G12K单片机其他定时器

1.6.8　STC32G12K单片机的定时器0程序设置范例

(1)定时器0(模式0——16位自动重载)，用作定时。

```c
#include "stc32g.h"                  //头文件见下载软件
#include "intrins.h"

void TM0_Isr() interrupt 1
{
    P10 = !P10;                      //测试端口
}

void main()
{
    EAXFR = 1;                       //使能访问 XFR
    CKCON = 0x00;                    //设置外部数据总线速度为最快
    WTST = 0x00;                     //设置程序代码等待参数,赋值为 0 时可将 CPU 执行
                                     //程序的速度设置为最快

    P0M0 = 0x00;
    P0M1 = 0x00;
    P1M0 = 0x00;
    P1M1 = 0x00;
    P2M0 = 0x00;
    P2M1 = 0x00;
    P3M0 = 0x00;
    P3M1 = 0x00;
    P4M0 = 0x00;
    P4M1 = 0x00;
    P5M0 = 0x00;
    P5M1 = 0x00;

    TMOD = 0x00;                     //模式 0
    TL0 = 0x66;                      //65 536-11.0592M/12/1000
    TH0 = 0xfc;
    TR0 = 1;                         //启动定时器
    ET0 = 1;                         //使能定时器中断
    EA = 1;

    while (1);
}
```

(2)定时器0(模式1——16位不可重载),用作定时。

```c
#include "stc32g.h"
#include "intrins.h"

void TM0_Isr() interrupt 1
{
    TL0 = 0x66;                     //重设定时参数
    TH0 = 0xfc;
    P10 = !P10;                     //测试端口
}

void main()
{
    EAXFR = 1;                      //使能访问 XFR
    CKCON = 0x00;                   //设置外部数据总线速度为最快
    WTST = 0x00;                    //设置程序代码等待参数,赋值为 0 时可将 CPU 执行
                                    //程序的速度设置为最快

    P0M0 = 0x00;
    P0M1 = 0x00;
    P1M0 = 0x00;
    P1M1 = 0x00;
    P2M0 = 0x00;
    P2M1 = 0x00;
    P3M0 = 0x00;
    P3M1 = 0x00;
    P4M0 = 0x00;
    P4M1 = 0x00;
    P5M0 = 0x00;
    P5M1 = 0x00;

    TMOD = 0x01;                    //模式1
    TL0 = 0x66;                     //65 536-11.0592M/12/1000
    TH0 = 0xfc;
    TR0 = 1;                        //启动定时器
    ET0 = 1;                        //使能定时器中断
    EA = 1;

    while (1);
}
```

1.7　STC32G12K 单片机串口工作原理

STC32G 系列单片机具有两个全双工同步/异步串行通信接口（USART1 和 USART2）。每个串口由两个数据缓冲器、一个移位寄存器、一个串行控制寄存器和一个波特率发生器等组成。每个串口的数据缓冲器由两个互相独立的接收、发送缓冲器构成，可以同时发送和接收数据。

STC32G 系列单片机的串口1、串口2均有4种工作方式，其中两种工作方式的波特率是可变的，另外两种工作方式的波特率是固定的，以供不同应用场合选用。用户可用软件设置不同的波特率和选择不同的工作方式。主机可通过查询或中断方式对接收/发送进行程序处理，使用十分灵活。

串口1、串口2的通信接口均可以通过功能引脚的切换功能切换到多组端口，从而可以将一个通信接口分时复用为多个通信接口。

1.7.1　STC32G12K 单片机的串口切换功能

串口1切换功能寄存器如表1-47所示。

表1-47　串口1切换功能寄存器

符号	地址	B7	B6	B5	B4	B3	B2	B1	B0
P_SW1	A2H	S1_S[1:0]		CAN_S[1:0]		SPI_S[1:0]		LIN_S[1:0]	

S1_S[1:0]：串口1功能脚选择位，如表1-48所示。

表1-48　串口1功能脚选择位

S1_S[1:0]	RxD	TxD
00	P3.0	P3.1
01	P3.6	P3.7
10	P1.6	P1.7
11	P4.3	P4.4

串口2切换功能寄存器如表1-49所示。

表1-49　串口2切换功能寄存器

符号	地址	B7	B6	B5	B4	B3	B2	B1	B0
P_SW2	BAH	EAXFR	—	I2C_S[1:0]		CMPO_S	S4_S	S3_S	S2_S

S2_S：串口2功能脚选择位，如表1-50所示。

表1-50　串口2功能脚选择位

S2_S	RxD2	TxD2
0	P1.0	P1.1
1	P4.6	P4.7

1.7.2　STC32G12K 单片机的串口 1 控制寄存器

串口 1 控制寄存器如表 1-51 所示。

表 1-51　串口 1 控制寄存器

符号	地址	B7	B6	B5	B4	B3	B2	B1	B0
SCON	98H	SM0/FE	SM1	SM2	REN	TB8	RB8	TI	RI

SM0/FE：当 PCON 寄存器中的 SMOD0 为 1 时，该位为帧错误检测标志位。当 UART 在接收过程中检测到一个无效停止位时，UART 接收器将该位置 1，必须由软件清零。当 PCON 寄存器中的 SMOD0 为 0 时，该位和 SM1 一起指定串口 1 的通信工作模式，如表 1-52 所示。

表 1-52　串口 1 工作模式

SM0	SM1	串口 1 工作模式	功能说明
0	0	模式 0	同步移动串行方式
0	1	模式 1	可变波特率 8 位数据方式
1	0	模式 2	固定波特率 9 位数据方式
1	1	模式 3	可变波特率 9 位数据方式

SM2：允许模式 2 或模式 3 多机通信控制位。当串口 1 使用模式 2 或模式 3 时，如果 SM2 为 1 且 REN 为 1，则接收机处于地址帧筛选状态。此时可以利用接收到的第 9 位（即 RB8）来筛选地址帧：若 RB8=1，说明该帧是地址帧，地址信息可以进入 SBUF，并使 RI=1，进而在中断服务程序中进行地址号比较；若 RB8=0，则说明该帧不是地址帧，应丢掉且保持 RI=0。在模式 2 或模式 3 中，如果 SM2 为 0 且 REN 为 1，则接收机处于地址帧筛选被禁止状态，无论收到的 RB8 为 0 还是为 1，均可使接收到的信息进入 SBUF，并使 RI=1，此时 RB8 通常为校验位。模式 1 和模式 0 为非多机通信方式，在这两种方式下，SM2 应设置为 0。

REN：允许/禁止串口接收控制位。

　　0：禁止串口接收数据。
　　1：允许串口接收数据。

TB8：当串口 1 使用模式 2 或模式 3 时，TB8 为要发送的第 9 位数据，按需要由软件置位或清零。在模式 0 和模式 1 中，该位不用。

RB8：当串口 1 使用模式 2 或模式 3 时，RB8 为接收到的第 9 位数据，一般用作校验位或地址帧/数据帧标志位。在模式 0 和模式 1 中，该位不用。

TI：串口 1 发送中断请求标志位。在模式 0 中，当串口发送第 8 位数据结束时，由硬件自动将 TI 置 1，向主机请求中断，响应中断后 TI 必须用软件清零。在其他模式中，则在停止位开始发送时由硬件自动将 TI 置 1，向 CPU 发送请求中断，响应中断后 TI 必须用软件清零。

RI：串口 1 接收中断请求标志位。在模式 0 中，当串口接收第 8 位数据结束时，由硬件自动将 RI 置 1，向主机请求中断，响应中断后 RI 必须用软件清零。在其他模式中，串行接收到停止位的中间时刻由硬件自动将 RI 置 1,向 CPU 发送中断申请,响应中断后 RI 必须由软件清零。

1.7.3 STC32G12K 单片机的串口 1 数据寄存器

串口 1 数据寄存器如表 1-53 所示。

表 1-53 串口 1 数据寄存器

符号	地址	B7	B6	B5	B4	B3	B2	B1	B0
SBUF	99H								

SBUF:串口 1 数据接收/发送缓冲区。SBUF 实际是两个缓冲器,即读缓冲器和写缓冲器,两个操作分别对应两个不同的寄存器,一个是只写寄存器(写缓冲器),另一个是只读寄存器(读缓冲器)。对 SBUF 进行读操作,实际是读取串口接收缓冲区;对 SBUF 进行写操作,则是触发串口开始发送数据。

1.7.4 STC32G12K 单片机的串口 1 电源管理寄存器

电源管理寄存器如表 1-54 所示。

表 1-54 电源管理寄存器

符号	地址	B7	B6	B5	B4	B3	B2	B1	B0
PCON	87H	SMOD	SMOD0	LVDF	POF	GF1	GF0	PD	IDL

SMOD:串口 1 波特率控制位。

> 0:串口 1 的各个模式的波特率都不加倍。
> 1:串口 1 模式 1(使用模式 2 的定时器 1 作为波特率发生器时有效)、模式 2、模式 3(使用模式 2 的定时器 1 作为波特率发生器时有效)的波特率加倍。

SMOD0:帧错误检测控制位。

> 0:无帧错误检测功能。
> 1:使能帧错误检测功能。此时 SCON 的 SM0/FE 为 FE 功能,即为帧错误检测标志位。

1.7.5 STC32G12K 单片机的串口 1 辅助寄存器 1

辅助寄存器 1 如表 1-55 所示。

表 1-55 辅助寄存器 1

符号	地址	B7	B6	B5	B4	B3	B2	B1	B0
AUXR	8EH	T0x12	T1x12	UART_M0x6	T2R	T2_C/T	T2x12	EXTRAM	S1BRT

UART_M0x6:串口 1 模式 0 的通信速度控制。

> 0:串口 1 模式 0 的波特率不加倍,固定为 FOSC/12。
> 1:串口 1 模式 0 的波特率 6 倍速,即固定为 FOSC/12×6=FOSC/2。

S1BRT：串口 1 波特率发生器选择位。

> 0：选择定时器 1 作为波特率发生器。
> 1：选择定时器 2 作为波特率发生器。

1.7.6　STC32G12K 单片机的串口 1 模式 0

当串口 1 选择工作模式为模式 0 时，串口工作在同步移位寄存器模式，当串口模式 0 的通信速度控制位 UART_M0x6 为 0 时，其波特率固定为系统时钟频率的 12 分频（SYSclk/12）；当 UART_M0x6 为 1 时，其波特率固定为系统时钟频率的 2 分频（SYSclk/2）。RxD 为串行通信的数据口，TxD 为同步移位脉冲输出脚，发送、接收的是 8 位数据，低位在先。

模式 0 的发送过程：当主机执行将数据写入发送缓冲器 SBUF 指令时启动发送，串口即将 8 位数据以 SYSclk/12 或 SYSclk/2（由 UART_M0x6 确定是 12 分频还是 2 分频）的波特率从 RxD 引脚输出（从低位到高位），发送中断请求标志 TI 置 1，TxD 引脚输出同步移位脉冲信号。当写信号有效后，相隔一个时钟，发送控制端 SEND 有效（高电平），允许 RxD 发送数据，同时允许 TxD 输出同步移位脉冲。一帧（8 位）数据发送完毕时，各控制端均恢复原状态，只有 TI 保持高电平，呈中断申请状态。在再次发送数据前，必须用软件将 TI 清零。

模式 0 的接收过程：首先将接收中断请求标志 RI 清零并置位允许串口接收控制位 REN 时启动模式 0 接收过程。启动接收过程后，RxD 为串行数据输入端，TxD 为同步脉冲输出端。串行接收的波特率为 SYSclk/12 或 SYSclk/2（由 UART_M0x6 确定是 12 分频还是 2 分频）。当接收完一帧数据（8 位）后，控制信号复位，接收中断请求标志 RI 被置 1，呈中断申请状态。当再次接收时，必须通过软件将 RI 清零。

串口 1 模式 0 的数据发送、接收过程控制，如图 1-18 所示。

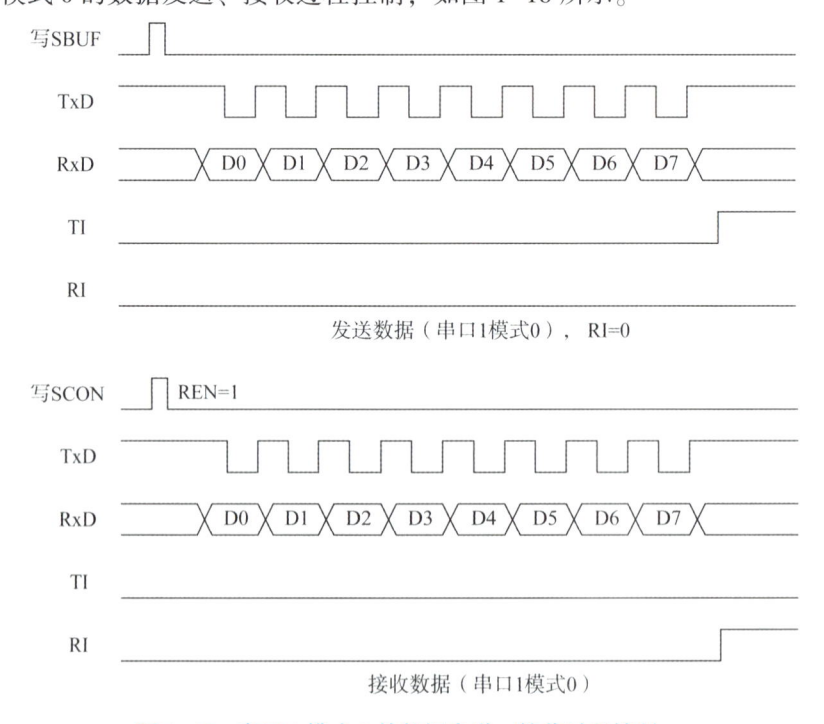

图 1-18　串口 1 模式 0 的数据发送、接收过程控制

当串口 1 工作于模式 0 时,必须清零多机通信控制位 SM2,使之不影响 TB8 和 RB8。由于波特率固定为 SYSclk/12 或 SYSclk/2,无须定时器提供,所以直接由单片机的时钟作为同步移位脉冲。

串口 1 模式 0 的波特率计算公式如表 1-56 所示(SYSclk 为系统工作频率)。

表 1-56 串口 1 模式 0 的波特率计算公式

UART_M0x6	波特率计算公式
0	波特率 $=\dfrac{\text{SYSclk}}{12}$
1	波特率 $=\dfrac{\text{SYSclk}}{2}$

1.7.7 STC32G12K 单片机串口 1 模式 1

当软件设置 SCON 的 SM0、SM1 为"01"时,串口 1 则以模式 1 进行工作。此模式为 8 位 UART 格式,一帧信息为 10 位:1 位起始位,8 位数据位(低位在先)和 1 位停止位。波特率可变,即可根据需要设置波特率。TxD 为数据发送口,RxD 为数据接收口,串口全双工接收/发送数据。

模式 1 的发送过程:当串行通信模式发送时,数据由串行发送端 TxD 输出。当主机执行一条写 SBUF 的指令就启动串行通信的发送,写 SBUF 信号还把"1"装入发送移位寄存器的第 9 位,并通知 Tx 控制单元开始发送。移位寄存器将数据不断右移送 TxD 端口发送,在数据的左边不断移入"0"作补充。当数据的最高位移到移位寄存器的输出位置,紧跟其后的是第 9 位"1",在它的左边各位全为"0",这个状态条件,使 Tx 控制单元作最后一次移位输出,然后使允许发送信号"SEND"失效,完成一帧信息的发送,并置位中断请求位 TI,即 TI=1,向主机请求中断处理。

模式 1 的接收过程:当软件置位允许串口接收控制位 REN,即 REN=1 时,接收器便对 RxD 端口的信号进行检测,当检测到 RxD 端口发送从"1"→"0"的下降沿跳变时就启动接收器准备接收数据,并立即复位波特率发生器的接收计数器,将 1FFH 装入移位寄存器。接收的数据从接收移位寄存器的右边移入,已装入的 1FFH 向左边移出,当起始位"0"移到移位寄存器的最左边时,使 Rx 控制器作最后一次移位,完成一帧的接收。若同时满足以下两个条件:

(1) RI=0;

(2) SM2=0 或接收到的停止位为 1。

则接收到的数据有效,实现装载入 SBUF,停止位进入 RB8,RI 标志位被置 1,向主机请求中断,若上述两个条件不能同时满足,则接收到的数据作废并丢失,无论条件满足与否,接收器又重新检测 RxD 端口上的"1"→"0"的跳变,继续下一帧的接收。接收有效,在响应中断后,RI 标志位必须由软件清零。通常情况下,当串行通信工作于模式 1 时,SM2 设置为"0"。

串口 1 模式 1 的数据发送、接收过程控制,如图 1-19 所示。

图 1-19　串口 1 模式 1 的发送、接收过程控制

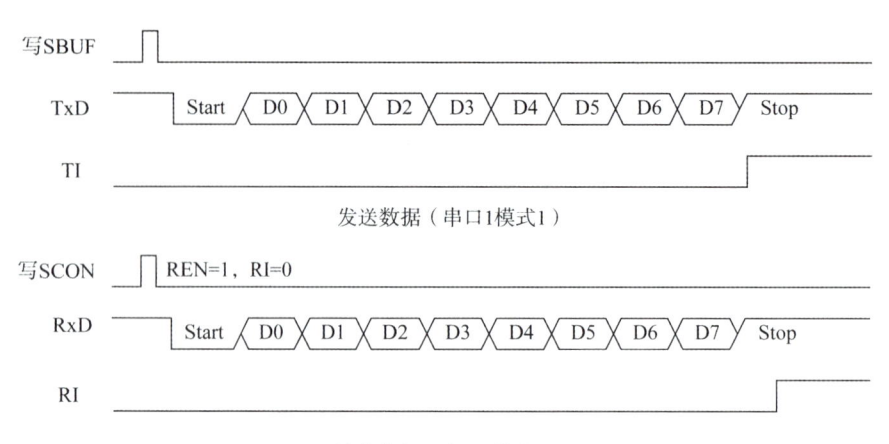

串口 1 的波特率是可变的，其波特率可由定时器 1 或定时器 2 产生。当定时器采用 1T 模式时(12 倍速)，相应的波特率的速度也会提高 12 倍。

串口 1 模式 1 的波特率计算公式如表 1-57 所示(SYSclk 为系统工作频率)。

表 1-57　串口 1 模式 1 的波特率计算公式

选择定时器	定时器速度	重装值计算公式	波特率计算公式
定时器 2	1T	定时器 2 重载值 = $65\,536 - \dfrac{SYSclk}{4 \times 波特率}$	波特率 = $\dfrac{SYSclk}{4 \times (65\,536 - 定时器重装值)}$
定时器 2	12T	定时器 2 重载值 = $65\,536 - \dfrac{SYSclk}{12 \times 4 \times 波特率}$	波特率 = $\dfrac{SYSclk}{12 \times 4 \times (65\,536 - 定时器重装值)}$
定时器 1 模式 0	1T	定时器 1 重载值 = $65\,536 - \dfrac{SYSclk}{4 \times 波特率}$	波特率 = $\dfrac{SYSclk}{4 \times (65\,536 - 定时器重装值)}$
定时器 1 模式 0	12T	定时器 1 重载值 = $65\,536 - \dfrac{SYSclk}{12 \times 4 \times 波特率}$	波特率 = $\dfrac{SYSclk}{12 \times 4 \times (65\,536 - 定时器重装值)}$
定时器 1 模式 2	1T	定时器 1 重载值 = $256 - \dfrac{2^{SMOD} \times SYSclk}{32 \times 波特率}$	波特率 = $\dfrac{2^{SMOD} \times SYSclk}{32 \times (256 - 定时器重装值)}$
定时器 1 模式 2	12T	定时器 1 重载值 = $256 - \dfrac{2^{SMOD} \times SYSclk}{12 \times 32 \times 波特率}$	波特率 = $\dfrac{2^{SMOD} \times SYSclk}{12 \times 32 \times (256 - 定时器重装值)}$

STC32G12K 单片机其他串口寄存器功能，见二维码。

1.7.8　STC32G12K 单片机的串行口程序设置范例

串口 1 使用定时器 2 作为波特率发生器。

```c
#include "stc32g.h"                    //头文件见下载软件
#include "intrins.h"
#define    FOSC     11059200UL         //定义为无符号长整型,避免计算溢出
#define    BRT      (65536 - (FOSC / 115200+2) / 4)
                                       //加2操作是为了让Keil编译器
                                       //自动实现四舍五入运算
bit     busy;
char    wptr;
char    rptr;
char    buffer[16];
void UartIsr() interrupt 4
{
    if (TI)
    {
        TI = 0;
        busy = 0;
    }
    if (RI)
    {
        RI = 0;
        buffer[wptr++] = SBUF;
        wptr &= 0x0f;
    }
}
void UartInit()
{
    SCON = 0x50;
    T2L = BRT;
    T2H = BRT >> 8;
    S1BRT = 1;
    T2x12 = 1;
    T2R = 1;
    wptr = 0x00;
    rptr = 0x00;
    busy = 0;
}
void UartSend(char dat)
{
    while (busy);
    busy = 1;
    SBUF = dat;
}
void UartSendStr(char * p)
{
```

```
        while (* p)
        {
            UartSend(* p++);
        }
    }
    void main()
    {
        EAXFR = 1;                          //使能访问 XFR
        CKCON = 0x00;                       //设置外部数据总线速度为最快
        WTST = 0x00;                        //设置程序代码等待参数,赋值为 0 时可将 CPU 执行
                                            //程序的速度设置为最快
        P0M0 = 0x00;
        P0M1 = 0x00;
        P1M0 = 0x00;
        P1M1 = 0x00;
        P2M0 = 0x00;
        P2M1 = 0x00;
        P3M0 = 0x00;
        P3M1 = 0x00;
        P4M0 = 0x00;
        P4M1 = 0x00;
        P5M0 = 0x00;
        P5M1 = 0x00;
        UartInit();
        ES = 1;
        EA = 1;
        UartSendStr("Uart Test ! \r\n");

        while (1)
        {
            if (rptr ! = wptr)
            {
                UartSend(buffer[rptr++]);
                rptr &= 0x0f;
            }
        }
    }
```

1.8 STC32G12K 单片机 ADC 模数转换原理

STC32G 系列单片机内部集成了一个 12 位高速 A/D 转换器(模数转换器,即 ADC)。ADC 的时钟频率为系统工作频率 2 分频再经过用户设置的分频系数进行再次分频(ADC 的时钟频率范围为 SYSclk/2/1~SYSclk/2/16)。

ADC 转换结果的数据格式有两种：左对齐和右对齐。ADC 转换可方便用户程序进行读取和引用。

若芯片有 ADC 的外部参考电源引脚 ADC_VRef+，则该引脚一定不能浮空，必须接外部参考电源或直接连到 VCC。

1.8.1　STC32G12K 单片机 ADC 控制寄存器

ADC 控制寄存器如表 1-58 所示。

表 1-58　ADC 控制寄存器

符号	地址	B7	B6	B5	B4	B3	B2	B1	B0
ADC_CONTR	BCH	ADC_POWER	ADC_START	ADC_FLAG	ADC_EPWMT	\multicolumn{4}{c}{ADC_CHS[3：0]}

ADC_POWER：ADC 电源控制位。

> 0：关闭 ADC 电源。
> 1：打开 ADC 电源。

建议进入空闲模式和掉电模式前将 ADC 电源关闭，以降低功耗。

ADC_START：ADC 转换启动控制位。写入 1 后开始 ADC 转换，转换完成后硬件自动将此位清零。

> 0：无影响。即使 ADC 已经开始转换工作，写 0 也不会停止 A/D 转换。
> 1：开始 ADC 转换，转换完成后硬件自动将此位清零。

ADC_FLAG：ADC 转换结束标志位。当 ADC 完成一次转换后，硬件会自动将此位置 1，并向 CPU 提出中断请求。此标志位必须软件清零。

ADC_EPWMT：使能 PWM 实时触发 ADC 功能。详情请参考 16 位高级 PWM 定时器章节。

ADC_CHS[3：0]：ADC 模拟通道选择位，如表 1-59 所示。

表 1-59　ADC 模拟通道选择位

ADC_CHS[3：0]	ADC 通道	ADC_CHS[3：0]	ADC 通道
0000	P1.0	1000	P0.0
0001	P1.1	1001	P0.1
0010	P1.2/P5.4[1]	1010	P0.2
0011	P1.3	1011	P0.3
0100	P1.4	1100	P0.4
0101	P1.5	1101	P0.5
0110	P1.6	1110	P0.6
0111	P1.7	1111	测试内部 1.19 V

1.8.2　STC32G12K 单片机 ADC 配置寄存器

ADC 配置寄存器如表 1-60 所示。

表 1-60　ADC 配置寄存器

符号	地址	B7	B6	B5	B4	B3	B2	B1	B0
ADCCFG	DEH	—	—	RESFMT	—	\multicolumn{4}{c}{SPEED[3：0]}			

RESFMT：ADC 转换结果格式控制位。

0：转换结果左对齐。ADC_RES 保存结果的高 8 位，ADC_RESL 保存结果的低 4 位，格式如图 1-20 所示。

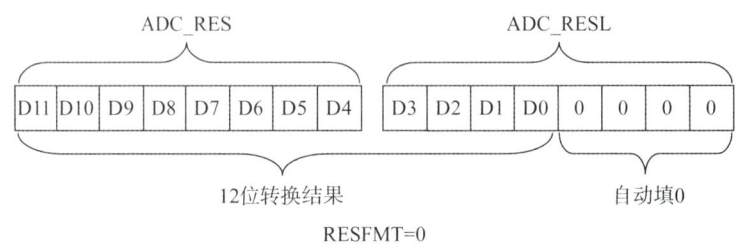

图 1-20　ADC 转换结果左对齐格式

1：转换结果右对齐。ADC_RES 保存结果的高 4 位，ADC_RESL 保存结果的低 8 位，格式如图 1-21 所示。

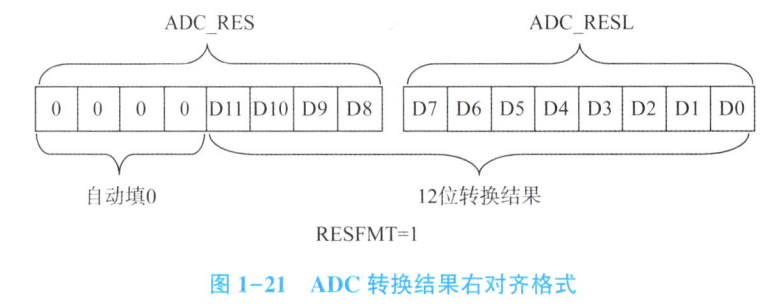

图 1-21　ADC 转换结果右对齐格式

SPEED[3：0]：设置 ADC 时钟（FADC=SYSclk/2/(SPEED+1)），如表 1-61 所示。

表 1-61　ADC 时钟设置

SPEED[3：0]	ADC 时钟频率
0000	SYSclk/2/1
0001	SYSclk/2/2
0010	SYSclk/2/3
…	…
1101	SYSclk/2/14
1110	SYSclk/2/15
1111	SYSclk/2/16

1.8.3　STC32G12K 单片机 ADC 转换结果寄存器

ADC 转换结果寄存器如表 1-62 所示。

第 1 章　STC32G12K 单片机原理

表 1-62　ADC 转换结果寄存器

符号	地址	B7	B6	B5	B4	B3	B2	B1	B0
ADC_RES	BDH								
ADC_RESL	BEH								

当模数转换完成后，转换结果会自动保存到 ADC_RES 和 ADC_RESL 中。保存结果的数据格式请参考 ADC_CFG 寄存器中的 RESFMT 设置。

1.8.4　STC32G12K 单片机 ADC 时序控制寄存器

ADC 时序控制寄存器如表 1-63 所示。

表 1-63　ADC 时序控制寄存器

符号	地址	B7	B6	B5	B4	B3	B2	B1	B0
ADCTIM	7EFEA8H	CSSETUP	CSHOLD[1:0]		SMPDUTY[4:0]				

CSSETUP：ADC 通道选择准备时间控制 Tsetup。

CSHOLD[1:0]：ADC 通道选择保持时间控制 Thold。

SMPDUTY[4:0]：ADC 模拟信号采样时间控制 Tduty（注意：SMPDUTY 一定不能设置为小于 01010B）。

ADC 模数转换时间：Tconvert。

12 位 ADC 的转换时间固定为 12 个 ADC 工作时钟。

一个完整的 ADC 转换时间为 $T_{setup} + T_{duty} + T_{hold} + T_{convert}$，如图 1-22 所示。

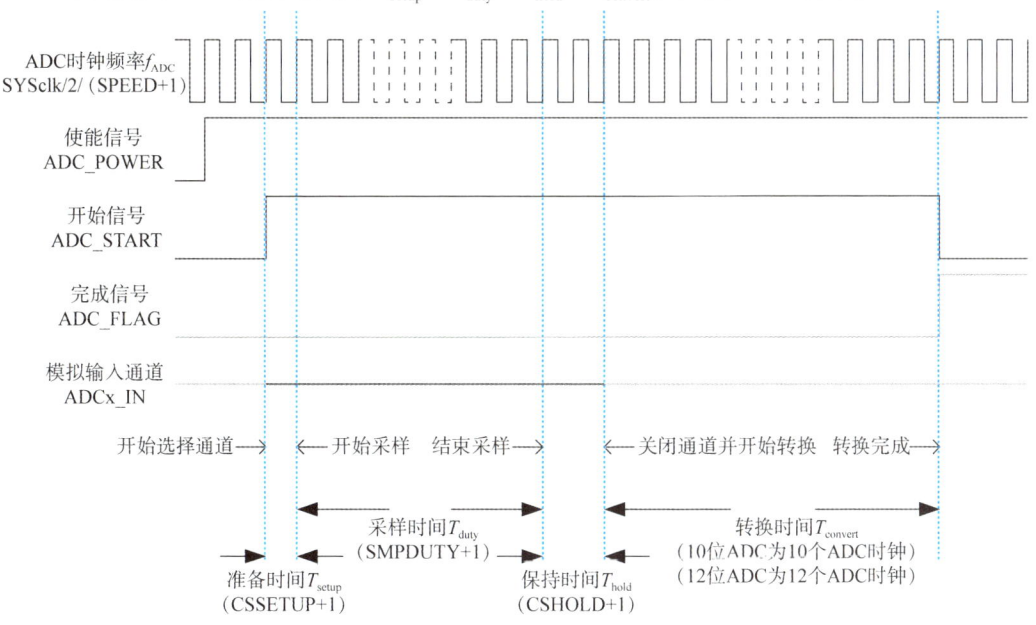

图 1-22　ADC 整体转换时序图

1.8.5　STC32G12K 单片机 ADC 相关计算公式

（1）ADC 速度计算公式。

ADC 的转换速度由 ADCCFG 寄存器中的 SPEED 和 ADCTIM 寄存器共同控制。ADC 转换速度的计算公式如下：

$$12 \text{ 位 ADC 转换速度} = \frac{\text{MCU 工作频率 SYSclk}}{2\times(\text{SPEED}[3:0]+1)\times[(\text{CSSETUP}+1)+(\text{CSHOLD}+1)+(\text{SMPDUTY}+1)+12]}$$

注意：

①12 位 ADC 的速度不能高于 800 kHz；

②SMPDUTY 的值不能小于 10，建议设置为 15；

③CSSETUP 可使用上电默认值 0；

④CHOLD 可使用上电默认值 1（ADCTIM 建议设置为 3FH）。

（2）ADC 转换结果计算公式。

$$12 \text{ 位 ADC 转换结果} = 4096 \times \frac{\text{ADC 被转换通道的输入电压 VIN}}{\text{ADC 外部参考源的电压}}（\text{有独立 ADC\_Vref+引脚}）$$

（3）反推 ADC 输入电压计算公式。

ADC 被转换通道的输入电压 VIN =

$$\text{ADC 外部参考源的电压} \times \frac{12 \text{ 位 ADC 转换结果}}{4096}（\text{有独立 ADC\_Vref+引脚}）$$

1.9　STC32G12K 单片机实验箱简介

STC32G12K 单片机实验箱可完成 80 多个单片机实验，可以与书中的实践项目配套使用。STC32G12K 单片机实验板-V9.6 布局正面图如图 1-23 所示。

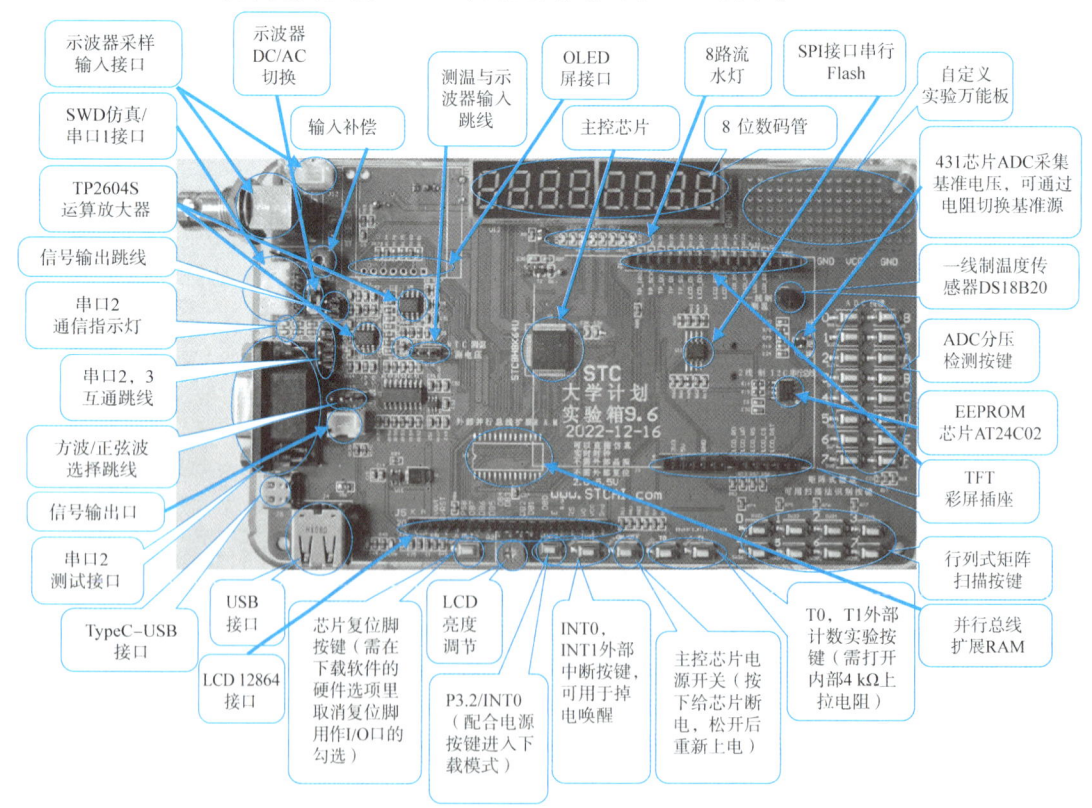

图 1-23　STC32G12K 单片机实验板-V9.6 布局正面图

STC32G12K 单片机实验板-V9.6 布局背面图如图 1-24 所示。

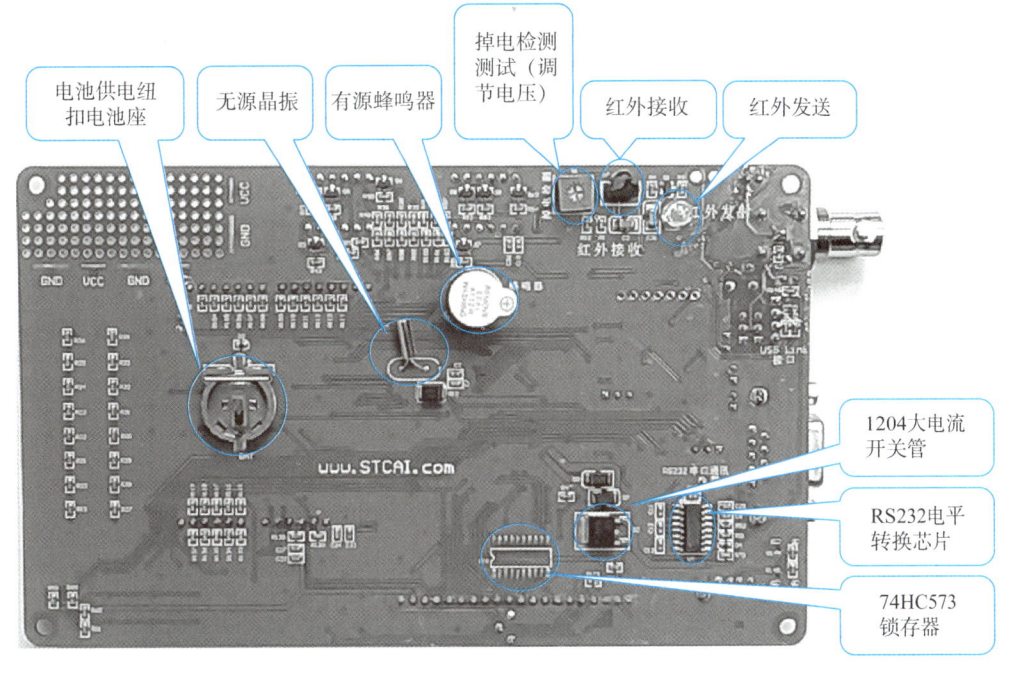

图 1-24　STC32G12K 单片机实验板-V9.6 布局背面图

STC 系列单片机要想进行 ISP 下载，必须是在 MCU 上电或复位时接收到握手命令才会开始执行 ISP 程序，所以下载程序到实验箱 9.6 的正确步骤如下。

(1) 使用 USB 线将实验箱 9.6 与计算机进行连接。
(2) 打开 STC-ISP(V6.89C 以上版本)下载软件。
(3) 选择单片机型号为"STC32G12K128"，打开需要下载的用户程序。
(4) 实验箱 9.6 使用硬件 USB 接口下载。进入 USB 下载模式需要首先按住实验箱上的 P3.2/INT0 按键，然后按一下 ON/OFF 电源按键，接着松开 ON/OFF 电源按键，最后松开 P3.2/INT0 按键。正常情况下就能识别出"STC USB Writer（HID1）"设备。
(5) 单击 STC-ISP 下载软件中的"下载/编程"按钮。

STC32G12K 单片机实验板-V9.6 参考电路图，见二维码。

STC32G12K 单片机
实验箱-V9.6 参考电路

1.10　STC32G12K 单片机实践实训系统

1.10.1　STC32G12K 单片机实践实训系统组成

STC32G12K 单片机实践实训系统主要由 STC32G12K 单片机最小系统、显示系统、按键电路、存储系统、通信系统、供电电路及各种传感器组成。STC32G12K 单片机实践实训系统电路组成框图如图 1-25 所示。

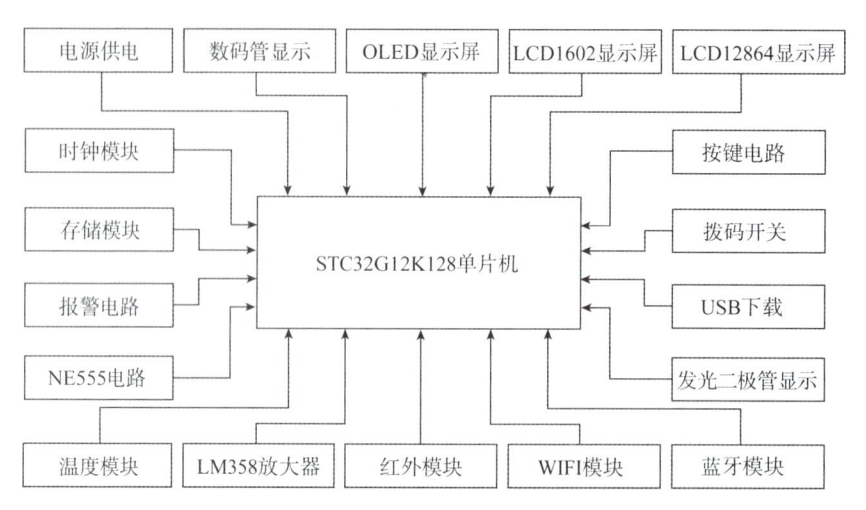

图 1-25　STC32G12K 单片机实践实训系统电路组成框图

STC32G12K 单片机实践实训系统电路 3D 仿真布局如图 1-26 所示。

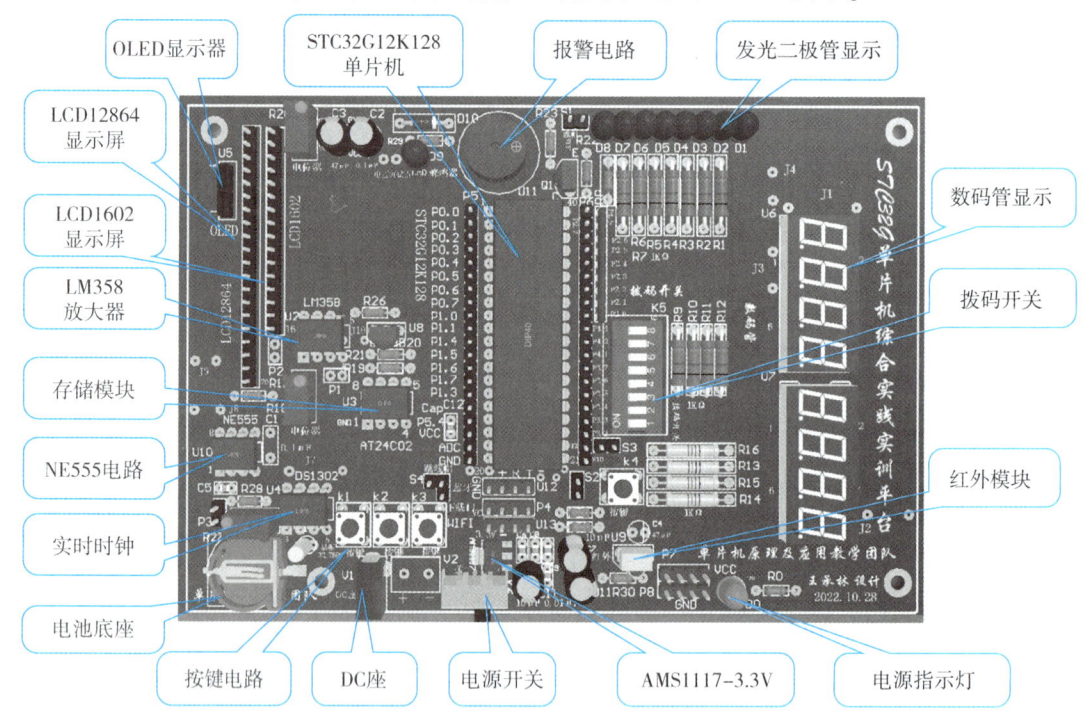

图 1-26　STC32G12K 单片机实践实训系电路 3D 仿真布局

STC32G12K 单片机实践实训系统实物电路如图 1-27 所示。

第 1 章　STC32G12K 单片机原理

图 1-27　STC32G12K 单片机实践实训系统实物电路

1.10.2　STC32G12K 单片机实践实训系统各模块功能

1. STC32G12K128 单片机

STC32G12K128 单片机有超高速 32 位 8051 内核（1T）、49 个中断源、4 级中断优先级、最大 128 KB Flash 程序存储器（ROM），有 5 个 16 位定时器、2 个同步串口、2 个异步串口、2 组 PWM、硬件 SPI、硬件 IIC、2 位高精度 ADC、CAN 总线、DMA 等外设。

STC32G12K128 单片机引脚如图 1-28 所示。

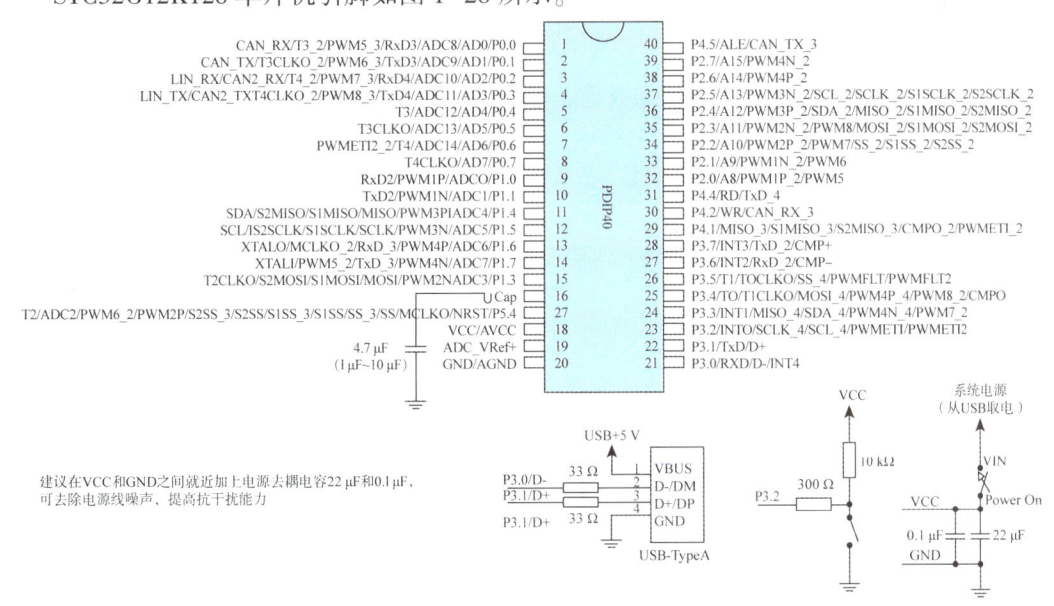

图 1-28　STC32G12K128 单片机引脚

2. 数码管电路

数码管按连接方式的不同可分为共阳极数码管和共阴极数码管。共阳极数码管是指将所有发光二极管的阳极接到一起形成公共阳极（COM）的数码管，共阳极数码管在应用时应将公共阳极 COM 接到+5 V，当某一字段发光二极管的阴极为低电平时，相应字段就被点亮，当某一字段发光二极管的阴极为高电平时，相应字段不被点亮。共阴极数码管是指将所有发光二极管的阴极接到一起形成公共阴极（COM）的数码管，共阴极数码管在应用时应将公共阴极 COM 接到地线 GND 上，当某一字段发光二极管的阳极为高电平时，相应字段就被点亮，当某一字段发光二极管的阳极为低电平时，相应字段不被点亮。本电路中使用两个 4 位共阴极数码管，位选连接在单片机的 P3、P4 口，段选连接在单片机的 P2 口。数码管引脚电路如图 1-29 所示。

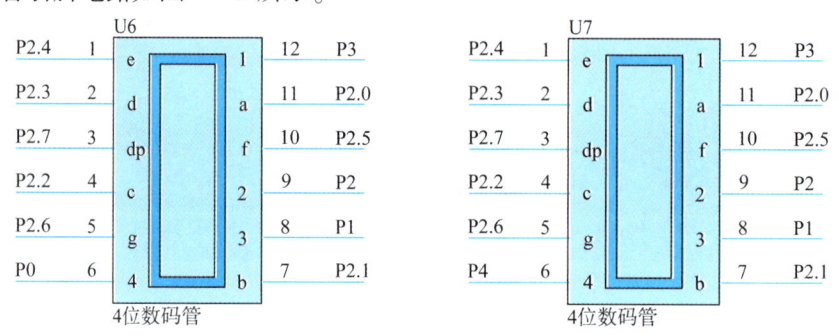

图 1-29 数码管引脚电路

3. LED 显示电路

LED（Light Emitting Diode，发光二极管）是一种能够将电能转化为可见光的固态半导体器件，它可以直接把电转化为光。LED 的"心脏"是一个半导体晶片，晶片的一端附在一个支架上，一端是负极，另一端连接电源的正极，使整个晶片被环氧树脂封装起来。本电路中，LED 与单片机的 P2 口相连，可通过拨码开关与数码管段选切换单片机引脚。LED 显示电路如图 1-30 所示。

4. 报警电路

报警电路由蜂鸣器、三极管、二极管、电阻组成，为电路提供报警功能，连接在单片机的 P4.5 引脚。报警电路如图 1-31 所示。

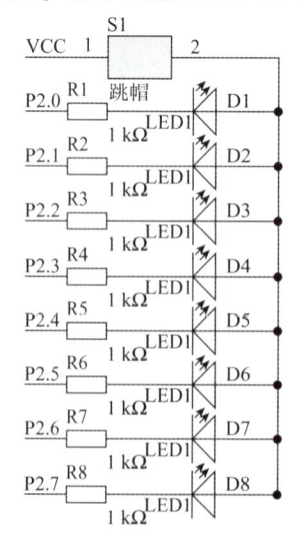

图 1-30 LED 显示电路

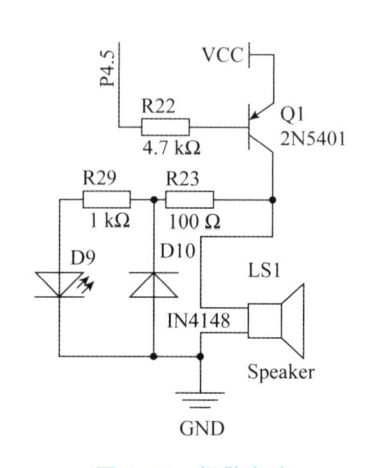

图 1-31 报警电路

5. 存储电路

存储电路由芯片 U3、电阻 R19、R21 组成。芯片 U3 的型号为 AT24C02，其 1 脚~4 脚、7 脚均接地，5 脚、6 脚分别接单片机 U1 的 P1.4、P1.1 引脚，8 脚接 VCC；电阻 R19 接在芯片 U3 的 5 脚与 VCC 之间，电阻 R21 接在芯片 U3 的 6 脚与 VCC 之间。存储电路如图 1-32 所示。

6. 时钟电路

时钟电路由芯片 U4、晶振、电池底座组成。芯片 U4 的型号为 DS1302，其 1 脚接 VCC，2 脚和 3 脚分别接 Y1 晶振的两端，8 脚连接电池底座的一端，电池底座另一端连接 GND，其 5 脚、6 脚和 7 脚分别接单片机 U1 的 P1.7 引脚、P1.6 引脚、P1.5 引脚。时钟电路如图 1-33 所示。

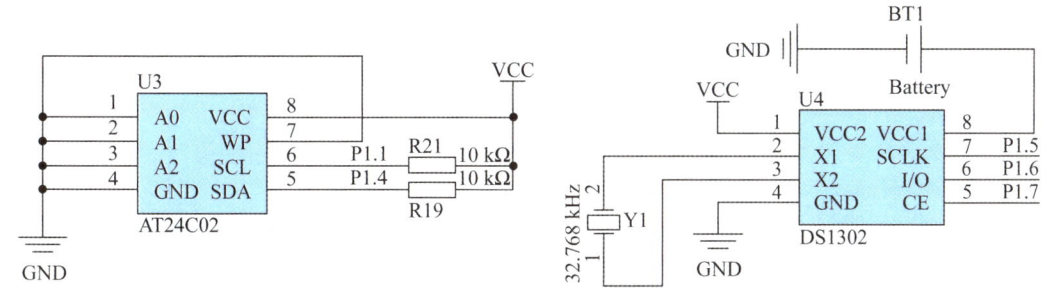

图 1-32　存储电路

图 1-33　时钟电路

7. 温度检测电路

温度检测电路由芯片 U8、电阻 R26 组成。芯片 U8 的型号为 DS18B20，其 1 脚接 VCC，2 脚接单片机的 P1.0 引脚，3 脚接地，电阻 R26 接在芯片 U8 的 2 脚与 VCC 之间。温度检测电路如图 1-34 所示。

8. OLED 显示电路

OLED 显示屏，其 1 脚与地相连，2 脚与 VCC 相连，3 脚与单片机的 P0.1 引脚相连，4 脚与单片机的 P0.0 引脚相连。OLED 显示电路如图 1-35 所示。

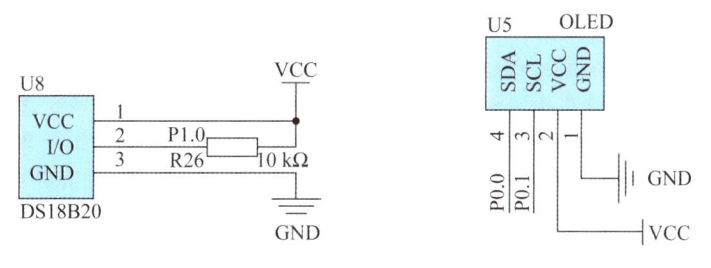

图 1-34　温度检测电路

图 1-35　OLED 显示电路

9. LCD1602 显示电路

LCD1602 是一种专门用于显示字母、数字和符号等的点阵式 LCD（Liquid Crystal Display，液晶显示器），常用的分辨率为 16 字×1 行、16 字×2 行、20 字×2 行和 40 字×2 行等。一般的 LCD1602 字符型液晶显示器的内部控制器大部分为 HD44780，能够显示英文字母、阿拉伯数字、日文片假名和一般性符号，是并行接口，其 1 脚接地，2 脚接 VCC，3 脚接 DB 端负责调节 LCD1602 的对比度，4、5、6 脚为控制口分别与单片机的 P4.4、P4.2、P4.1 引脚相连，7~14 引脚为数据口连接在单片机的 P0 口，15、16 引脚分别接 VCC 和地。LCD1602 显示电路如图 1-36 所示。

10. LCD12864 显示电路

LCD12864 是一种具有 4 位/8 位并行、2 线或 3 线串行多种接口方式，内部含有国标一级、二级简体中文字库的点阵图形液晶显示模块；其显示分辨率为 128 行×64 字，内置 8192 个 16×16 点汉字，和 128 个 16×8 点 ASCII 字符集。利用该模块灵活的接口方式和简单、方便的操作指令，可构成全中文人机交互图形界面，可以显示 8×4 行 16×16 点阵的汉字，也可完成图形显示，是并行接口。其 1 脚接地，2 脚接 VCC，3 脚接 DB 端，4、5、6 脚为控制口分别与单片机的 P4.4、P4.2、P4.1 引脚相连，7~14 脚为数据口连接在单片机的 P0 口，15、17、19 脚接 VCC，20 脚接地，其他脚悬空。LCD12864 显示电路如图 1-37 所示。

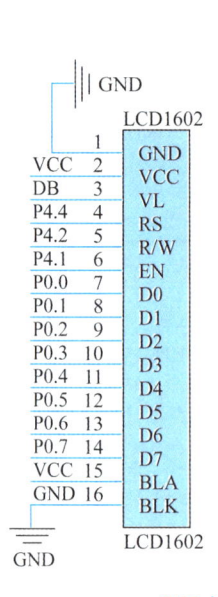

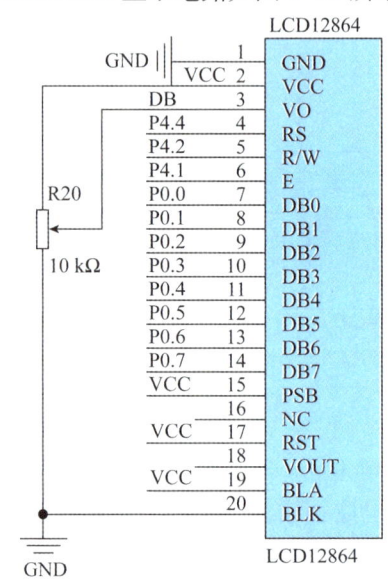

图 1-36　LCD1602 显示电路　　　图 1-37　LCD12864 显示电路

11. WiFi 电路

WiFi 电路主要由 ESP8266 构成，其 1、2 脚接 3.3 V 电源，3 脚接地，4、5 脚分别连接单片机的 TXD(P3.0) 和 RXD(P3.1) 串口。WiFi 电路如图 1-38 所示。

12. 3.3 V 供电电路

3.3 V 供电电路由 AMS1117-3.3 V、电容、电阻、发光二极管组成，AMS1117-3.3 V 是一种输出电压为 3.3 V 的正向低压降稳压器，适用于高效率线性稳压器；电容起到滤波的作用，电阻和发光二极管组成电源指示灯。3.3 V 供电电路如图 1-39 所示。

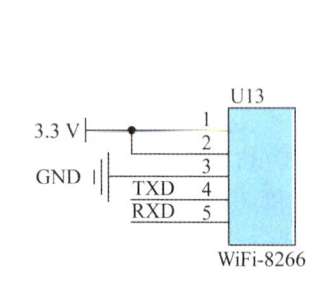

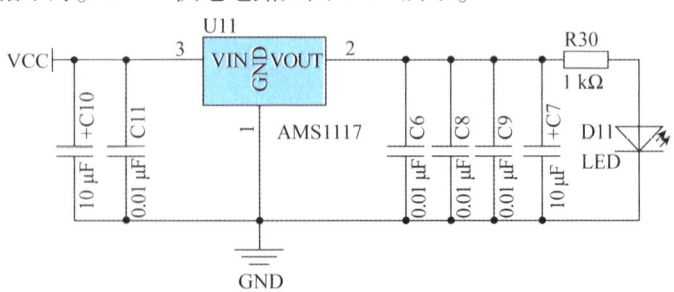

图 1-38　WiFi 电路　　　图 1-39　3.3 V 供电电路

13. NE555 电路

NE555 电路由 NE555 芯片、电容、电阻构成，如图 1-40 所示。

14. LM358 放大电路

LM358 放大电路由 LM358 芯片、电阻、电位器构成，如图 1-41 所示。

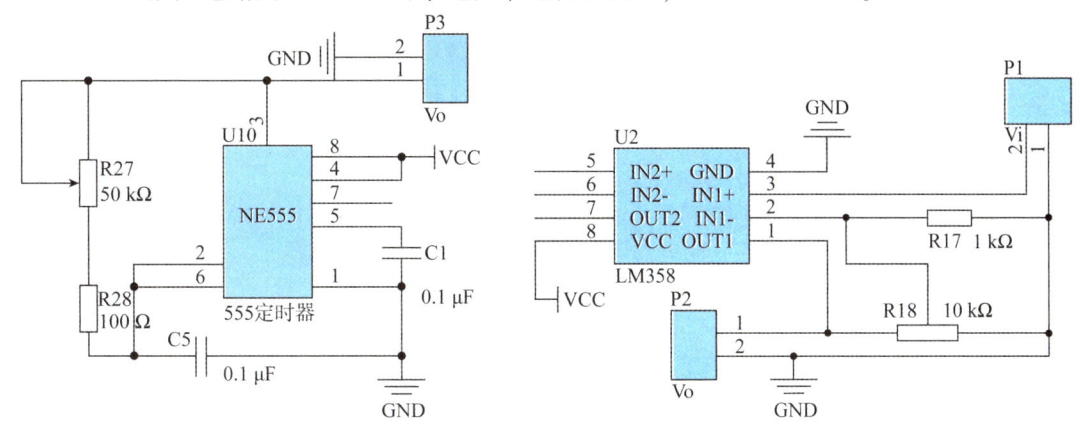

图 1-40　NE555 电路

图 1-41　LM358 放大电路

15. 下载电路

下载电路与单片机 P3.0/RXD、P3.1/TXD 引脚相连，用于给单片机烧写测试程序，同时可以用作串口通信。下载电路如图 1-42 所示。

16. 供电电路

供电电路由 DC 座、接线柱、电阻、电容等组成，提供工作电压，如图 1-43 所示。

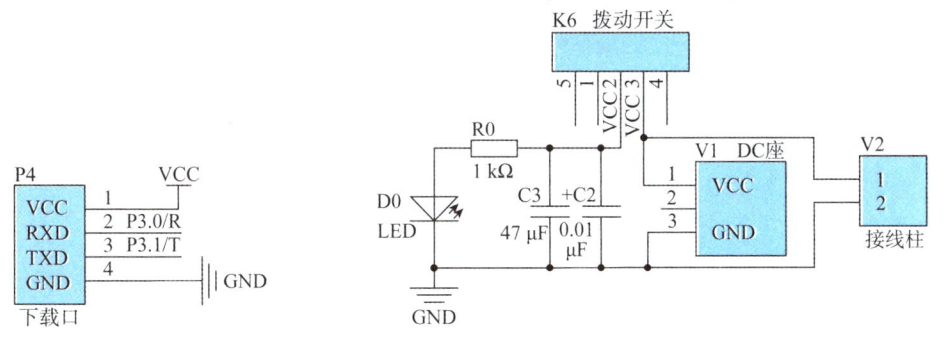

图 1-42　下载电路

图 1-43　供电电路

17. USB 下载电路

USB 下载电路由 USB 口、电阻构成，负责单片机直接下载程序，如图 1-44 所示。

18. 红外接收电路

红外接收电路由红外传感器、电容、电阻构成，负责接收和发出红外信号，连接到单片机的 P3.2 引脚，如图 1-45 所示。

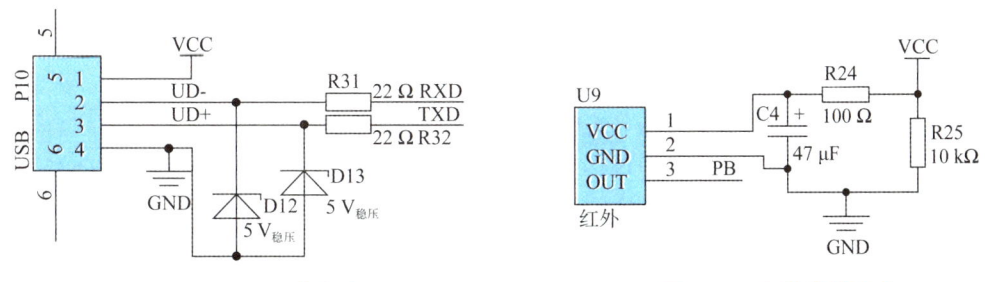

图 1-44　USB 下载电路

图 1-45　红外接收电路

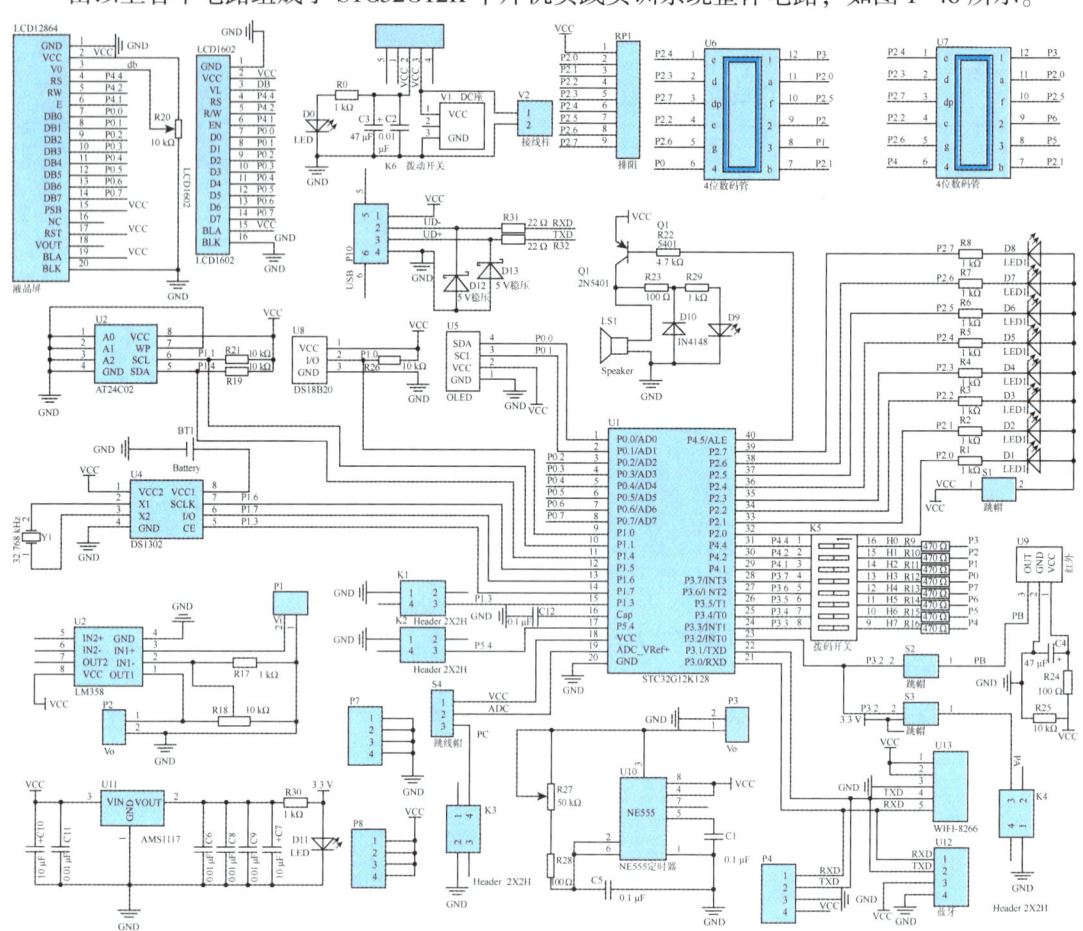

由以上各个电路组成了STC32G12K单片机实践实训系统整体电路，如图1-46所示。

图1-46 STC32G12K单片机实践实训系统整体电路

1.10.3 STC32G12K单片机实践实训系统各器件功能

1. 电阻

导体对电流的阻碍作用称为该导体的电阻。电阻（Resistance）是一个物理量，在物理学中表示导体对电流阻碍作用的大小。导体的电阻越大，表示其对电流的阻碍作用越大。不同的导体，电阻一般不同，电阻是导体本身的一种性质。导体的电阻通常用字母R表示，电阻的单位是欧姆，简称欧，符号为Ω。电阻实物如图1-47所示。

图1-47 电阻实物

电阻标称阻值有4种表示方法：直标法、文字符号法、数标法和色标法。

①直标法：用阿拉伯数字和单位符号在电阻器表面直接标出标称阻值和技术参数，电阻值单位欧姆用"Ω"表示，千欧用"kΩ"表示，兆欧用"MΩ"表示，允许偏差一般直接用百分数或用I（±5%）、II（±10%）、III（±20%）表示。

②文字符号法：用阿拉伯数字和文字符号两者有规律的组合来表示标称阻值，其允许偏

差用文字符号表示,即有 B(±0.1%)、C(±0.25%)、D(±0.5%)、F(±1%)、G(±2%)、J(±5%)、K(±10%)、M(±20%)、N(±30%)。文字符号前面的数字表示整数阻值,后面的数字表示小数阻值。

③数标法:用 3 位阿拉伯数字表示,前两位数字表示阻值的有效数,第 3 位数字表示有效数后面 0 的个数。当阻值小于 10 Ω 时,常以 xRx 表示,将 R 看作小数点,单位为欧姆。偏差通常采用符号表示:B(±0.1%)、C(±0.25%)、D(±0.5%)、F(±1%)、G(±2%)、J(±5%)、K(±10%)、M(±20%)、N(±30%)。

④色标法:用颜色来表示电阻大小的一种方法。对于小型电阻常用四环色环或五环色环表示电阻的大小。电阻色环识别图如图 1-48 所示。

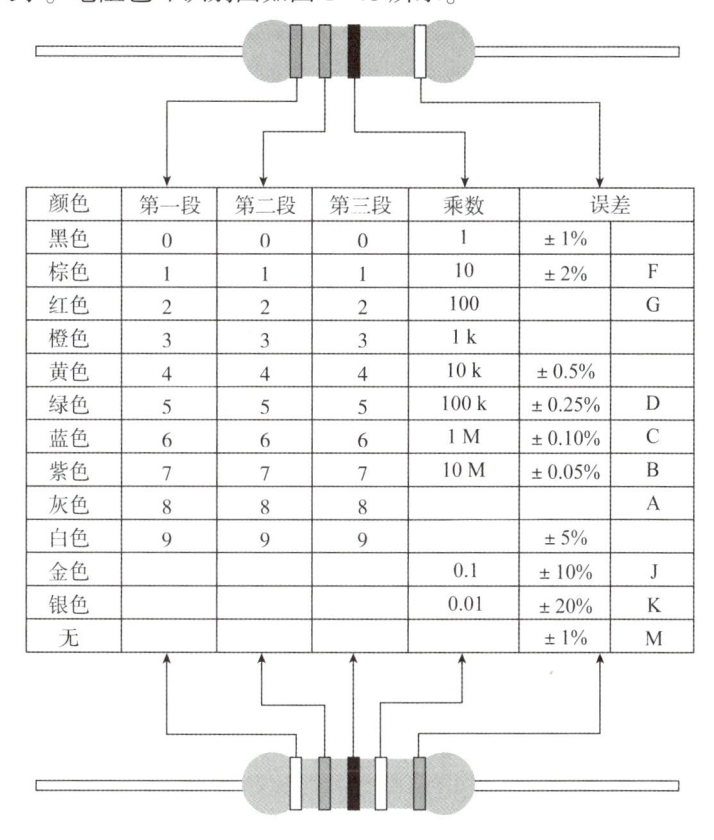

颜色	第一段	第二段	第三段	乘数	误差	
黑色	0	0	0	1	±1%	
棕色	1	1	1	10	±2%	F
红色	2	2	2	100		G
橙色	3	3	3	1 k		
黄色	4	4	4	10 k	±0.5%	
绿色	5	5	5	100 k	±0.25%	D
蓝色	6	6	6	1 M	±0.10%	C
紫色	7	7	7	10 M	±0.05%	B
灰色	8	8	8			A
白色	9	9	9		±5%	
金色				0.1	±10%	J
银色				0.01	±20%	K
无					±1%	M

图 1-48 电阻色环识别图

四环电阻:第一、第二色环表示阻值有效数字,第三色环表示 10 的幂数,第四色环为电阻的误差等级。

五环电阻:第一、第二、第三色环表示 3 位数字,第四色环表示 10 的幂数,第五色环表示误差等级。电阻上的每一个颜色都代表一个数字。

2. 电解电容

电解电容是电容的一种,金属箔为正极(铝或钽),与正极紧贴的金属氧化膜(氧化铝或五氧化二钽)是电介质,阴极由导电材料、电解质(电解质可以是液体或固体)和其他材料共同组成,因电解质是阴极的主要组成部分,电解电容因此而得名。同时电解电容正负不可接错。铝电解电容可以分为 4 类:引线型铝电解电容、牛角型铝电解电容、螺栓式铝电解电容、固态铝电解电容。电解电容实物如图 1-49 所示,电解电容外形尺寸如表 1-64 所示。

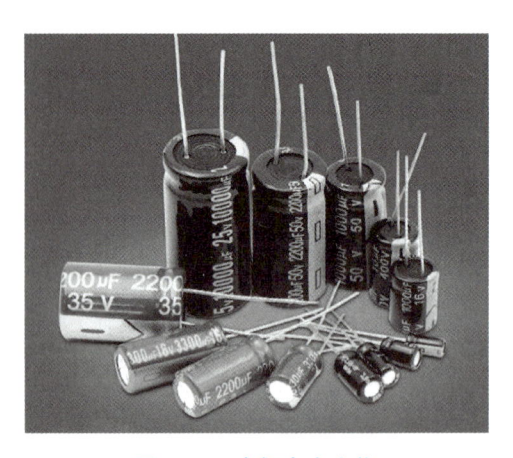

图 1-49　电解电容实物

表 1-64　电解电容外形尺寸

电容值	1 μF/50 V	2.2 μF/50 V	4.7 μF/50 V	10 μF/10 V	22 μF/50 V
外形尺寸	φ5×11	φ5×11	φ5×11	φ5×11	φ5×11
电容值	47 μF/25 V	47 μF/50 V	100 μF/16 V	100 μF/25 V	100 μF/50 V
外形尺寸	φ5×11	φ6.3×11	φ5×11	φ6.3×11	φ8×11.5
电容值	220 μF/16 V	220 μF/25 V	220 μF/50 V	470 μF/16 V	470 μF/25 V
外形尺寸	φ6×11.5	φ8×11.5	φ10×12.5	φ8×11.5	φ10×12.5
电容值	470 μF/35 V	470 μF/50 V	1000 μF/16 V	1000 μF/25 V	1000 μF/50 V
外形尺寸	φ10×16	φ10×20	φ10×12.5	φ10×20	φ12.5×25
电容值	2200 μF/16 V	2200 μF/25 V	2200 μF/50 V	100 μF/100 V	
外形尺寸	φ12.5×20	φ12.5×25	φ16×31.5	φ10×20	

①电解电容有两个引脚，在有极性电解电容中，这两个引脚有正、负极之分，新的有极性电解电容的两个引脚一长一短，以区分引脚的正、负极性，长的引脚为正极。无极性电解电容的两个引脚没有正、负极之分。

②外壳上有足够大的面积来标注电解电容的参数和引脚极性，这里常用圆柱形电解电容的识别方法。在电解电容上，一般采用直标法标出标称容量及允许偏差、额定电压等。对有极性电解电容，还要标出引脚的极性。有极性电解电容的正、负引脚表示方式有多种。

③正极引脚采用符号"+"表示，此时外壳上标有一个"+"，表示这个引脚是正极，另一个是负极；相反，负极引脚采用符号"-"表示，外壳上标有"-"的是负极引脚，另一个是正极引脚。

3. 瓷片电容

瓷片电容(Ceramic Capacitor)是一种用陶瓷材料作介质，在陶瓷表面涂覆一层金属薄膜，再经高温烧结后作为电极而形成的电容器。它通常用于高稳定振荡回路中，作为回路、旁路电容器及垫整电容器。瓷片电容分为高频瓷介和低频瓷介两种。作为具有小的正电容温度系数的电容器，低频瓷介电容限于在工作频率较低的回路中作旁路或隔直流用，或者用于对稳定性和损耗要求不高的场合(包括高频在内)。这种电容器不宜使用在脉冲电路中，因为它们易于被脉冲电压击穿。其两个引脚无正、负极之分。瓷片电容实物如图 1-50 所示。

瓷片电容的读数方法和电阻的读数方法基本相同，分为色标法、数标法和直标法 3 种。

瓷片电容的基本单位用法拉（F）表示，其他单位还有：毫法（mF）、微法（μF）、纳法（nF）、皮法（pF）。

图 1-50 瓷片电容实物

其中：1 F = 1000 mF，1 mF = 1000 μF，1 μF = 1000 nF，1 nF = 1000 pF。

容量大的瓷片电容的容量值在电容上直接标明，如 10 μF/16 V。

容量小的瓷片电容的容量值在电容上用字母或数字表示。

字母表示：2m = 2000 μF，1P2 = 1.2 pF，2n = 2000 pF。

数字表示：3 位数字的表示法也称电容量的数码表示法。3 位数字的前两位为标称容量的有效数字，第 3 位数字表示有效数字后面 0 的个数，它们的单位都是 pF。

4. 二极管

二极管是用半导体材料（硅、硒、锗等）制成的一种电子器件。它具有单向导电性能，即给二极管阳极加上正向电压时，二极管导通；当给阳极和阴极加上反向电压时，二极管截止。因此，二极管的导通和截止，相当于开关的接通与断开。二极管的应用非常广泛，特别是在各种电子电路中，利用二极管和电阻、电容、电感等元器件进行合理的连接，可以实现对交流电整流，对调制信号检波、限幅和钳位以及对电

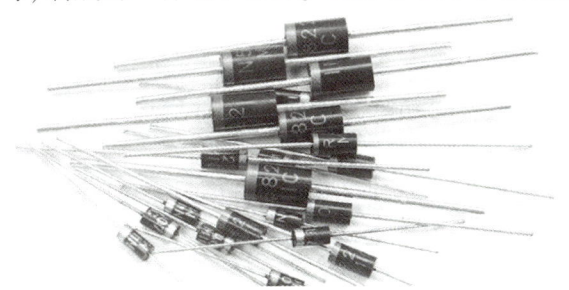

图 1-51 二极管实物

源电压的稳压等多种功能。二极管实物如图 1-51 所示。

二极管具有单向导电性，在正向电压的作用下，导通电阻很小；在反向电压的作用下，导通电阻极大或无穷大。小功率的二极管的 N 极（负极），在其表面大多采用一种色圈标出来，有些二极管也用二极管专用符号"P""N"来确定二极管极性，发光二极管的正、负极可从引脚长短来识别，器件上有黑线段的一端是负极。

5. 三极管

三极管，全称为半导体三极管，也称双极型晶体管、晶体三极管，是一种控制电流的半导体。其作用是把微弱信号放大成幅度值较大的电信号，也用作无触点开关。它是半导体基本元器件之一，具有电流放大作用。三极管是在一块半导体基片上制作两个相距很近的 PN 结，两个 PN 结把整块半导体基片分成三部分，中间是基区，两侧是发射区和集电区。三极管实物如图 1-52 所示。

三极管有 3 个电极，分别是基极 b、集电极 c 和发射极 e。三极管的引脚排列位置根据品种、型号及功能的不同而不同，识别三极管的引脚极性在测试、安装、调试等各个应用

场合都十分重要。

识别塑料封装半圆形三极管引脚的方法：半圆形底面，识别时，将引脚朝下，切面朝向自己，此时三极管的引脚从左向右依次为 e、b、c。

三极管类型的判别：三极管只有两种类型，即 PNP 型和 NPN 型，判别时只要知道基极是 P 型材料还是 N 型材料即可。当用万用表的 R×1k 挡测量时，黑表笔代表电源正极，如果黑表笔接基极时导通，则说明三极管的基极为 P 型材料，三极管即为 NPN 型。如果红表笔接基极时导通，则说明三极管的基极为 N 型材料，三极管即为 PNP 型。

图 1-52　三极管实物

三极管的判别方法：将万用表拨到 R×100 挡或 R×1k 挡。测量二极管时，万用表的正端接二极管的负极，负端接二极管的正极；测量 NPN 型三极管时，万用表的负端接基极，正端接集电极或发射极；测量 PNP 型三极管时，万用表的正端接基极，负端接集电极或发射极。按上述方法接好后，如果万用表的指针指示在表盘的右端或靠近满刻度的位置上（即阻值较小），那么所测的管子是锗管；如果万用表的指针在表盘的中间或偏右的位置上（即阻值较大），那么所测的管子是硅管。

找出了三极管的基极 b，另外两个电极哪个是集电极 c，哪个是发射极 e 呢？

①对于 NPN 型三极管，用万用表的黑、红表笔颠倒测量两极间的正、反向电阻，虽然两次测量中万用表指针偏转角度都很小，但仔细观察，总会有一次偏转角度稍大，此时电流的流向一定是黑表笔→c 极→b 极→e 极→红表笔，电流流向正好与三极管符号中的箭头方向一致（"顺箭头"），所以此时黑表笔所接的一定是集电极 c，红表笔所接的一定是发射极 e。

②对于 PNP 型三极管，其检测原理也类似于 NPN 型，其电流流向一定是黑表笔→e 极→b 极→c 极→红表笔，其电流流向也与三极管符号中的箭头方向一致，所以此时黑表笔所接的一定是发射极 e，红表笔所接的一定是集电极 c。

6. LED

LED 是一种能够将电能转化为可见光的固态半导体器件，它可以直接把电转化为光。LED 的"心脏"是一个半导体的晶片，晶片的一端附在一个支架上，一端是负极，另一端连接电源的正极，使整个晶片被环氧树脂封装起来。

LED 里面的 PN 结，在电压驱动作用下，内部的电子和空穴会复合，复合过程中能量会以发光的形式释放。LED 实物如图 1-53 所示。

引脚排序：长脚正短脚负，直径为 3.5 mm，引脚间距为 2.54 mm。

7. 气体传感器

传感器内部设有恒定光源（如红外发光二极管），当空气通过光线时，其中的颗粒物会对光线进行散射，造成光强的衰减，其相对衰减率与颗粒物的浓度成一

图 1-53　LED 实物

定比例。红外传感器内部结构在与光源对角的另一侧设有光线探测器（如光电晶体管），它能够探测到被颗粒物反射的光线，并根据反射光强度输出 PWM 信号（脉宽调制信号），从

而判断颗粒物的浓度。对于不同粒径的颗粒物(如 PM10 和 PM2.5)，其能够输出多个不同的信号加以区分。

气体传感器实物如图 1-54 所示。

空气质量传感器常用于监测空气中的污染物浓度情况，是空气净化器及新风系统的重要组成部分。它主要监测空气中的温度、湿度、气压、光照、PM2.5、PM10、TVOC 等数值，还有氧气(O_2)、二氧化碳(CO_2)、一氧化碳(CO)、甲醛(CH_2O)等气体的浓度。它可同时采集 PM2.5 和 PM10，量程为 0~1000 μg/m³，分辨率为 1 μg/m³，独有双频数据采集及自动标定技术，一致性可达±10%。

8. 电位器

电位器的电阻体有两个固定端，通过手动调节转轴或滑柄，改变动触点在电阻体上的位置，则改变了动触点与任意一个固定端之间的电阻值，从而改变了电压与电流的大小。电位器的作用有以下 3 个。

图 1-54 气体传感器实物

①用作分压器：电位器是一个连续可调的电阻器，当调节电位器的转轴或滑柄时，动触点在电阻体上滑动。此时在电位器的输出端可获得与电位器外加电压和可动臂转角或行程成一定关系的输出电压。

②用作变阻器：电位器用作变阻器时，应把它接成两端器件，这样在电位器的行程范围内，便可获得一个平滑连续变化的电阻值。

③用作电流控制器：当电位器作为电流控制器使用时，其中一个选定的电流输出端必须是滑动触点引出端。

电位器的识别方法有以下两种。

①电位器的命名规则同电阻的命名方法一样，只是以字母"W"开头。

②电位器标注方法：电位器一般采用直标法，在电位器外壳上用字母和数字标识它们的型号、标称功率、阻值、阻值与转角间的关系等。

电位器实物如图 1-55 所示。

图 1-55 电位器实物

引脚排序：一般 1 号接电源正极，2 号接信号输出端，3 号接电源负极。电位器外壳上一般都标志有"1""2""3"，如果没有则用万用表测量，一般 1、3 之间是总电阻，部分电位器上标有电路图，中心头接电位器的中间引脚，其他两端可任意连接，如果调整时方向相反，可将两端的线对调。

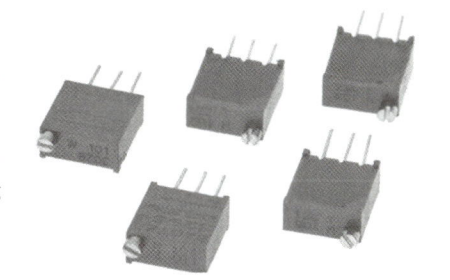

9. LCD1602 液晶显示器

LCD1602 液晶显示器是广泛使用的一种字符型液晶显示模块。它是由字符型液晶显示器(LCD)、控制驱动主电路 HD44780 及其扩展驱动电路 HD44100，以及少量电阻、电容元件和结构件等装配在 PCB(Printed Circuit Board，印制电路板)上组成。液晶显示模块具有体积小、功耗低、显示内容丰富、超薄轻巧等优点。LCD1602 液晶显示器实物如图 1-56 所示。

(a)

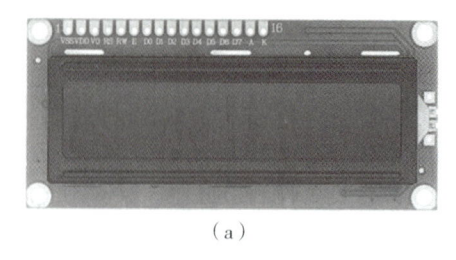

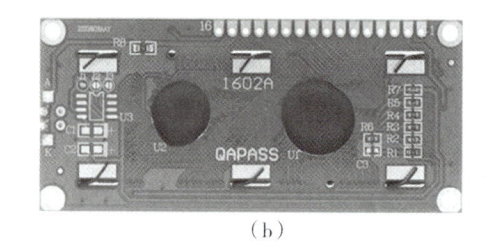

(b)

图1-56 LCD1602液晶显示器实物
(a)正面(液晶屏);(b)反面

①显示原理：点阵式 LCD 液晶屏由 $M×N$ 个显示单元组成，假设 LCD 液晶屏有 64 行，每行有 128 列，每 8 列对应 1 字节的 8 位，即每行由 16 字节，共 $16×8=128$ 个点组成。液晶屏上 $64×16$ 个显示单元与显示 RAM 区的 1024 字节相对应，每一字节的内容与液晶屏上相应位置的亮暗对应。例如，液晶屏第一行的亮暗由 RAM 区的 000H～00FH 共 16 字节的内容决定，当（000H）= FFH 时，屏幕左上角显示一条短亮线，长度为 8 个点；当（3FFH）= FFH 时，屏幕右下角显示一条短亮线；当（000H）= FFH，（001H）= 00H，（002H）= 00H，…，（00EH）= 00H，（00FH）= 00H 时，屏幕的顶部显示一条由 8 条亮线和 8 条暗线组成的虚线。这就是 LCD 显示的基本原理。

字符型液晶显示模块是一种专门用于显示字母、数字和符号等的点阵式 LCD，常用的分辨率为 16×1、16×2、20×2 和 40×2 等。一般的 LCD1602 字符型液晶显示器的内部控制器大部分为 HD44780，能够显示英文字母、阿拉伯数字、日文片假名和一般性符号。

②LCD1602 液晶显示器尺寸如图 1-57 所示。

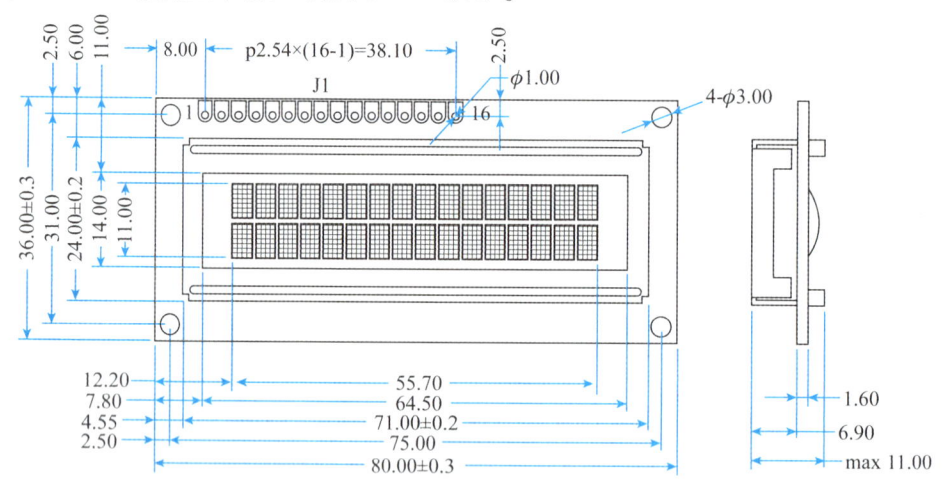

图 1-57 LCD1602 液晶显示器尺寸

③LCD1602 液晶显示器引脚定义如表 1-65 所示。

表 1-65 LCD1602 液晶显示器引脚定义

序号	符号	引脚说明	序号	符号	引脚说明
1	GND	电源地	9	D2	Data I/O
2	VCC	电源正极	10	D3	Data I/O
3	VL	液晶显示偏压信号	11	D4	Data I/O

续表

序号	符号	引脚说明	序号	符号	引脚说明
4	RS	数据/命令选择端(H/L)	12	D5	Data 1/0
5	R/W	读/写选择端(H/L)	13	D6	Data 1/0
6	EN	使能信号	14	D7	Data 1/0
7	D0	Data 1/0	15	BLA	背光源正极
8	D1	Data 1/0	16	BLK	背光源负极

④LCD1602液晶显示器指令：LCD1602液晶显示模块的读/写操作、液晶屏和光标的操作都是通过指令编程来实现的(其中，1为高电平，0为低电平)。

指令1：清屏。指令码01H，光标复位到地址00H。

指令2：光标复位。光标复位到地址00H。

指令3：输入方式设置。其中，I/D表示光标的移动方向，高电平右移，低电平左移；S表示液晶屏上所有文字是否左移或右移，高电平表示有效，低电平表示无效。

指令4：显示开关控制。其中，D用于控制整体显示的开与关，高电平表示开显示，低电平表示关显示；C用于控制光标的开与关，高电平表示有光标，低电平表示无光标；B用于控制光标是否闪烁，高电平闪烁，低电平不闪烁。

指令5：光标或字符移位控制。其中，S/C表示在高电平时移动显示的文字，低电平时移动光标。

指令6：功能设置。其中，DL表示在高电平时为8位总线，低电平时为4位总线；N表示在低电平时为单行显示，高电平时为双行显示；F表示在低电平时显示5×7的点阵字符，高电平时显示5×10的点阵字符。

指令7：字符发生器存储器地址设置。

指令8：数据存储器(DDRAM)地址设置。

指令9：读忙标志或地址。其中，BF为忙标志位，高电平表示忙，此时模块不能接收命令或数据，如果为低电平则表示不忙。

指令10：写数据。

指令11：读数据。

⑤LCD1602液晶显示器初始化显示模式设置如表1-66所示。

表1-66 LCD1602液晶显示器初始化显示模式设置

指令码								功能
0	0	1	1	1	0	0	0	设置16×2显示，5×7点阵，8位数据接口

LCD1602液晶显示器初始化显示开/关及光标设置如表1-67所示。

表1-67 LCD1602液晶显示器初始化显示开/关及光标设置

指令码								功能
0	0	0	0	1	D	C	B	D=1 开显示；D=0 关显示 C=1 显示光标；C=0 不显示光标 B=1 光标闪烁；B=0 光标不闪烁

续表

指令码							功能
0	0	0	0	0	1	N S	N=1 当读或写一个字符后地址指针加1，且光标加1 N=0 当读或写一个字符后地址指针减1，且光标减1 S=1 当写一个字符时，整屏显示左移(N=1)或右移(N=0)，以得到光标不移动而屏幕移动的效果 S=0 当写一个字符时，整屏显示不移动

LCD1602液晶显示器初始化数据指针设置如表1-68所示。

表1-68 LCD1602液晶显示器初始化数据指针设置

指令码	功能
80H+地址码(0~27H，40H~67H)	设置数据地址指针

LCD1602液晶显示器初始化功能设置如表1-69所示。

表1-69 LCD1602液晶显示器初始化功能设置

指令码	功能
01H	显示清屏；数据指针清零；所有显示清零
02H	显示回车；数据指针清零

LCD1602液晶显示器指令控制如表1-70所示。

表1-70 LCD1602液晶显示器指令控制

序号	指令	RS	R/W	D7	D6	D5	D4	D3	D2	D1	D0
1	清屏	0	0	0	0	0	0	0	0	0	1
2	光标复位	0	0	0	0	0	0	0	0	1	x
3	输入方式设置	0	0	0	0	0	0	0	1	I/D	S
4	显示开关控制	0	0	0	0	0	0	1	D	C	B
5	光标或字符移位控制	0	0	0	0	0	1	S/C	R/L	x	x
6	功能设置	0	0	0	0	1	DL	N	F	x	x
7	字符发生器存储器地址设置	0	0	0	1	字符发生器存储器地址					
8	数据存储器地址设置	0	0	1	显示数据存储器地址						
9	读忙标志或地址	0	0	BF	计数器地址						
10	写入数据至CGRAM或DDRAM	1	0	要写入的数据内容							
11	从CGRAM或DDRAM中读取数据	1	0	读取的数据内容							

⑥基本操作时序。

读状态：输入为RS=L，RW=H，E=H；输出为D0~D7=状态字。

写指令：输入为RS=L，RW=L，D0~D7=指令码，EN=高脉冲；输出为无。

读数据：输入为RS=H，RW=H，E=H；输出为D0~D7=数据。

写数据：输入为RS=H，RW=L，D0~D7=数据，EN=高脉冲；输出为无。

10. LCD12864 液晶显示器

LCD12864 液晶显示器带中文字库，可以显示字母、数字符号、中文字形及图形，具有绘图及文字画面混合显示功能，其显示分辨率为 128×64。它提供 3 种控制接口，分别是 8 位微处理器接口、4 位微处理器接口及串行接口。其所有的功能都包含在一块芯片里面，只要一个最小的微处理系统，就可以方便操作模块。其内置 2 MB 中文字形 ROM(CGROM)，总共提供 8192 个中文字形(16×16 点阵)；16 KB 半宽字形 ROM(HCGROM)，总共提供 126 个符号字形(16×8 点阵)；64×16 位字形产生 RAM(CGRAM)；另外绘图显示画面提供一个 64×256 点的绘图区域(GDRAM)，可以和文字画面混合显示。其还提供多功能指令：画面清除(Display clear)、光标归位(Return home)、显示打开/关闭(Display on/off)、光标显示/隐藏(Cursor on/off)、显示字符闪烁(Display character blink)、光标移位(Cursor shift)、显示移位(Display shift)、垂直画面旋转(Vertical line scroll)、反白显示(By_line reverse display)、待命模式(Standby mode)。LCD12864 液晶显示器实物如图 1-58 所示。

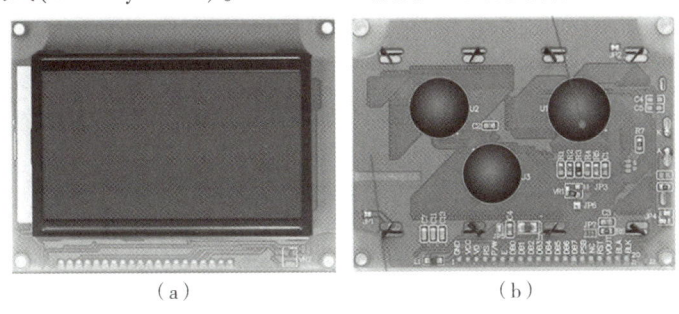

图 1-58 LCD12864 液晶显示器实物

(a)正面(液晶屏)；(b)反面

① LCD12864 液晶显示器尺寸如图 1-59 所示。

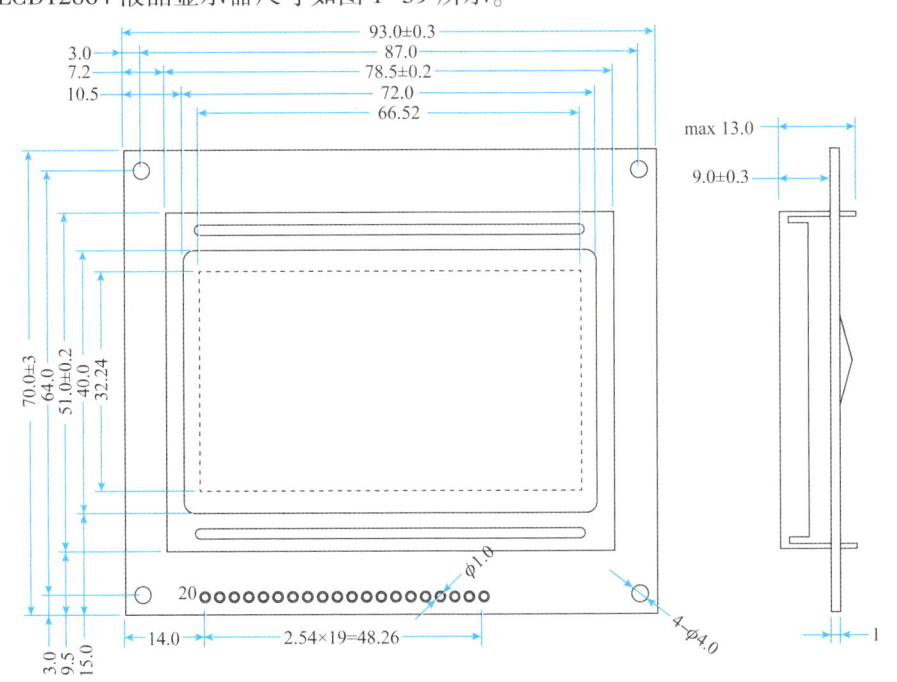

图 1-59 LCD12864 液晶显示器尺寸

②LCD12864 液晶显示器引脚定义如表 1-71 所示。

表 1-71　LCD12864 液晶显示器引脚定义

序号	符号	引脚说明
1	GND	接地端
2	VCC	电源正极，接+5 V
3	V0	对比度调整，一般接+5 V
4	RS(CS*)	片选，也称为使能，接+5 V
5	R/W(SID*)	数据输入端
6	E(SCLK*)	时钟输入端
7~14	DB0~DB7	并行数据总线
15	PSB	串并模式选择，串行模式下接地，并行模式下接+5 V
16	NC	空引脚，不需要连接
17	RST	复位端，低电平有效，一般接+5 V
18	VOUT	空引脚，不需要连接
19	BLA	背光源正极，接+5 V
20	BLK	背光源负极，接地

11. OLED 显示器

OLED(Organic Light-Emitting Diode，有机发光二极管)显示器是利用有机发光二极管制成的液晶屏，采用薄的有机材料涂层和玻璃基板，当有电流通过时，这些有机材料就会发光，而且 OLED 液晶屏可视角度大，功耗低。OLED 具备自发光、不需背光源(只上电是不会亮的，只有驱动程序和接线正确才会被点亮)、对比度高、厚度薄、视角广、反应速度快、可用于挠曲面板、使用温度范围广、结构及制程简单等优异特性。最先接触的液晶屏都是 LCD 的，需要背光，功耗较高，而 OLED 的功耗低，更加适合小系统；由于两者发光材料的不同，所以在不同的环境中，OLED 的显示效果较佳。模块供电可以是 3.3 V 也可以是 5 V，不需要修改模块电路，OLED 显示器具有多个控制指令，可以控制 OLED 的亮度、对比度、开关升压电路等。其操作方便，功能丰富，可显示汉字、ASCII 字符、图案等。OLED 显示器实物如图 1-60 所示。

(a)　　　　　　　　　　　　　(b)

图 1-60　OLED 显示器实物
(a)正面(液晶屏)；(b)反面

① OLED 显示器尺寸如图 1-61 所示。

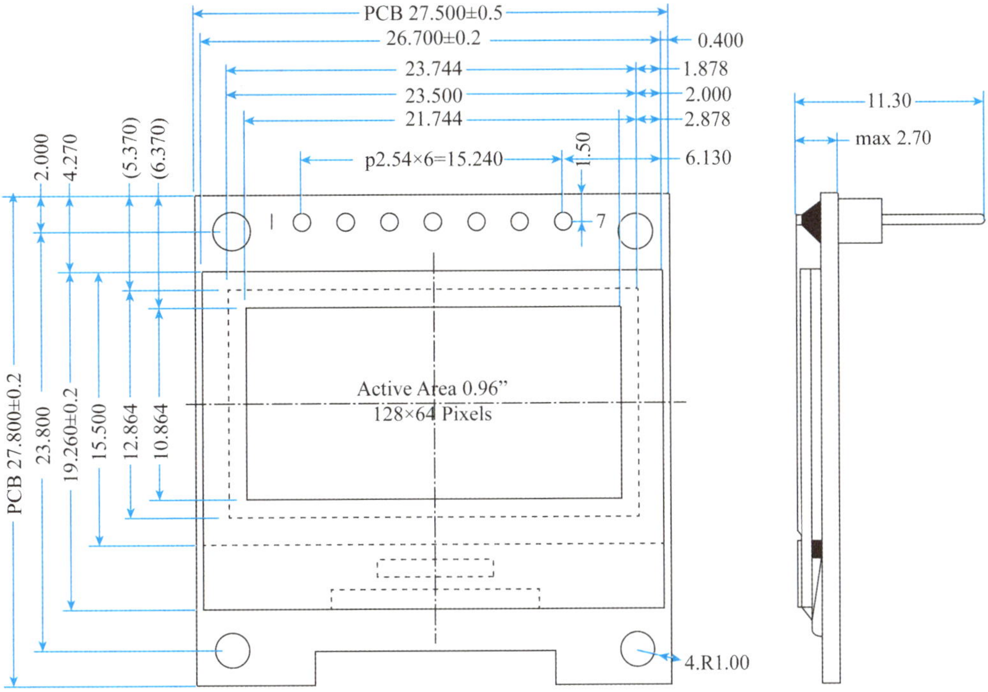

图 1-61　OLED 显示器尺寸

② 规格特性：OLED 显示器属于一种电流型的有机发光器件，是通过载流子的注入和复合而致发光，发光强度与注入的电流成正比。OLED 在电场的作用下，阳极产生的空穴和阴极产生的电子会发生移动，分别向空穴传输层和电子传输层注入，迁移到发光层。当两者在发光层相遇时，产生能量激子，从而激发发光分子最终产生可见光。

③ OLED 显示器引脚定义如表 1-72 所示。

表 1-72　OLED 显示器引脚定义

序号	符号	引脚说明
1	GND	接地，电源负极
2	VCC	电源正极 3.3~3.5 V
3	SCL	时钟信号线
4	SDA	双向数据线

12. 数码管

数码管是一种半导体发光器件，可分为 7 段数码管和 8 段数码管，区别在于 8 段数码管比 7 段数码管多一个用于显示小数点的发光二极管单元 DP（Decimal Point），其基本单元是发光二极管。现在常用的数码管是 8 段式 LED 数码管，可以显示 0~9 的 10 个数字和一个小数点。这种形式的数码管分为共阳极与共阴极两种，共阳极就是把所有 LED 的阳极连接到共同接点 COM，每个 LED 的阴极分别为 a、b、c、d、e、f、g 及 dp（小数点）；共阴极则是把所有 LED 的阴极连接到共同接点 COM，而每个 LED 的阳极分别为 a、b、c、d、e、f、g 及 dp（小数点）。数码管各段相对应，通过控制各个 LED 的亮灭来显示数字。对于单个数码管来说，从它的正面看进去，位于左下角的那一个引脚为 1 脚，逆时针方向依次为 1~10 脚，位于左上角的那一个引脚便是 10 脚。注意，3 脚和 8 脚是连通的，这两个引脚都是公共脚。还有一种比较常用的 4 位数码管，其内部的 4 个数码管共用 a~dp 8 根数据线，因为里面有 4 个数码管，所以它还有 4 个位端，用来控制某一位数字的点亮，共有 12 个引脚，引脚排列依然是从位于左下角的那一个引脚（1 脚）开始，逆时针方向依次为 1~12 脚。数码管实物如图 1-62 所示。

图 1-62 数码管实物

数码管 3641AS 内部电路如图 1-63 所示。

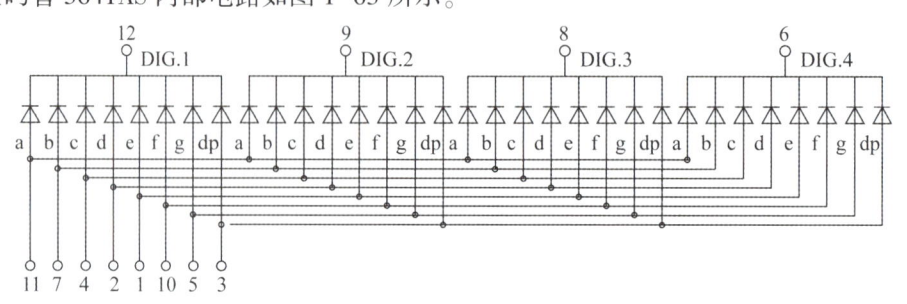

图 1-63 数码管 3641AS 内部电路

数码管引脚连接电路如图 1-64 所示。

4 位数码管尺寸如图 1-65 所示。

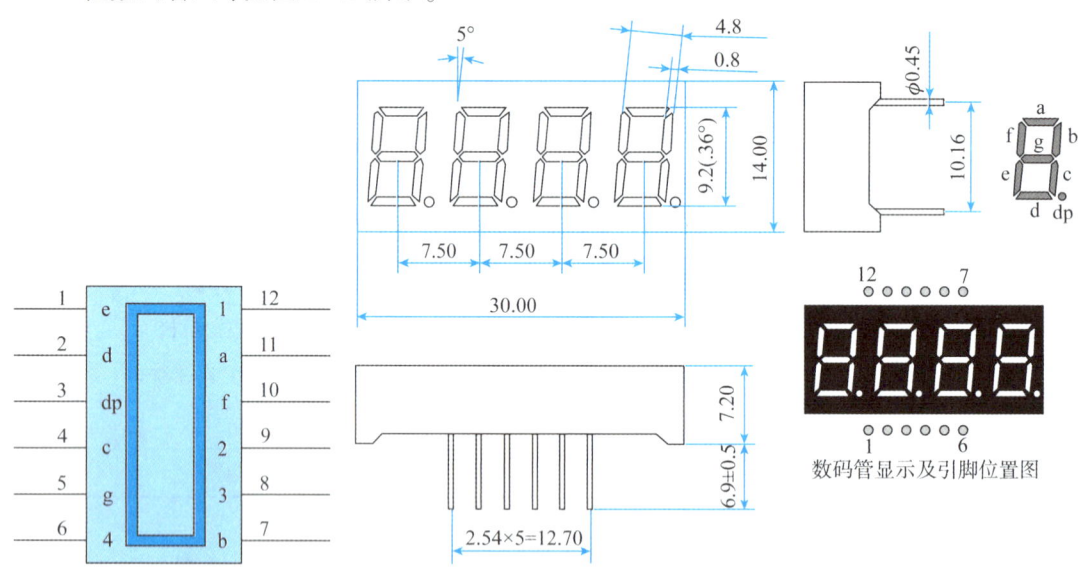

图 1-64 数码管引脚连接电路

图 1-65 4 位数码管尺寸

13. 按键

按键是接通或开断控制电路，控制机械与电气设备的运行。按键的工作原理很简单，对于动合触点，在按键未被按下前，电路是断开的，按下按键后，动合触点被连通，电路也被接通；对于动断触点，在按键未被按下前，动断触点是闭合的，按下按键后，动断触点被断开，电路也被断开。由于控制电路工作的需要，一个按键还可带有多对同时动作的触点。按键实物如图 1-66 所示。

按键尺寸如图 1-67 所示。

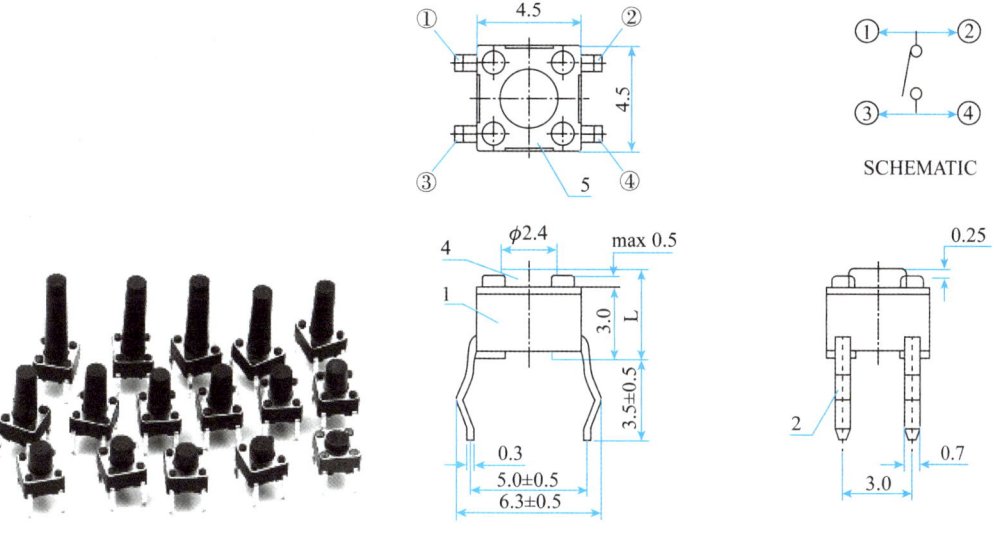

图 1-66　按键实物

图 1-67　按键尺寸

14. 开关

开关的词语解释为开启和关闭。它还可指一个可以使电路开路、使电流中断或使其流到其他电路的电子元件。最常见的开关是人们操作的机电设备,其中有一个或数个电子接点。开关的"闭合"(Closed)表示电子接点导通,允许电流流过;开关的"开路"(Open)表示电子接点不导通形成开路,不允许电流流过。开关实物如图 1-68 所示。

开关尺寸如图 1-69 所示。

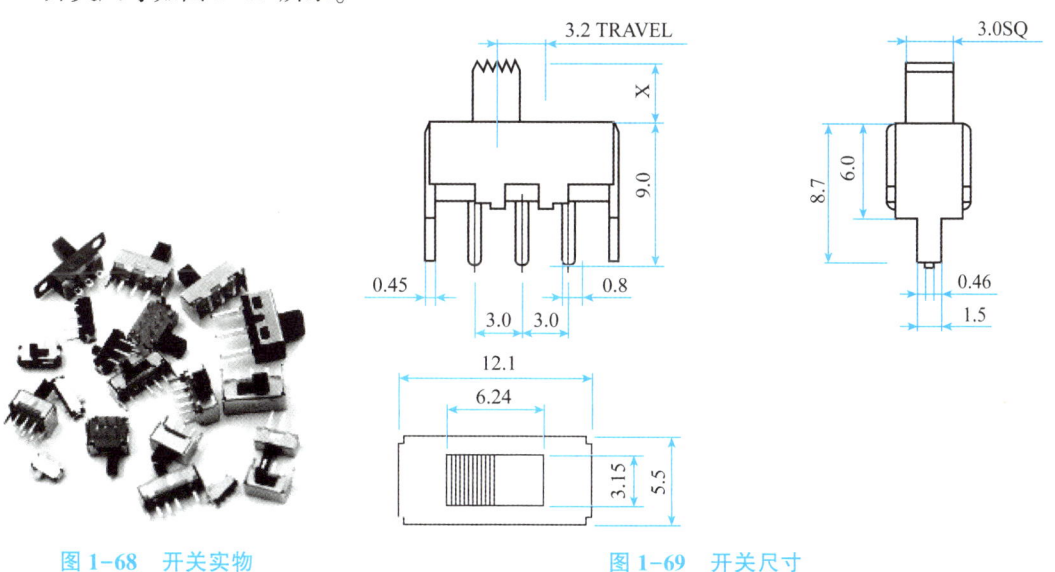

图 1-68　开关实物

图 1-69　开关尺寸

15. 排阻

排阻(Network Resistor)是将若干个参数完全相同的电阻集中封装在一起制成的。它们的一个引脚都连到一起,作为公共引脚,其余引脚正常引出。因此,如果一个排阻是由 n 个电阻构成的,那么它就有 $n+1$ 个引脚,一般来说,最左边的那个是公共引脚,它在排阻上一般用一个色点标出来。排阻具有装配方便、安装密度高等优点,在封装表面用一个小白点表示，其颜色通常为黑色或黄色。排阻一般应用在数字电路中。排阻的阻值读取：在3位数字中，从左至右的第一、第二位为有效数字，第三位表示前两位数字乘以10的 N 次方（单位为 Ω）。如果阻值中有小数点，则用"R"表示，并占一位有效数字。例如：标示为"103"的排阻阻值为 10 Ω×10^3 = 10 kΩ；标示为"222"的排阻阻值为 2 200 Ω，即 2.2 kΩ；标示为"105"的排阻阻值为 1 MΩ。需要注意的是，要将这种标示法与一般的数字表示方法区别开来。标示为"0"或"000…"的排阻阻值为 0 Ω，这种排阻实际上是跳线(短路线)。排阻实物如图 1-70 所示。

图 1-70 排阻实物

排阻内部电路如图 1-71 所示。

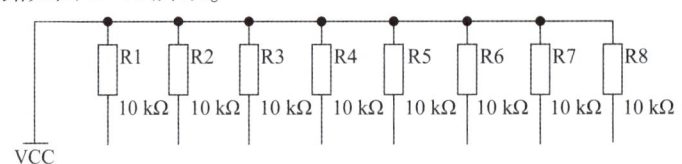

图 1-71 排阻内部电路

16. IC 插座

IC(Integrated Circuit，集成电路)是一种微型电子器件或部件，通常有 8、16、18、20 脚等各种规格。通过 IC 插座，电路上的芯片可以直接插拔而无须使用电烙铁进行拆焊，不仅可使芯片组装更具灵活性，便于维修更换，精减组装程序，节省人力与工时，还可提高接触性能与导电性能，实现电路布局的小型化与高密度化。IC 插座实物如图 1-72 所示。

IC 插座尺寸如图 1-73 所示。

图 1-72 IC 插座实物

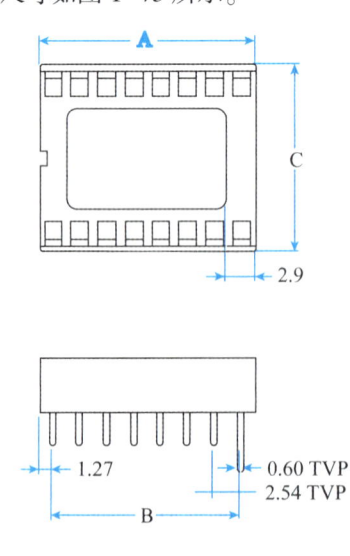

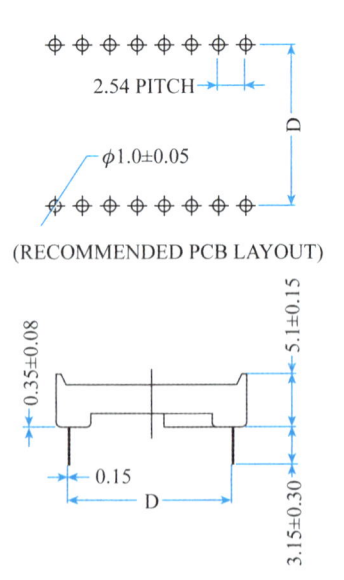

图 1-73 IC 插座尺寸

17. 蜂鸣器

蜂鸣器是一种一体化结构的电子讯响器，采用直流电压供电，分为压电式蜂鸣器和电磁式蜂鸣器两种类型。蜂鸣器在电路中用字母"H"或"HA"（旧标准用"FM""ZZG""LB""JD"等）表示。蜂鸣器实物如图1-74所示。

蜂鸣器尺寸如图1-75所示。

图1-74 蜂鸣器实物　　　　图1-75 蜂鸣器尺寸

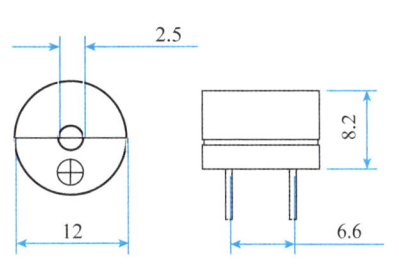

蜂鸣器可根据"长脚正短脚负"判断其正负性，也可根据器件上标记的正负进行判断。

18. 电池底座

电池底座用于装载电池，一般焊接在PCB上。电池底座实物如图1-76所示。

电池底座尺寸如图1-77所示。

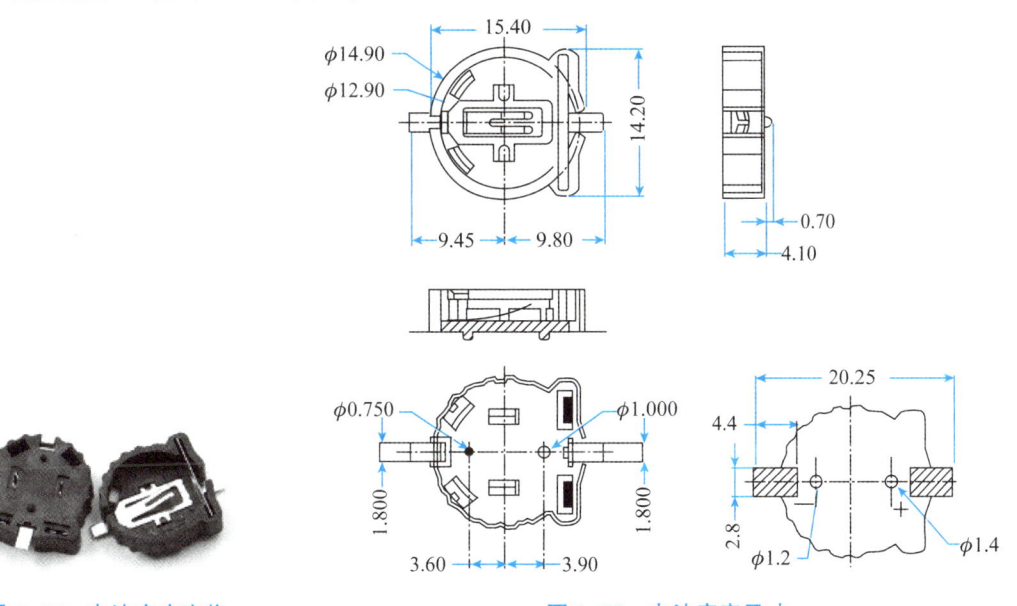

图1-76 电池底座实物　　　　图1-77 电池底座尺寸

通常纽扣电池有"+"标记的为正极，背面是负极；纽扣电池边缘处壳体也是正极，所以绝大多数纽扣电池底座装载的纽扣电池都是正极朝上，因为纽扣电池底座侧端有金属弹片卡住纽扣电池防止脱出，这是正电极金属弹片，弹片会紧贴着纽扣电池正极边缘处，由于正电极金属弹片大面积的电极接触，有效提高了电极接触的稳定性；如果把纽扣电池正、负极进行调换，也能卡住电池，但电池此时就会短路。

19. DHT11数字温湿度传感器

DHT11数字温湿度传感器是一款含有已校准数字信号输出的温湿度复合传感器。它应用专用的数字模块采集技术和温湿度传感技术，确保产品具有可靠性与卓越的长期稳定性、成本低、相对湿度和温度测量响应快、抗干扰能力强、信号传输距离长、数字信号输出快、校准精确。DHT11 数字温湿度传感器包括一个电容式感湿元件和一个 NTC 测温元件，并与一个高性能 8 位单片机相连接。DHT11 数字温湿度传感器实物如图 1-78 所示。

图 1-78　DHT11 数字温湿度传感器实物

DHT11 数字温湿度传感器电路连接如图 1-79 所示。

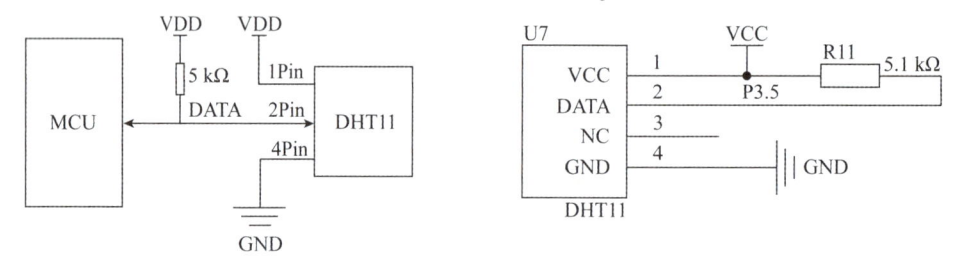

图 1-79　DHT11 数字温湿度传感器电路连接

DHT11 数字温湿度传感器尺寸如图 1-80 所示。

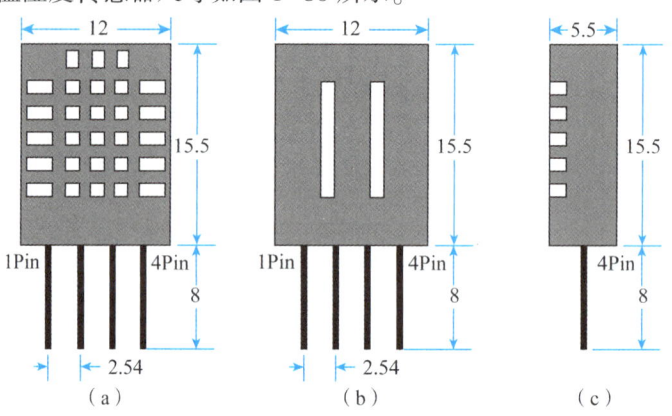

图 1-80　DHT11 数字温湿度传感器尺寸
（a）正面；（b）背面；（c）侧面

DHT11 数字温湿度传感器引脚定义如表 1-73 所示。

表 1-73　DHT11 数字温湿度传感器引脚定义

序号	符号	引脚说明
1	VCC	供电 3~5.5 V
2	DATA	串行数据，单总线
3	NC	空引脚，无定义
4	GND	接地，电源负极

20. DS18B20 数字温度传感器

DS18B20 数字温度传感器是常用的数字温度传感器，其温度输出数据是摄氏度格式，对于华氏度的应用，必须使用查表或转换子程序。符号位(S)指示温度为正或负：正数 S＝0，负数 S＝1。如果 DS18B20 配置为 12 位分辨率，则温度寄存器中的所有位都将包含有效数据。DS18B20 数字温度传感器实物如图 1-81 所示。

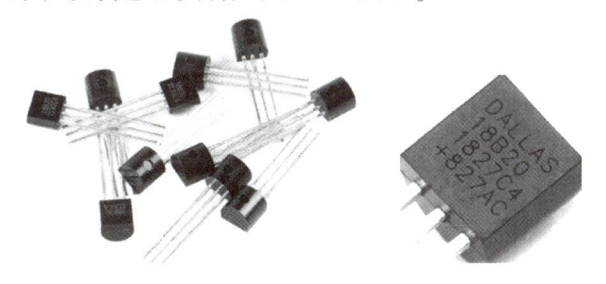

图 1-81　DS18B20 数字温度传感器实物

64 位 ROM 存储了器件的唯一序列码。暂存器包含了两个字节的温度寄存器，存储来自温度传感器的数字输出。另外，暂存器提供了一高一低两个报警触发阈值寄存器(TH 和 TL)。配置寄存器允许用户设定温度数字转换的分辨率为 9、10、11 或 12 位。两个字节的 E2PROM 是非易失性存储器，器件掉电时数据不会丢失。DS18B20 数字温度传感器内部电路如图 1-82 所示。

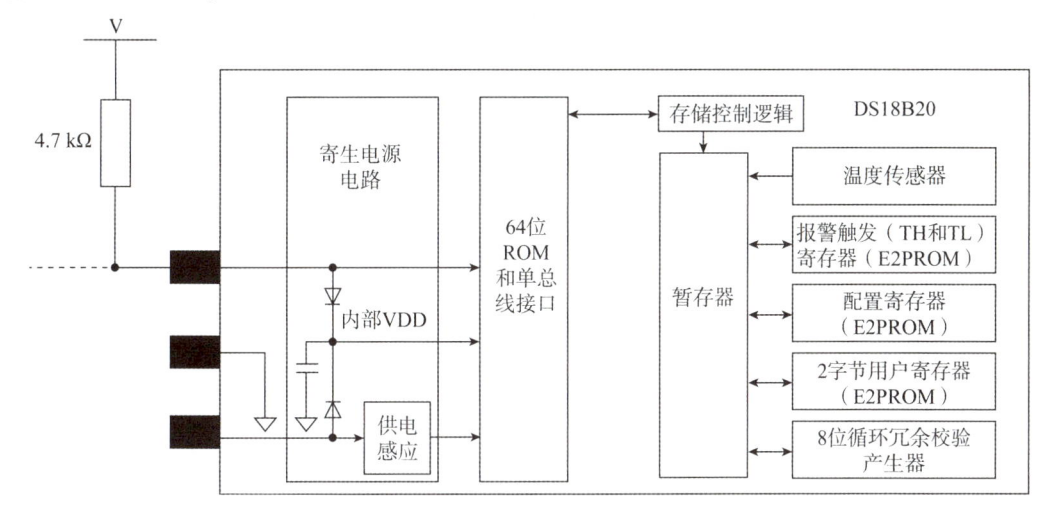

图 1-82　DS18B20 数字温度传感器内部电路

DS18B20 数字温度传感器使用单总线协议，总线通信通过一根控制信号线实现，控制信号线需要一个弱上拉电阻。DS18B20 数字温度传感器电路连接如图 1-83 所示。

DS18B20 数字温度传感器尺寸如图 1-84 所示。

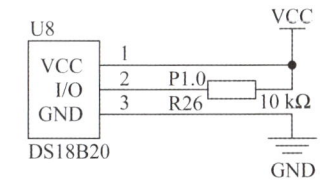

图 1-83　DS18B20 数字温度传感电路连接

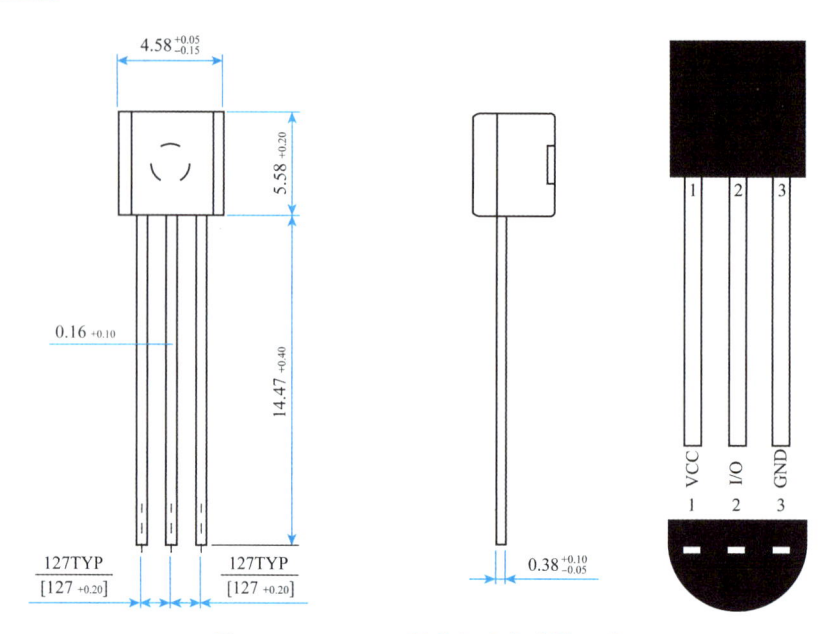

图 1-84　DS18B20 数字温度传感器尺寸

DS18B20 数字温度传感器引脚定义如表 1-74 所示。

表 1-74　DS18B20 数字温度传感器引脚定义

序号	符号	引脚说明
1	VCC	电压源
2	I/O	信号输入/输出
3	GND	接地端

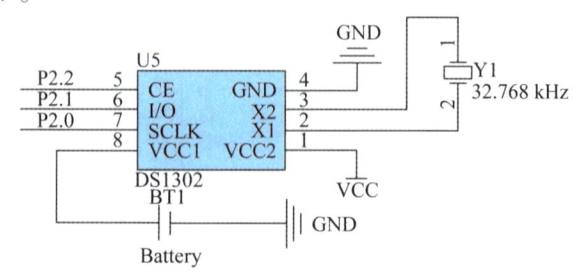

21. 时钟 DS1302

时钟 DS1302 是一种高性能、低功耗、带 RAM 的实时时钟电路，它可以对年、月、日、周、时、分、秒进行计时，具有闰年补偿功能，工作电压为 2.0~5.5 V，采用三线接口与 CPU 进行同步通信，并可采用突发方式一次传送多个字节的时钟信号或 RAM 数据。DS1302 的引脚排列，其中 VCC2 为主电源，VCC1 为后备电源，在主电源关闭的情况下，也能保持时钟的连续运行。DS1302 由 VCC1 和 VCC2 两者中的较大者供电。当 VCC2 大于 (VCC1+0.2)V 时，VCC2 给 DS1302 供电。当 VCC2 小于 VCC1 时，DS1302 由 VCC1 供电。X1 和 X2 是振荡源，外接 32.768 kHz 晶振。CE 是复位/片选线，通过把 CE 输入驱动置高电平来启动所有的数据传送。时钟 DS1302 实物如图 1-85 所示。

时钟 DS1302 电路如图 1-86 所示。

图 1-85　时钟 DS1302 实物

图 1-86　时钟 DS1302 电路

时钟 DS1302 尺寸如图 1-87 所示。

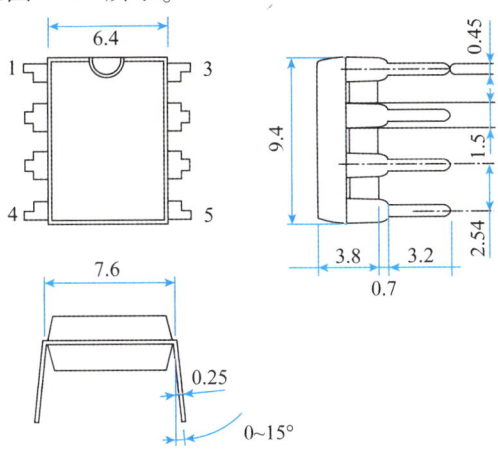

图 1-87 时钟 DS1302 尺寸

时钟 DS1302 引脚定义如表 1-75 所示。

表 1-75 时钟 DS1302 引脚定义

序号	符号	引脚说明
1	VCC2	主电源(工作电源)
2、3	X1、X2	振荡源
4	GND	电源地
5	CE	复位/片选信号
6	I/O	数据输入/输出
7	SCLK	时钟信号
8	VCC1	后备电源

22. VS1838B 红外线传感器

VS1838B 红外线传感器是利用红外线来进行数据处理的一种传感器，具有灵敏度高等优点，可以控制驱动装置的运行。红外线传感器常用于无接触温度测量、气体成分分析和无损探伤。VS1838B 内含高速高灵敏度 Pin(引脚)光电二极管和低功耗、高增益前置放大 IC，采用环氧树脂封装外加外屏蔽抗干扰设计。VS1838B 红外线传感器实物如图 1-88 所示。

图 1-88 VS1838B 红外线传感器实物

VS1838B 红外线传感器内部电路如图 1-89 所示。

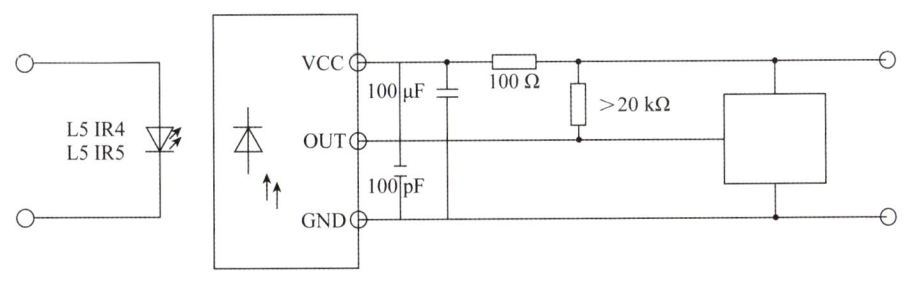

图 1-89 VS1838B 红外线传感器内部电路

VS1838B 红外线传感器尺寸如图 1-90 所示。

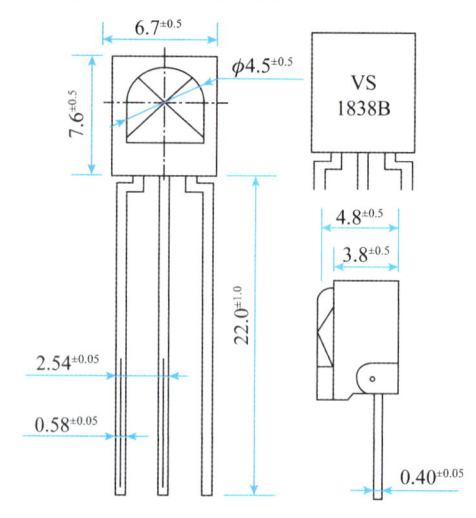

图 1-90　VS1838B 红外线传感器尺寸

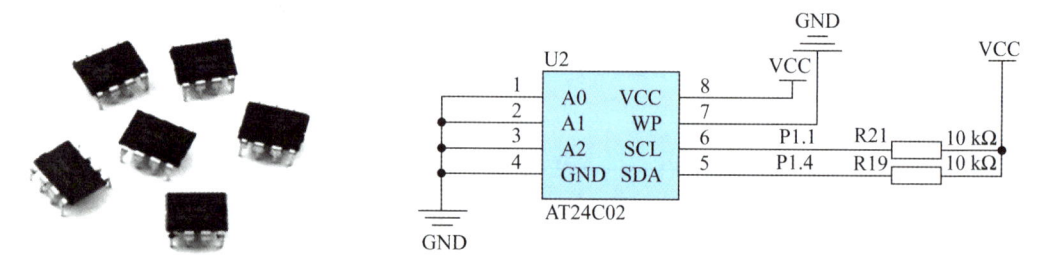

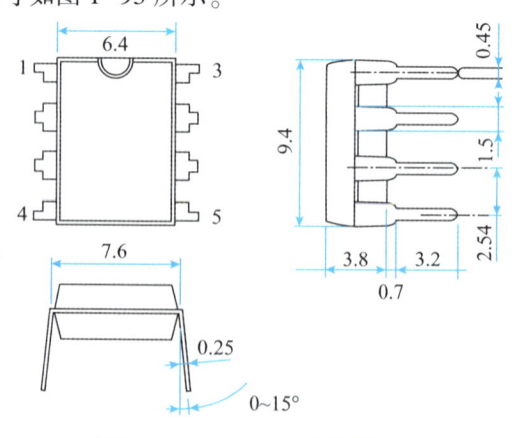

23. AT24C02 存储器

AT24C02 存储器是一个 2K 位串行 CMOS E2PROM，内部含有 256 个 8 位字节，CATA-LYST 公司的先进 CMOS（Complementary Metal Oxide Semiconductor，互补金属氧化物半导体）技术实质上减少了器件的功耗。AT24C02 有一个 16 字节页写缓冲器。AT24C02 存储器实物如图 1-91 所示。

AT24C02 存储器电路如图 1-92 所示。

图 1-91　AT24C02 存储器实物

图 1-92　AT24C02 存储器电路

AT24C02 存储器尺寸如图 1-93 所示。

图 1-93　AT24C02 存储器尺寸

AT24C02 存储器引脚定义如表 1-76 所示。

表 1-76　AT24C02 存储器引脚定义

序号	符号	引脚说明
1	A0	器件地址选择
2	A1	器件地址选择
3	A2	器件地址选择
4	GND	接地端
5	SDA	串行数据/地址
6	SCL	串行时钟
7	WP	写保护
8	VCC	1.8~6.0 V 工作电压

24. AMS1117 稳压器

AMS1117 系列稳压器有可调版与多种固定电压版，设计用于提供 1 A 输出电流且工作压差可低至 1 V。在最大输出电流时，AMS1117 器件的最小压差保证不超过 1.3 V，并随负载电流的减小而逐渐降低，固定输出电压为 1.5 V、1.8 V、2.5 V、2.85 V、3.0 V、5.0 V 和可调版本，具有 1% 的精度。AMS1117 芯片实物如图 1-94 所示。

AMS1117 是一个低漏失电压调整器，它的稳压调整管由一个 PNP 驱动的 NPN 管组成，漏失电压定义为：$V_{DROP} = V_{BE} + V_{SAT}$。

AMS1117 稳压器电路如图 1-95 所示。

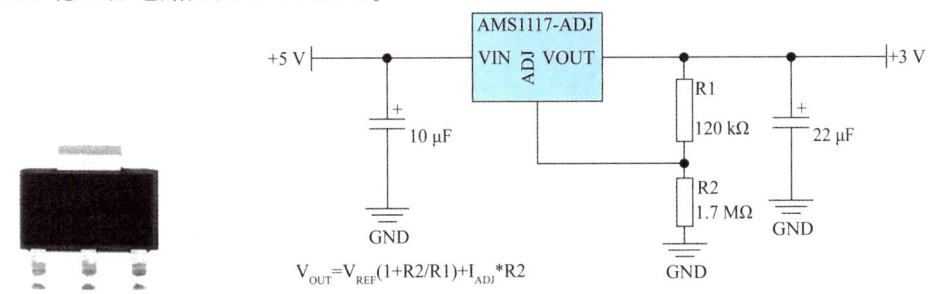

图 1-94　AMS1117 芯片实物　　　　图 1-95　AMS1117 稳压器电路

AMS1117 芯片尺寸如图 1-96 所示。

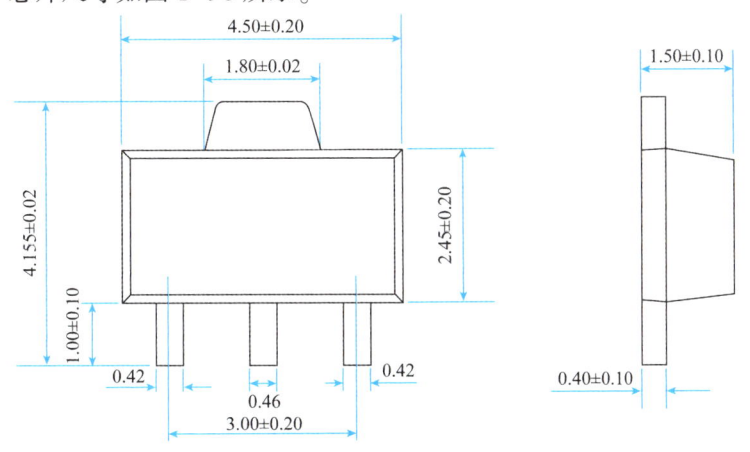

图 1-96　AMS1117 芯片尺寸

AMS1117 芯片引脚定义如表 1-77 所示。

表 1-77　AMS1117 芯片引脚定义

序号	符号	引脚说明
1	GND	地/ADJ
2	VOUT	输出电压
3	VIN	输入工作电压

25. 继电器

继电器(Relay)是一种电子控制器件，具有控制系统(又称输入回路)和被控制系统(又称输出回路)，通常应用于自动控制电路中。它实际上是一种用较小的电流去控制较大电流的"自动开关"，故在电路中起着自动调节、安全保护、转换电路等作用。继电器线圈在电路中用一个长方框符号表示，如果继电器有两个线圈，则画两个并列的长方框，同时在长方框内或长方框旁标上继电器的文字符号"J"。继电器的触点有两种表示方法：一种是把它们直接画在长方框一侧，这种表示法较为直观；另一种是按照电路连接的需要，把各个触点分别画到各自的控制电路中，通常在同一继电器的触点与线圈旁分别标注相同的文字符号，并将触点组编上号码，以示区别。继电器实物、继电器电路和继电器尺寸分别如图 1-97~图 1-99 所示。

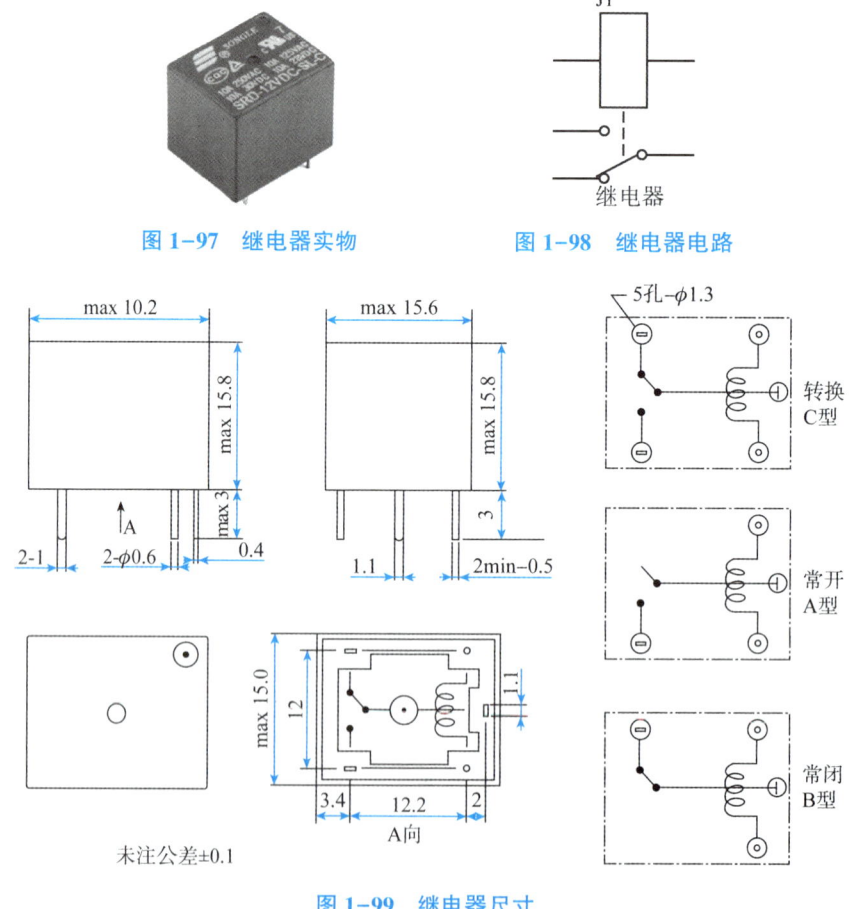

图 1-97　继电器实物

图 1-98　继电器电路

图 1-99　继电器尺寸

26. 拨码开关

拨码开关(也称为 DIP 开关、拨动开关、超频开关、地址开关、拨拉开关、数码开关、指拨开关)是一款用来操作控制的地址开关，采用的是 0/1 的二进制编码原理。拨码开关多用于程序控制板块，控制元器件性能电路导通断开。拨码开关实物如图 1-100 所示。

图 1-100 拨码开关实物

拨码开关尺寸如图 1-101 所示。

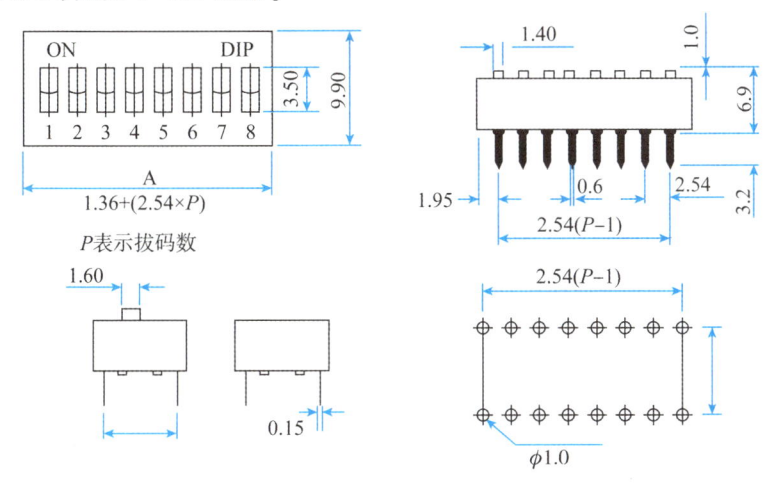

P 表示拨码数

图 1-101 拨码开关尺寸

27. USB 接口

USB 接口的输出电压和电流为+5 V、500 mA，其输出电压误差最大不能超过±0.2 V，也就是 4.8~5.2 V。USB 接口的 4 根线分别是 VCC、DATA-、DATA+、GND。需要注意的是，千万不要把 USB 接口的正、负极接反了，否则会烧掉 USB 设备。USB 接口实物如图 1-102 所示。

图 1-102 USB 接口实物

USB 接口尺寸如图 1-103 所示。

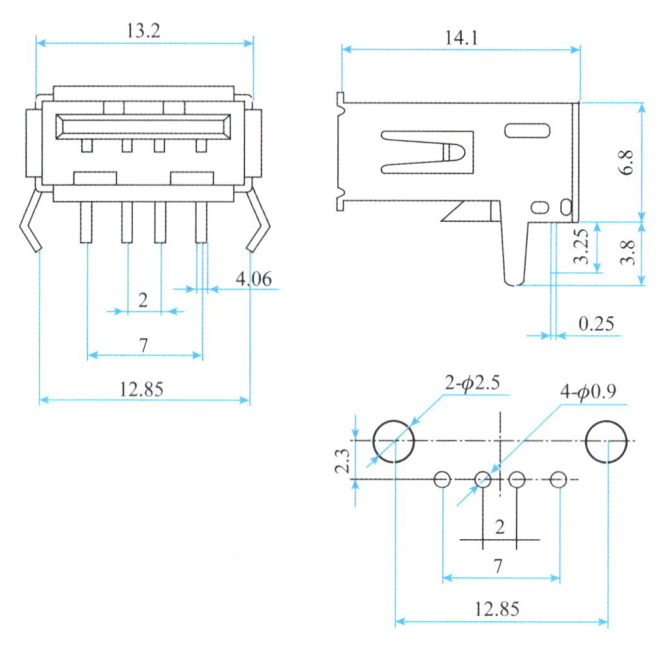

图 1-103 USB 接口尺寸

28. DC 座

DC 插座(简称 DC 座)是与电源配套的一种插座,它由横向插口、纵向插口、绝缘基座、叉形接触弹片和定向键槽组成。两只叉形接触弹片定位在基座中心部位,成纵横向排列互不相连。叉形接触弹片的一端为接线口,外露在基座圆柱体顶面,供连接输入电源软线或软缆用,另一端由基体互连的两只弹性臂组成,设置在 DC 插头插入方向绝缘基座插孔内。DC 座实物如图 1-104 所示。

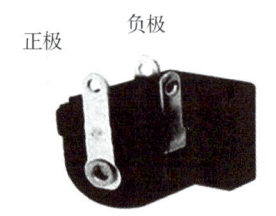

图 1-104 DC 座实物

DC 座尺寸如图 1-105 所示。

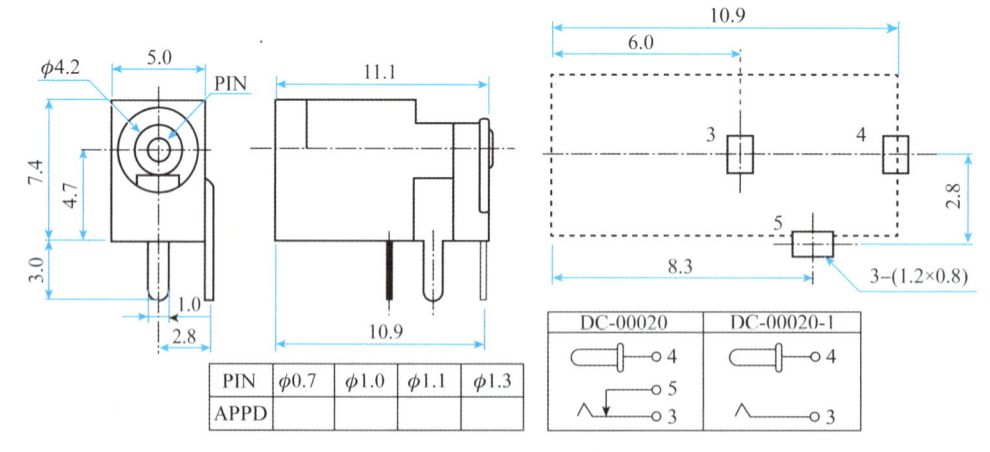

PIN	$\phi 0.7$	$\phi 1.0$	$\phi 1.1$	$\phi 1.3$
APPD				

图 1-105 DC 座尺寸

第 2 章　单片机应用开发软件

2.1　单片机应用开发软件教学目标

通过学习 Keil μVision 集成开发软件、STC-ISP 下载软件，实现以下知识、能力、素质、思政方面的教学目标，如图 2-1 所示。

教学目标

知识
(1) 能描述 Keil μVision 软件开发环境的使用方法
(2) 熟练操作集成开发环境的编译、链接、下载、运行的步骤过程
(3) 学会工程建立、编辑功能以及程序代码的下载、调试方法
(4) 学会查看工作寄存器、变量等方法
(5) 熟悉 STC-ISP 下载软件的程序下载步骤

能力
(1) 能熟练使用 Keil μVision 进行软件开发与仿真调试
(2) 具备规范程序编写、编译和纠错的能力
(3) 具备实用程序烧录及相关工具使用能力
(4) 提高微控制器系统的软硬件开发与调试技能
(5) 培养提出问题、分析问题、解决问题的能力

素质
(1) 具有逻辑清晰、心思缜密，做事有条不紊且有耐心的素养
(2) 培养将问题解决方案表示为一个信息处理流程的编程思维
(3) 培养独立思考、抽象思维能力，以及细致严谨的工作作风

思政
(1) 通过代码编写编译训练，培养严谨的科学态度、良好的职业素养、精益求精的工匠精神
(2) 严格遵守操作规范，树立规则意识；国产软件应用，提升民族自信

图 2-1　单片机应用开发软件教学目标

2.2 Keil μVision 集成开发软件应用

2.2.1 Keil μVision 安装 Keil

双击安装包"c251v560"开始安装,如图 2-2 所示。

图 2-2 安装包示意

单击"Next"按钮,进入下一步,如图 2-3 所示。

图 2-3 Keil C251 安装 1

勾选相应复选框同意上述所有条款,并单击"Next"按钮,进入下一步,如图 2-4 所示。

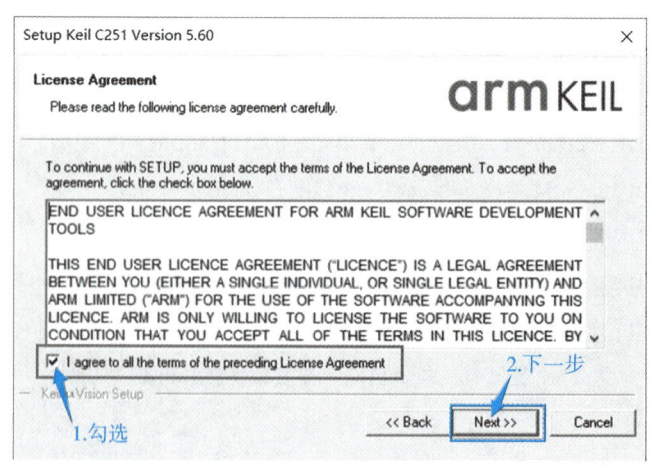

图 2-4 Keil C251 安装 2

单击"Browse"按钮,选择安装目录,如图 2-5 所示。

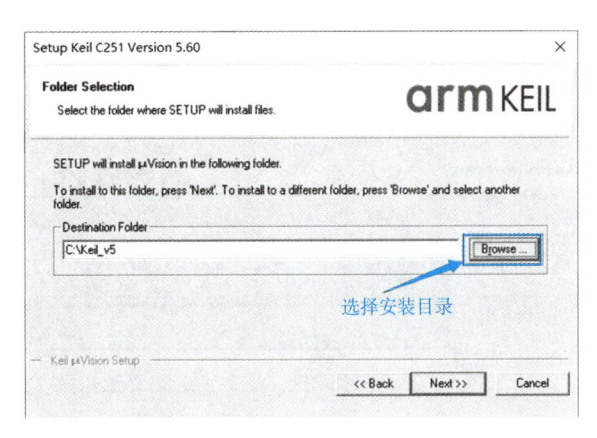

图 2-5　选择 Keil C251 安装目录

这里需要注意，一定要在根目录安装，可以建一个文件夹，切忌在文件夹里新建文件夹，同时注意文件名不能是中文，如图 2-6 所示。

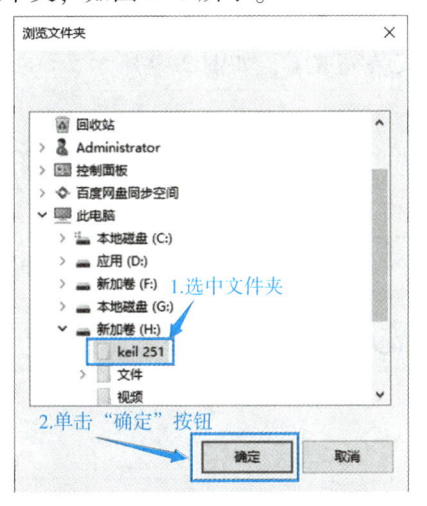

图 2-6　选择 Keil C251 安装路径

可以看到安装目录已更改，也可以不更改安装目录，默认安装到 C 盘，单击"Next"按钮，进入下一步，如图 2-7 所示。

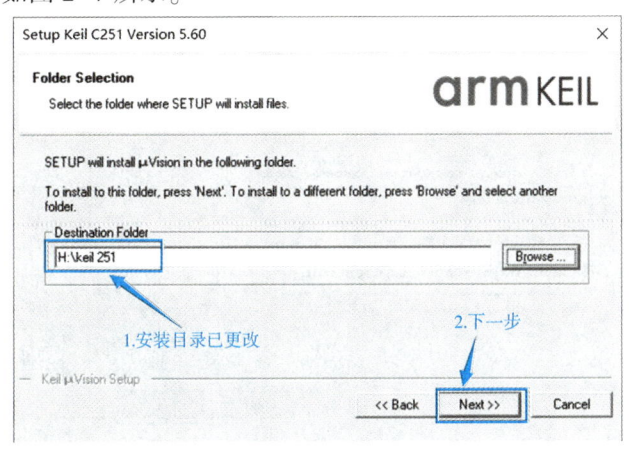

图 2-7　路径更改

弹出如图 2-8 所示的对话框，这里可随意填写信息，但是必须每项都填，然后单击"Next"按钮，开始安装 Keil C251。

图 2-8　填写信息

进度条结束就表示软件安装完成了，如图 2-9 所示。

图 2-9　等待 Keil C251 安装完成

软件安装好后，单击"Finish"按钮，如图 2-10 所示，这时会弹出一个网页，将其关闭就行。

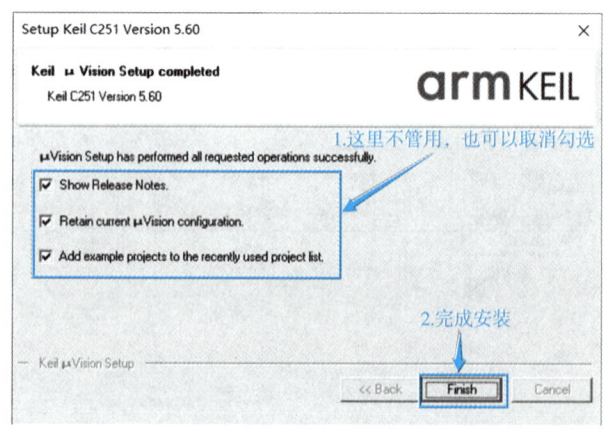

图 2-10　Keil C251 安装完毕

2.2.2 Keil μVision 添加型号和头文件到 Keil

双击打开烧录软件"stc-isp-v6.91N",添加型号和头文件,如图 2-11 所示。

图 2-11 烧录软件示意图

选择芯片型号,并找到 Keil 仿真设置,单击"添加型号和头文件到 Keil 中"按钮,如图 2-12 所示。

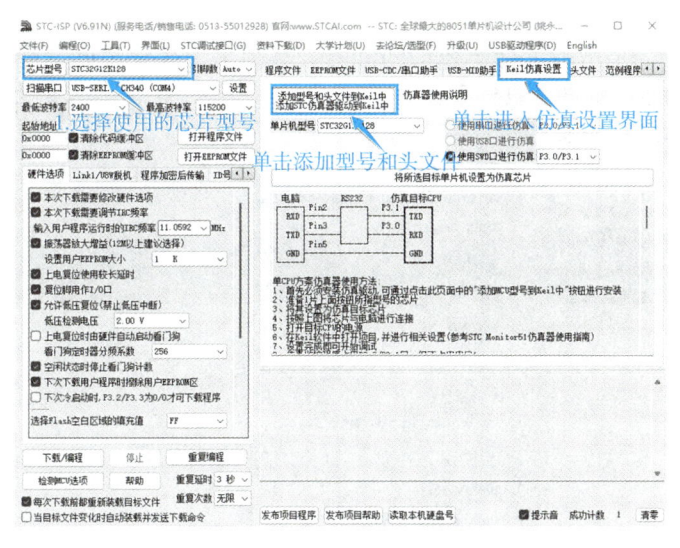

图 2-12 烧录软件功能

根据弹出的对话框,找到 Keil 安装的文件夹,单击选中文件夹,如图 2-13 所示,再单击"确定"按钮。

图 2-13 烧录软件添加型号

弹出如图 2-14 所示的说明驱动安装成功的对话框，关闭烧录软件，型号添加成功。

图 2-14　型号添加成功

2.2.3　Keil μVision251 新建工程

首先创建工程，单击最上面一栏的"Project"选项卡，在弹出的快捷菜单中选择"New μVision Project"命令，如图 2-15 所示。

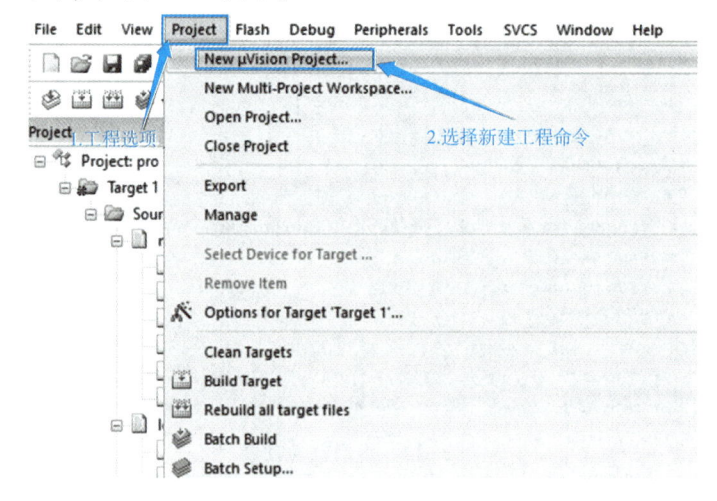

图 2-15　新建工程

新建一个文件夹，命名为你的项目名，并双击打开，在"文件名"文本框中输入你的工程名（注意：工程名一般为项目名，名字长度不可太长），单击"保存"按钮，如图 2-16 所示。

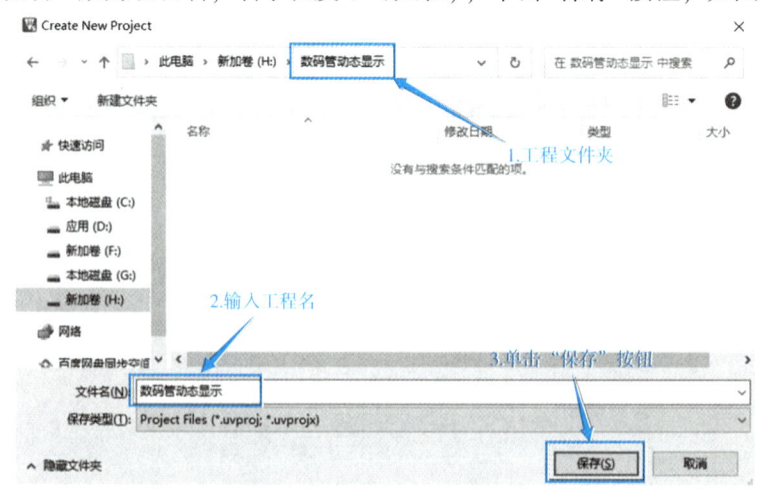

图 2-16　创建工程文件

在弹出的对话框中，选择对应的单片机型号，如图 2-17 所示。

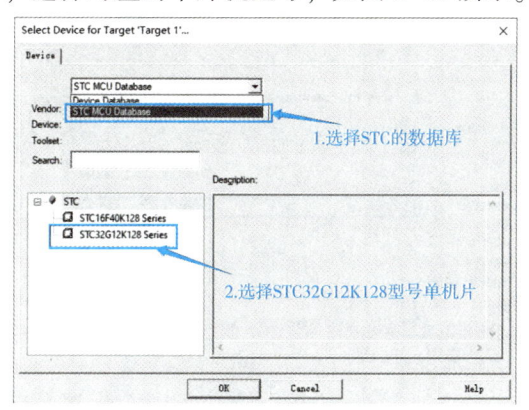

图 2-17　选择单片机型号

进入如图 2-18 所示的界面，单击左上角的空白页按钮。

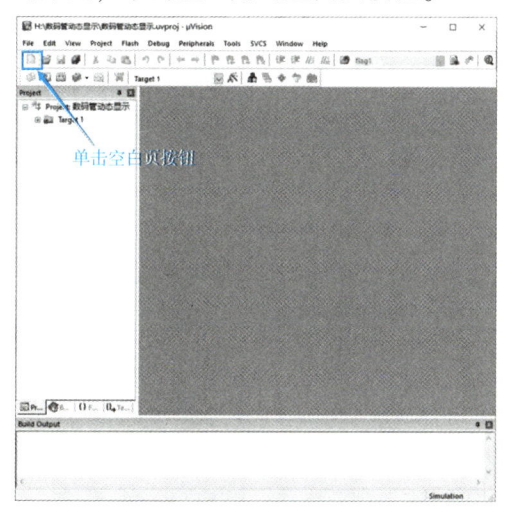

图 2-18　新建文件

弹出如图 2-19 所示的对话框，单击"保存"按钮。

图 2-19　保存文件

弹出如图 2-20 所示的对话框，在"文件名"文本框中输入主函数名，主函数名可任意输入（一般 main 为主函数），但是必须有扩展名". c"，然后单击"保存"按钮。

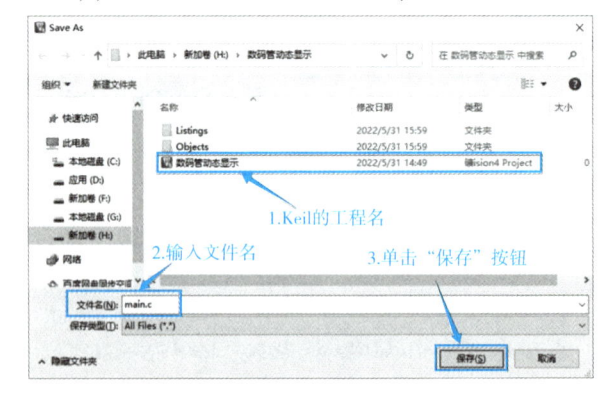

图 2-20 文件命名

双击"Source Group 1"文件，添加创建好的文件，如图 2-21 所示。

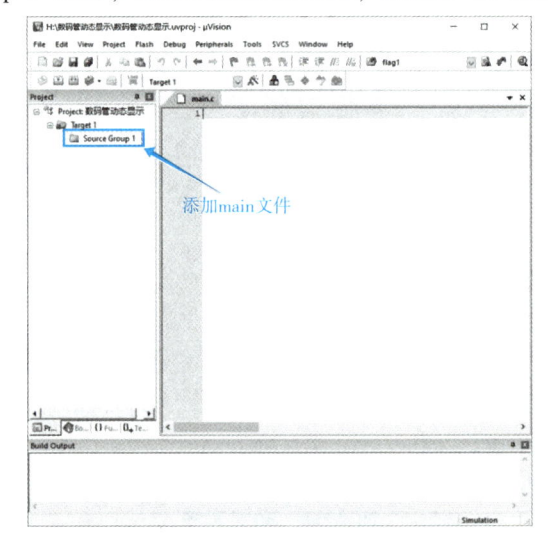

图 2-21 添加 main 文件 1

再双击"main"文件，进行文件添加，如图 2-22 所示。

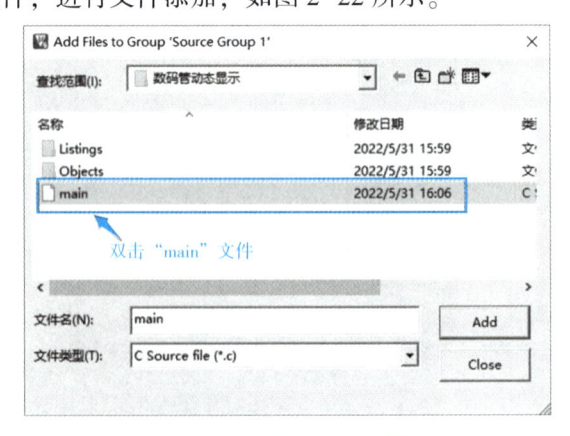

图 2-22 添加 main 文件 2

新工程创建完成，最上面一栏为工具栏，其下分别是运行编译和软件配置等命令按钮，如图 2-23 所示。

图 2-23　Keil C251 功能界面

然后可以开始编写程序，编写完程序后，单击"编译链接"按钮，显示 0 错误 0 警告，如图 2-24 所示。注意：STC32G 系列单片机需要将 I/O 口初始化为准推挽式。

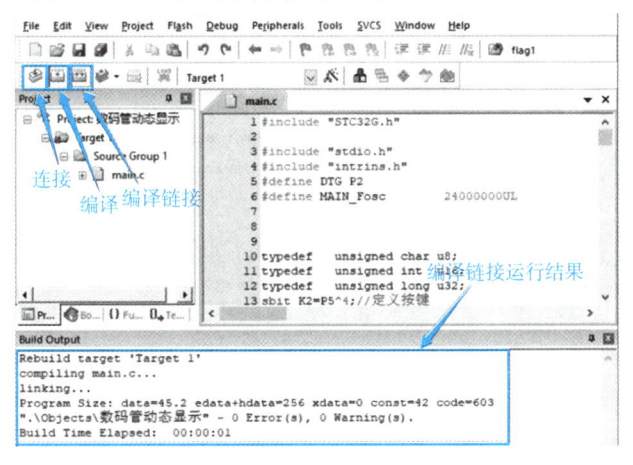

图 2-24　编译链接

2.2.4　Keil μVision 配置参数及生成 Hex 文件

单击如图 2-25 所示的按钮，配置参数和生成 Hex 文件。

图 2-25　配置参数和生成 Hex 文件

如图 2-26 所示，在"CPU Mode"下拉列表框中找到"Source(251 native)"选项，单击选

中该选项。

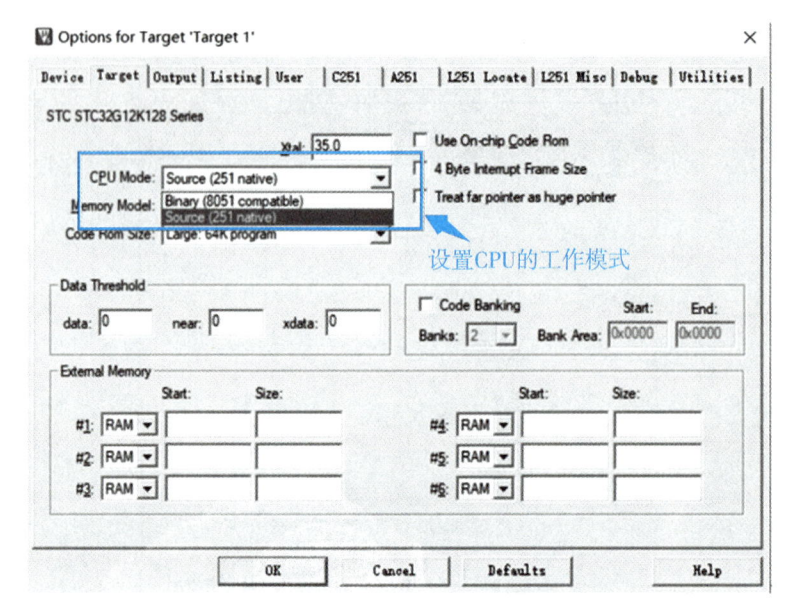

图 2-26　CPU 工作模式设置

在"Memory Model"下拉列表框中，选择 XSmall 模式，如图 2-27 所示。

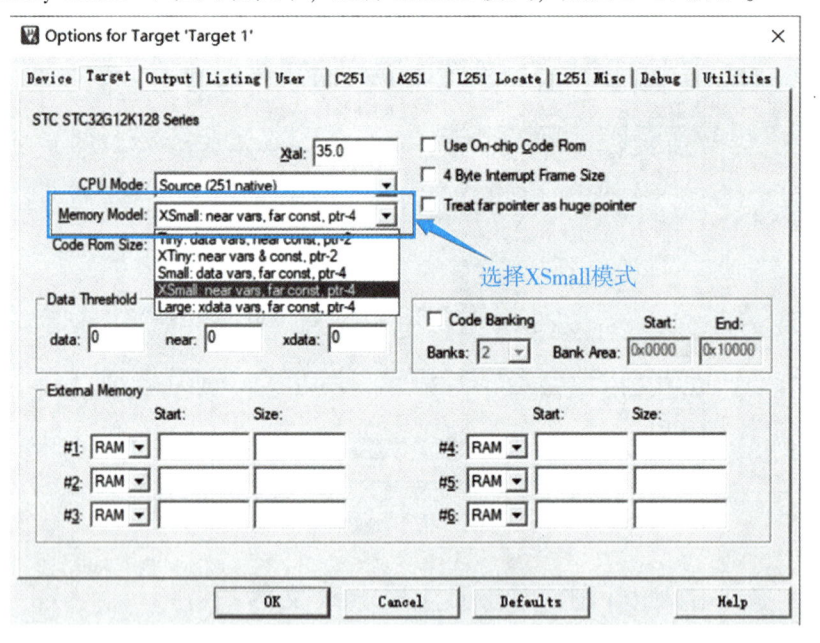

图 2-27　模式选择

单击"Output"选项卡，单击"Select Folder for Objects"按钮选择 Hex 文件生成目录，勾选"Create HEX File"复选框，在"HEX Format"下拉列表框中选择"HEX-386"选项，设置完成后，单击"OK"按钮，如图 2-28 所示。

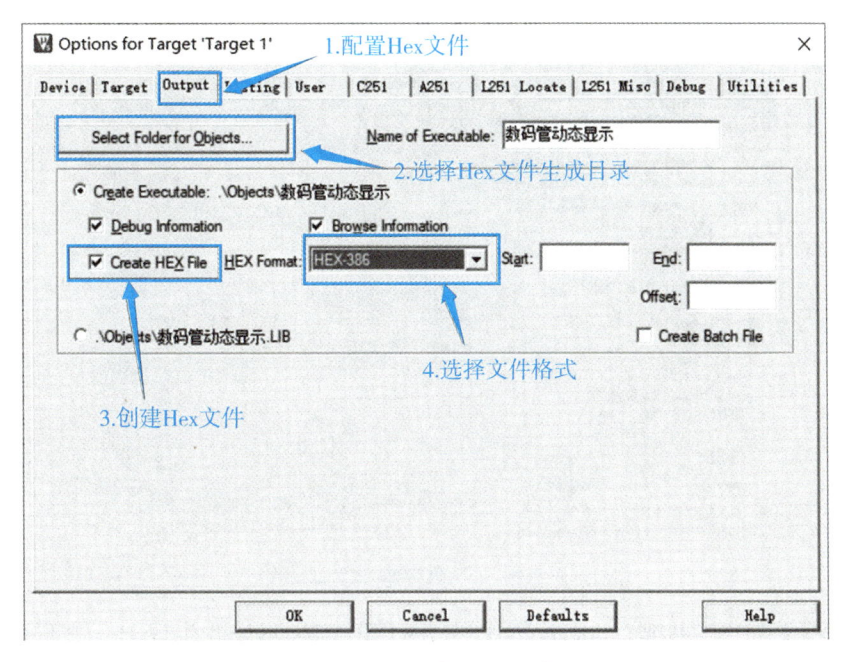

图 2-28　生成 Hex 文件

再次单击"编译链接"按钮，发现生成 Hex 文件和生成 Hex 文件的路径，如图 2-29 所示。

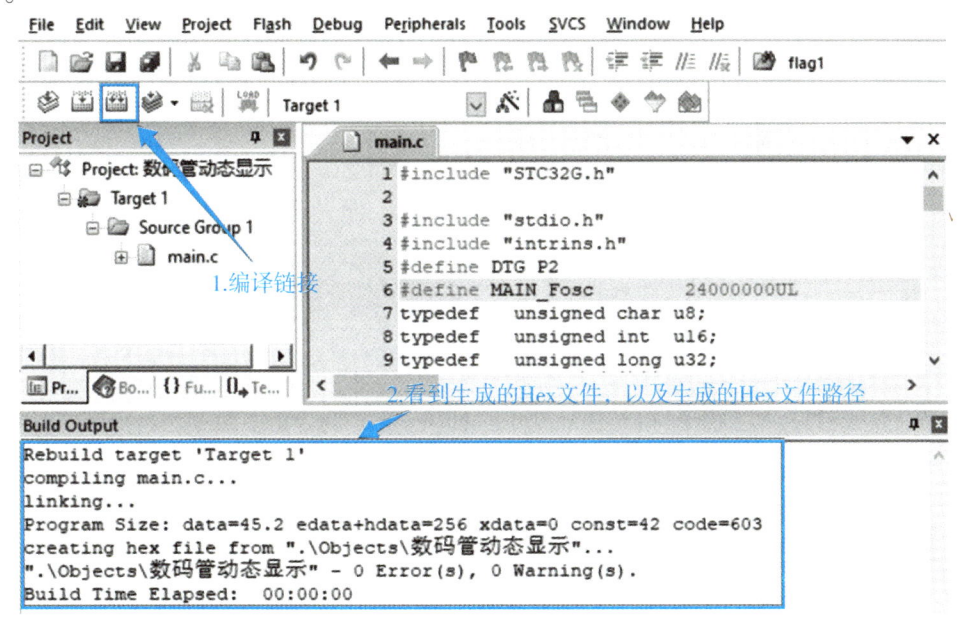

图 2-29　编译链接

2.3　STC-ISP 下载软件应用

打开烧录软件，选择单片机型号，找到对应串口（需要把 PCB 用下载线插到计算机上），单击"打开程序文件"按钮，如图 2-30 所示。

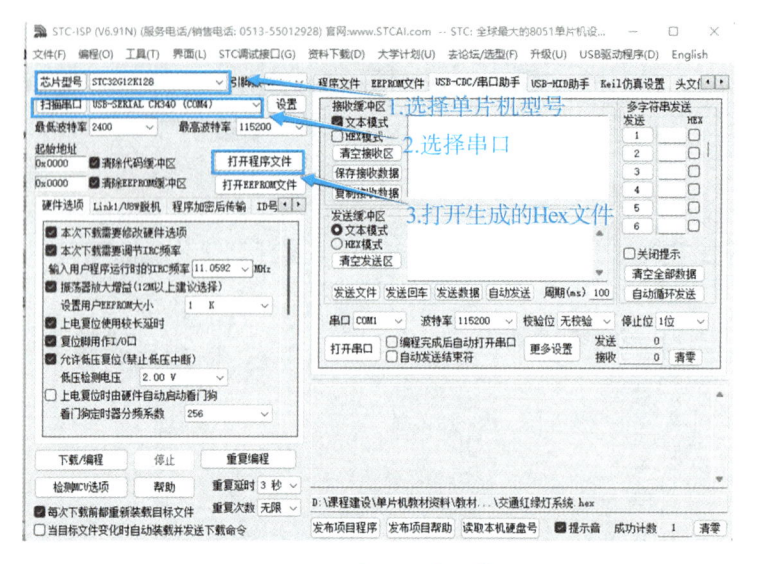

图 2-30　打开程序文件

打开工程文件夹，找到"Objects"文件夹并打开（如果不修改生成 Hex 文件的路径，则默认该文件夹），如图 2-31 所示。

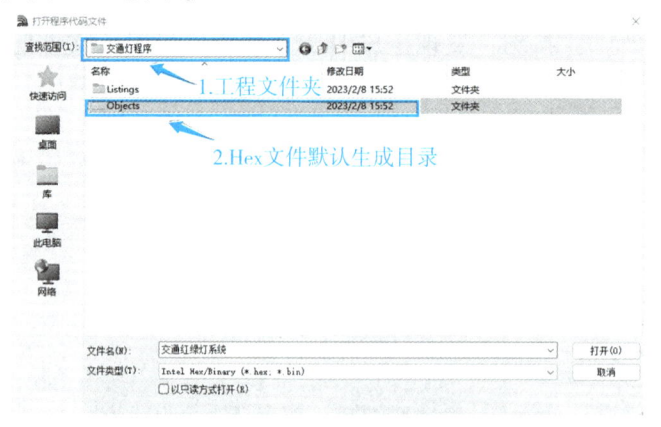

图 2-31　Hex 文件路径

双击 Hex 文件，将其添加到烧录软件中，如图 2-32 所示。

图 2-32　添加 Hex 文件到烧录软件中

单击"下载/编程"按钮，开始下载程序，如图 2-33 所示。

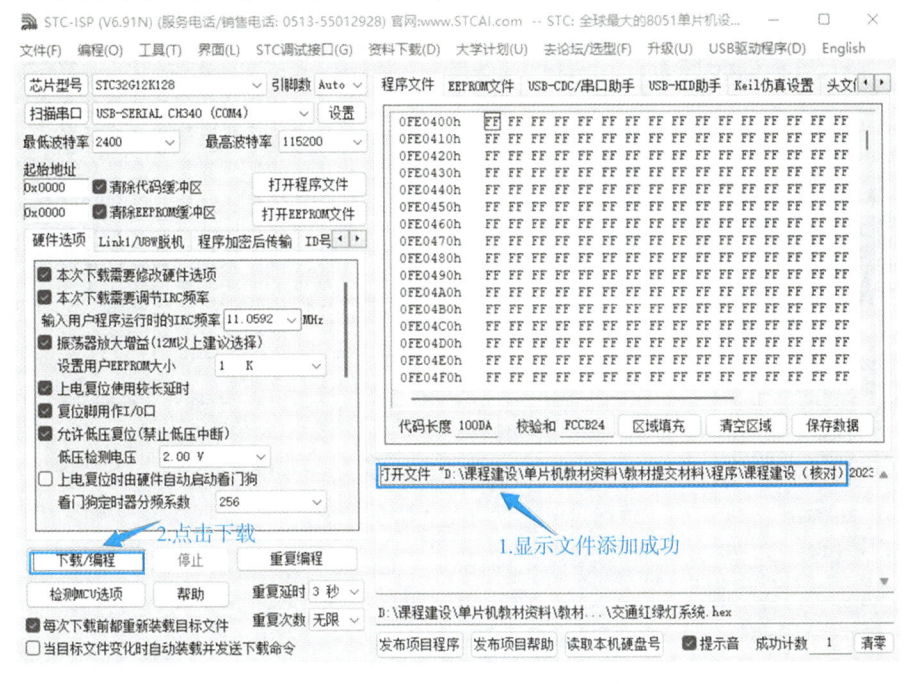

图 2-33　烧录下载到烧录软件中

正在检测目标单片机时，打开单片机电源开关（如果之前开关处于打开状态，则将其关掉再打开），如图 2-34 所示。

图 2-34　检测目标单片机

显示"操作成功"，下载完成，如图 2-35 所示。

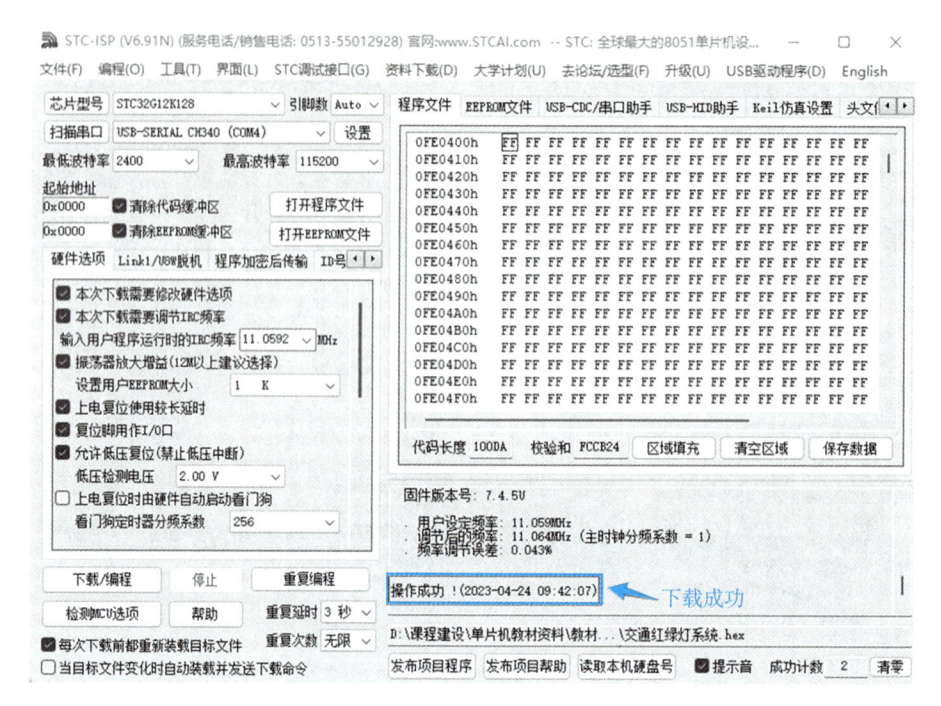

图 2-35 下载成功

注意：如果打开单片机电源开关，烧录软件没有反应，首先单片机芯片型号是否正确，再检查串口是否正确，最后重新上电。

实践项目篇

第 3 章 心灯系统设计

3.1 心灯系统功能要求

由 STC32G12K 单片机最小系统及外围电路构成心形灯(简称心灯)系统,通过软件设计完成心灯系统的设计要求,实现其功能。

3.1.1 心灯系统功能

① 按下 K1 按键,蜂鸣器打开,再次按下蜂鸣器关闭;
② 按下 K2 按键,LED 灯全灭,再次按下 LED 灯全亮;
③ 按下 K3 按键,调节 LED 灯流水速度为 200 ms,再次按下变为 1000 ms;
④ 按下 K4 按键,模式一为 LED 灯依次点亮;模式二为 LED 灯依次熄灭。

3.1.2 心灯系统设计要求

(1)实施方案要求:
用 27 个共阳极 LED 灯,组成心形的形状。
(2)显示要求:
上电初始化时,LED 灯全部点亮,显示界面如图 3-1 所示。

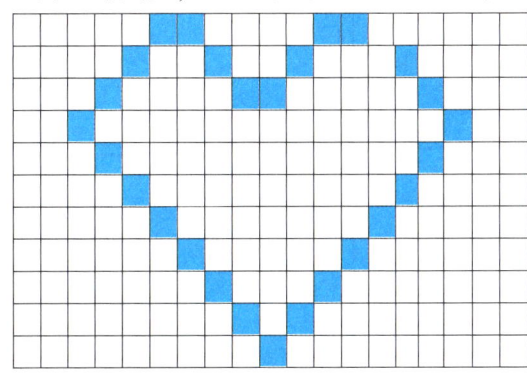

图 3-1 LED 显示界面

3.2　心灯系统设计教学目标

通过心灯系统设计实现以下知识、能力、素质、思政方面的教学目标，如图 3-2 所示。

教学目标
- 知识
  - (1)能讲述心灯系统的工作原理
  - (2)能概述LED系统的控制原理
  - (3)能完成心灯系统的电路设计
  - (4)能够独立分析完成心灯系统的程序设计
  - (5)能够分析解决多变换方式的心灯系统设计
- 能力
  - (1)通过心灯系统项目设计，提高综合分析能力，塑造创新思维
  - (2)通过心灯系统硬件设计，提高电路设计能力
  - (3)通过心灯系统软件设计，提高程序设计能力
  - (4)通过心灯系统仿真设计，提高分析解决问题的能力
  - (5)通过心灯系统调试测试，培养自主学习和创新设计能力，提高电子技能水平
- 素质
  - (1)通过项目讨论，增进同学间友谊，培养团结协作精神
  - (2)通过项目的实践操作，培养认真的科学态度和坚韧不拔的毅力，提高应变能力
  - (3)通过项目的成功实施，增强自信心，培养学生的综合素质
- 思政
  - (1)通过项目的实践操作，培养精益求精、一丝不苟的科学态度
  - (2)塑造点亮爱心、传递爱心，用爱心点亮希望，让生命更有价值的品质

图 3-2　心灯系统教学目标

3.3　心灯系统硬件设计

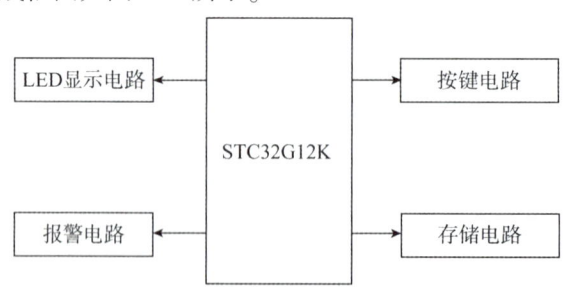

3.3.1　心灯系统电路组成框图

心灯系统电路组成框图如图 3-3 所示。

LED显示电路 ← STC32G12K → 按键电路
报警电路 ← STC32G12K → 存储电路

图 3-3　心灯系统电路组成框图

3.3.2 心灯系统电路原理图

心灯系统由 STC32G12K 单片机最小系统、按键电路、LED 显示电路、下载电路、存储电路和报警电路组成。

存储器 AT24C02 与单片机的 P4.1、P4.2 引脚相连。

按键电路与单片机的 P3.2、P3.3、P5.4、P4.4 引脚相连。

下载电路与单片机的 P3.0/RXD、P3.1/TXD 引脚相连，用于给单片机烧写测试程序，同时可以用作串口通信。

报警电路是将音频信号转化为声音信号的发音器，与单片机的 P4.5 引脚相连。

LED 与单片机的 P0.0~P3.7 引脚相连。心灯系统器件引脚连接清单如表 3-1 所示。

表 3-1 心灯系统器件引脚连接清单

器件名称	器件标号	器件引脚	连接单片机引脚
下载口	P1	TXD	P3.1/TXD
		RXD	P3.0/RXD
按键	K1	2	P4.4
	K2	2	P5.4
	K3	3	P3.3
	K4	3	P3.2
LED		D4~D30	P0.0~P3.7
存储器	U2	SCL	P4.2
		SDA	P4.1
报警电路			P4.5

心灯系统基于 STC32G12K 单片机完成整体设计，电路原理图如图 3-4 所示，电路器件清单见附录 A。

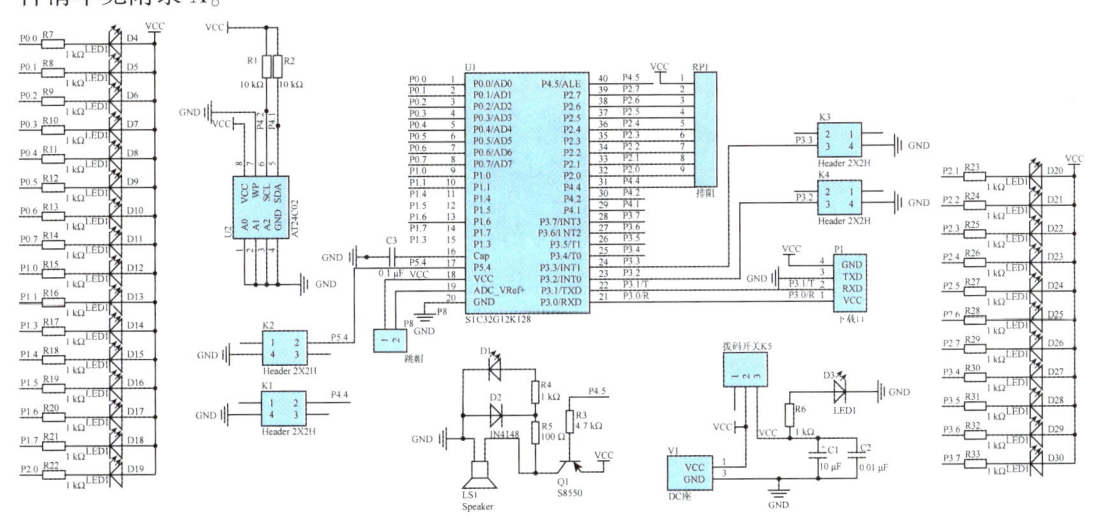

图 3-4 心灯系统电路原理图

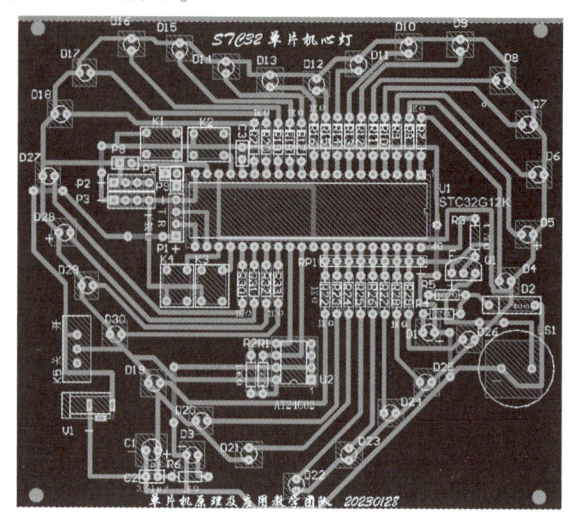

3.3.3 心灯系统 PCB 图

心灯系统 PCB 图如图 3-5 所示。

图 3-5 心灯系统 PCB 图

3.3.4 心灯系统电路 3D 仿真图

心灯系统电路 3D 仿真图直观展示了各元器件的外观及布局，如图 3-6 所示。

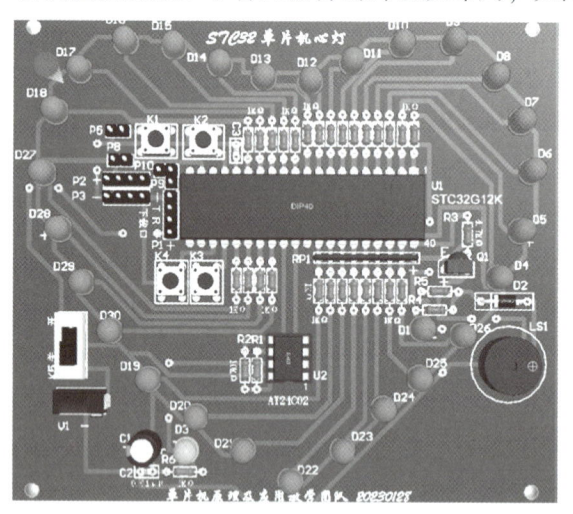

图 3-6 心灯系统电路 3D 仿真图

3.4 心灯系统软件分析

3.4.1 心灯系统程序流程图

心灯系统程序流程图如图 3-7 所示。

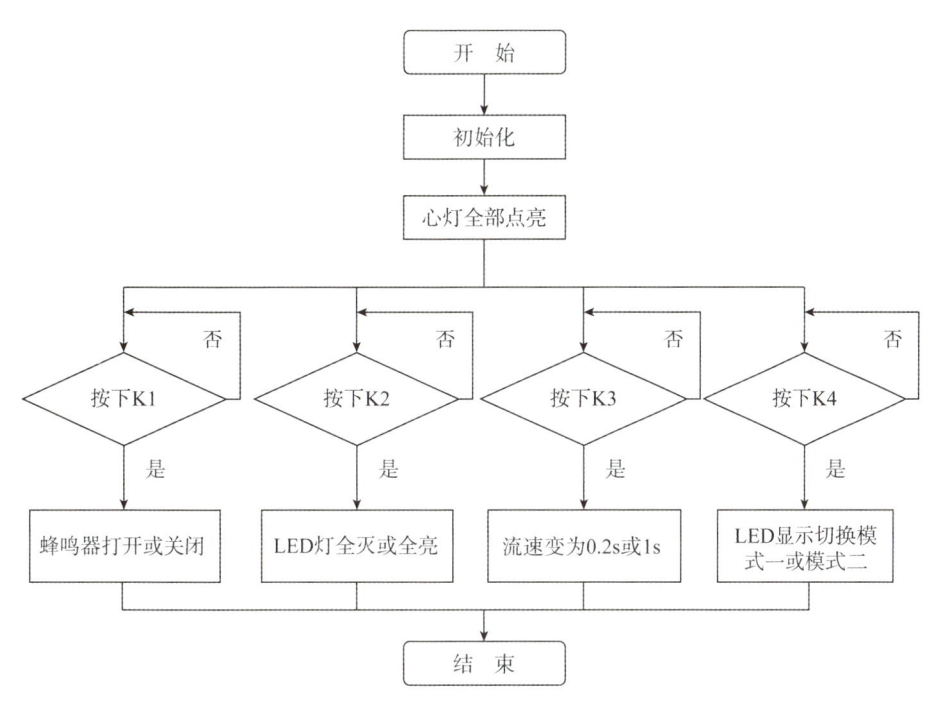

图 3-7 心灯系统程序流程图

3.4.2 心灯系统程序编写进程描述

心灯系统程序编写进程描述如图 3-8 所示。

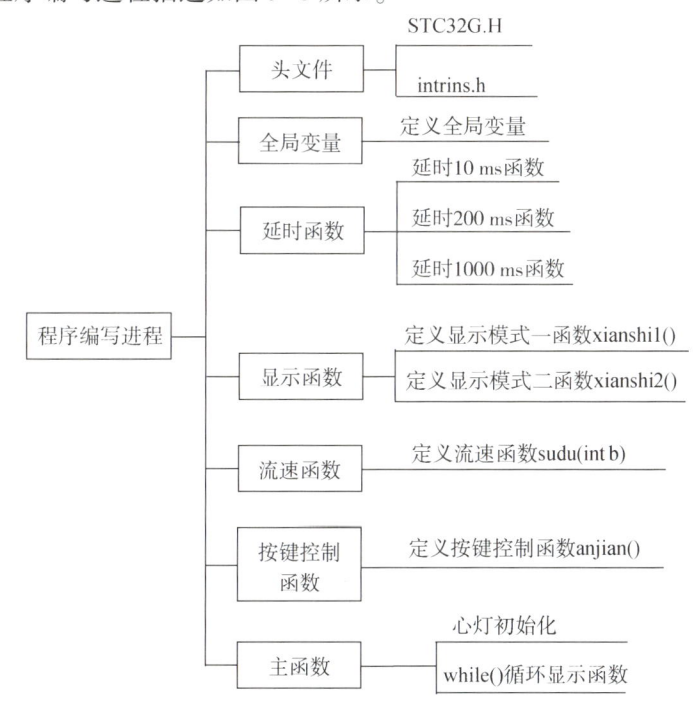

图 3-8 心灯系统程序编写进程描述

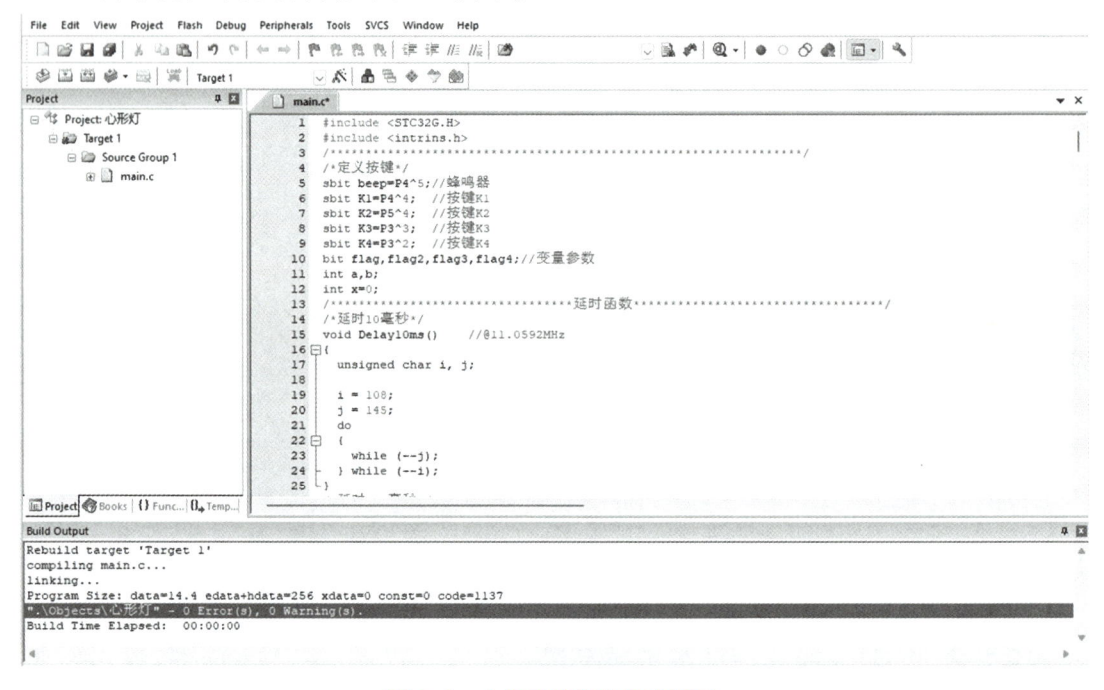

3.4.3 心灯系统程序设计

心灯系统程序设计界面如图 3-9 所示。

图 3-9 心灯系统程序设计界面

心灯系统参考程序见附录 B。

3.4.4 心灯系统电路仿真

仿真系统里单片机采用 STC 系列芯片，双击单片机，选择编辑好的 Hex 文件，单击"确定"按钮，运行仿真并检查现象是否正确。心灯系统仿真电路图如图 3-10 所示。

STC系列单片机

①共阳极LED灯
②阳极和高电平连在一起

心灯系统仿真视频

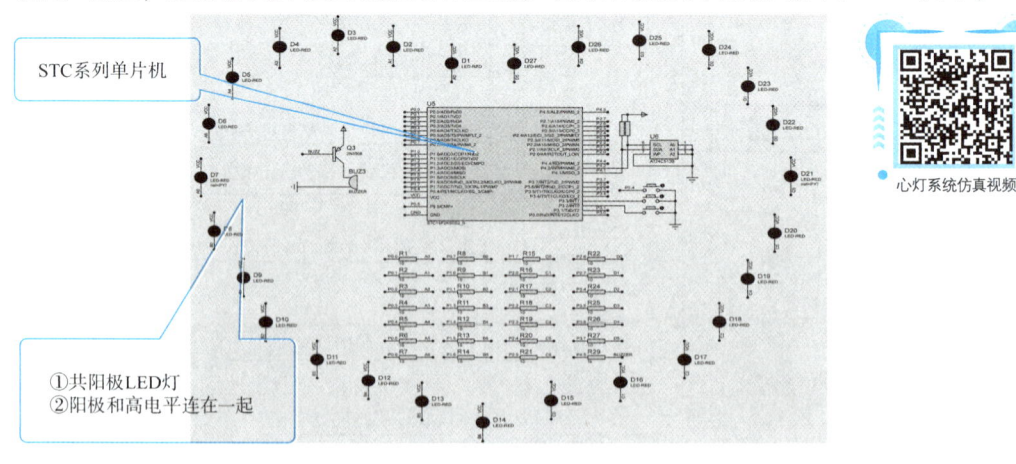

图 3-10 心灯系统仿真电路图

3.5 心灯系统检测调试

打开烧录软件，选择 STC32G12K128 芯片，选择对应的串口，找到对应的 Hex 文件，下载运行，LED 灯全部点亮。按下 K1 按键，蜂鸣器打开，再次按下蜂鸣器关闭；按下 K2 按键，LED 灯全灭，再次按下 LED 灯全亮。按下 K3 按键，调节 LED 灯流水速度为 200 ms，再次按下变为 1000 ms。按下 K4 按键，LED 灯循环显示。心灯系统实物测试图如图 3-11 所示。

图 3-11 心灯系统实物测试图

3.6 心灯系统作业

（1）实践项目：
在心灯系统项目设计基础上，设计一个花样心灯，通过按键控制不同模式的心灯。
（2）项目功能：
①具有存储、参数调节等功能；
②按下按键 K1 进入模式一到模式三的切换；
③模式一：心灯从上向两边进行流水显示；
④模式二：心灯亮一半，实现间隔亮灭的效果；
⑤模式三：心灯实现模式一和模式二依次显示的效果；
⑥通过按键控制不同模式的心灯。

(3)项目要求：
①进行电路设计，要求用 LED 显示；
②进行程序设计，要求闪烁间隔为 500 ms；
③进行仿真设计调试，要求实现其功能；
④进行实物设计调试，要求实现其功能；
⑤撰写科技报告、演示文稿。

第 4 章 彩灯控制系统设计

4.1 彩灯控制系统功能要求

由 STC32G12K 单片机最小系统及外围电路构成彩灯控制器系统,通过软件设计及按键控制实现彩灯的全亮、向右流水、向左流水、从两边向中间流水等功能。

4.1.1 彩灯控制系统功能

①用按键 K1 实现 LED 灯全亮(模式一)功能;
②用按键 K2 实现 LED 灯向右流水(模式二)功能;
③用按键 K3 实现 LED 灯向左流水(模式三)功能;
④用按键 K4 实现 LED 灯从两边向中间(模式四)流水功能;
⑤流水时间间隔为 500 ms。

4.1.2 彩灯控制系统设计要求

上电初始化时,LED 灯显示界面如图 4-1 所示。
按下按键 K1,LED 灯全亮显示,如图 4-2 所示。

LED 灯全灭

LED 灯全亮

图 4-1　LED 灯初始化显示界面　　图 4-2　LED 灯全亮显示界面

按下按键 K2,LED 灯向右流水显示,如图 4-3 所示。
按下按键 K3,LED 灯向左流水显示,如图 4-4 所示。
按下按键 K4,LED 灯从两边向中间流水显示,如图 4-5 所示。

LED 灯最左边亮　　　　LED 灯最右边亮　　　　LED 灯两边亮

图 4-3　LED 灯向右　　图 4-4　LED 灯向左　　图 4-5　LED 灯从两边向
流水显示界面　　　　流水显示界面　　　　中间流水显示界面

4.2 彩灯控制系统设计教学目标

通过彩灯控制系统设计实现以下知识、能力、素质、思政方面的教学目标，如图4-6所示。

教学目标：

- 知识
  - (1)能讲述彩灯控制系统工作原理
  - (2)能解释LED循环控制原理，完成彩灯控制电路的设计
  - (3)能对电路中的元器件进行识别和检测
  - (4)能够独立分析按键识别与检测、共阳极LED控制方式，完成彩灯循环点亮的程序设计
  - (5)能够分析解决复杂闪烁模式的彩灯控制设计

- 能力
  - (1)通过彩灯控制系统项目设计，增强对单片机原理、电子技术和设计流程等方面的认识
  - (2)通过彩灯控制系统硬件设计，提高电路设计能力
  - (3)通过彩灯控制系统软件设计，提高程序设计能力
  - (4)通过彩灯控制系统仿真设计，提高分析解决问题的能力
  - (5)通过彩灯控制系统调试测试，加强分析处理方法、调试技能的训练，提高实践能力

- 素质
  - (1)通过项目分析和设计过程，培养认真、细致、踏实的工作作风
  - (2)通过项目的实际操作，提高实际动手能力手能力
  - (3)通过项目的成功实施，培养创新精神和职业能力

- 思政
  - (1)通过彩灯控制系统项目训练，提高节能意识和审美情操
  - (2)通过项目应用背景介绍，增强爱国情怀和民族自豪感

图4-6 彩灯控制系统设计教学目标

4.3 彩灯控制系统硬件设计

4.3.1 彩灯控制系统电路组成框图

彩灯控制系统电路组成框图如图4-7所示。

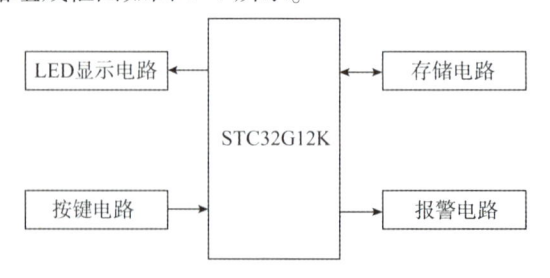

图4-7 彩灯控制系统电路组成框图

4.3.2 彩灯控制系统电路原理图

彩灯控制系统电路由STC32G12K单片机最小系统、存储电路、LED显示电路、报警

电路、下载电路及下载电路组成。

存储器 AT24C02 与单片机的 P1.4、P1.5 引脚相连。

按键电路与单片机的 P3.2、P3.3、P5.4、P1.3 引脚相连。

下载电路与单片机的 P3.0/RXD、P3.1/TXD 引脚相连，用于给单片机烧写测试程序，同时可以用作串口通信。

报警电路是将音频信号转化为声音信号的发音器件，与单片机的 P1.6 引脚相连。

LED 接单片机的 P0.0~P0.7、P2.0~P2.7 引脚。彩灯控制系统器件引脚连接清单如表 4-1 所示。

表 4-1 彩灯控制系统器件引脚连接清单

器件名称	器件标号	器件引脚	连接单片机引脚
下载口	P1	TXD	P3.1/TXD
		RXD	P3.0/RXD
按键	K1	3	P5.4
	K2	3	P1.3
	K3	3	P3.3
	K4	1	P3.2
LED		D4~D19	P2.0~P2.7、P0.0~P0.7
存储器	U2	SCL	P1.4
		SDA	P1.5
报警电路			P1.6

彩灯控制系统基于 STC32G12K 单片机完成整体设计，电路原理图如图 4-8 所示，电路器件清单见附录 A。

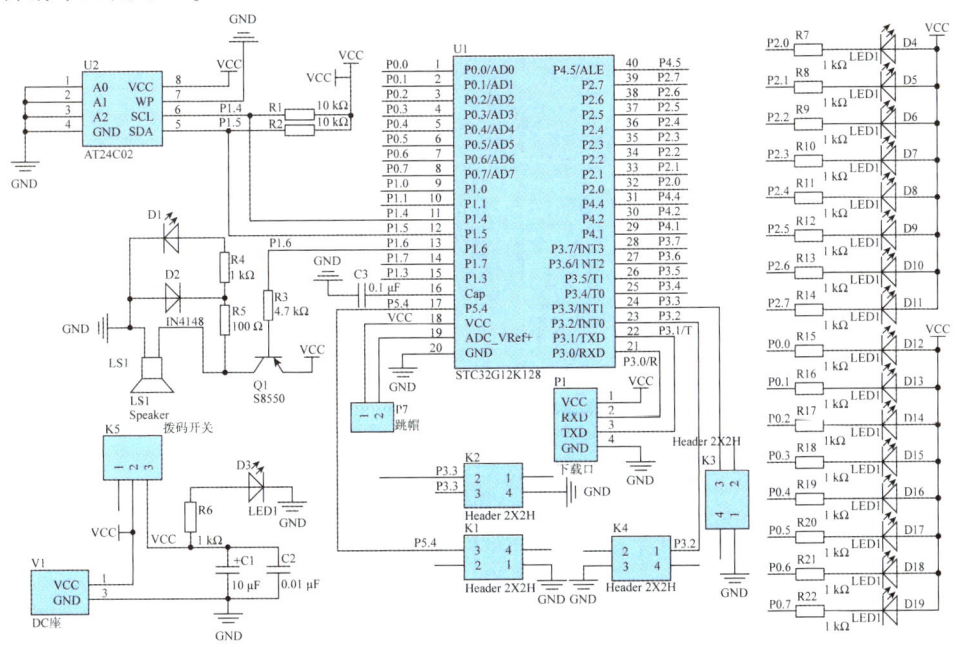

图 4-8 彩灯控制系统电路原理图

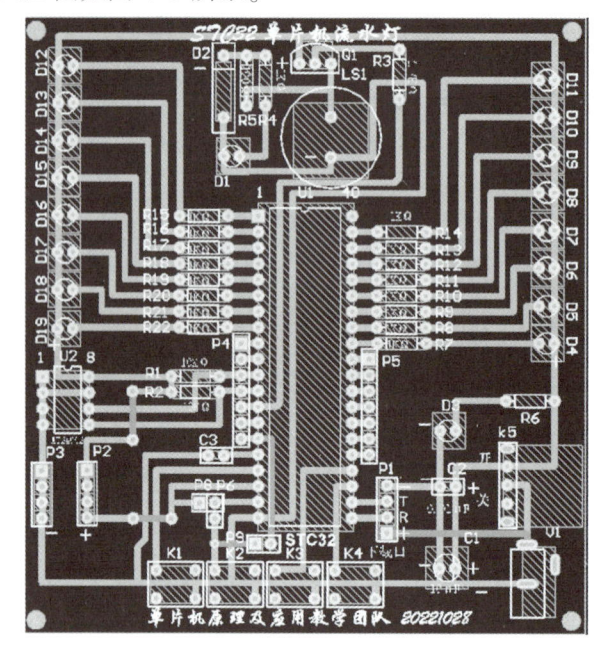

4.3.3 彩灯控制系统 PCB 图

彩灯控制系统 PCB 图如图 4-9 所示。

图 4-9 彩灯控制系统 PCB 图

4.3.4 彩灯控制系统电路 3D 仿真图

彩灯控制系统电路 3D 仿真图直观展示了各元器件的外观及布局，如图 4-10 所示。

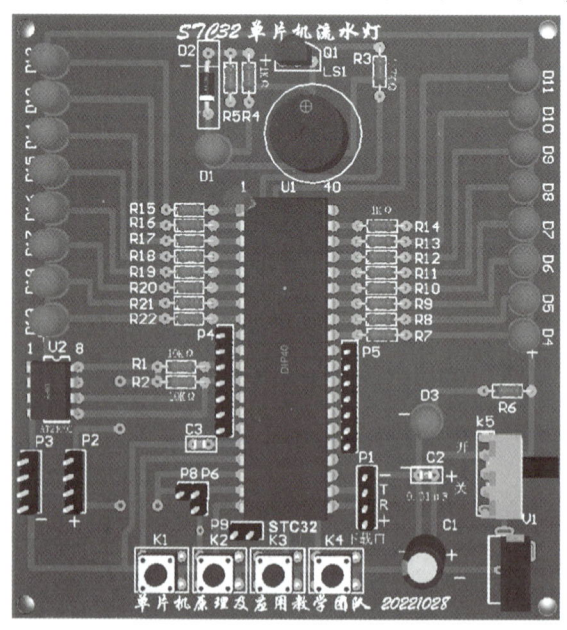

图 4-10 彩灯控制系统电路 3D 仿真图

4.4 彩灯控制系统软件分析

4.4.1 彩灯控制系统程序流程图

通过任务要求编写程序，首先初始化，判断是否有按键被按下，如果没有按键被按下，则按下按键；如果有按键被按下，根据不同的按键，执行不同的子程序，使流水灯显示不同模式的内容。彩灯控制系统程序流程图如图 4-11 所示。

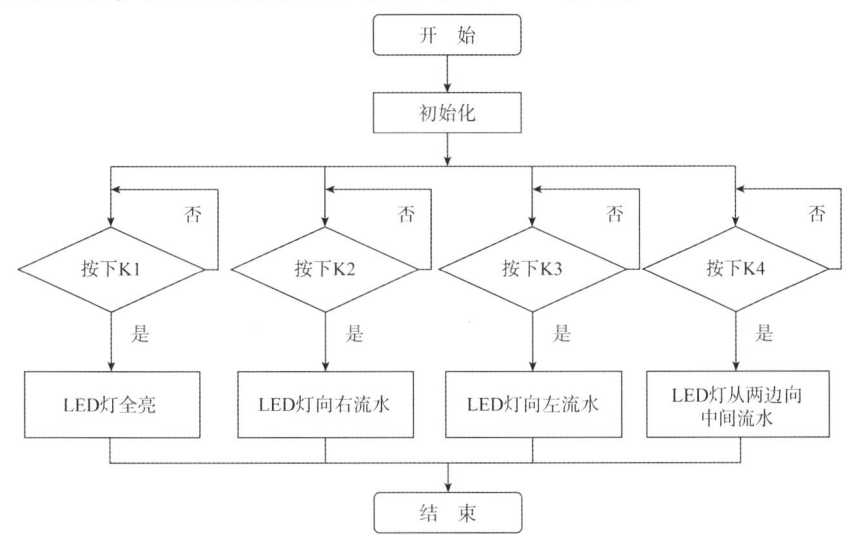

图 4-11 彩灯控制系统程序流程图

4.4.2 彩灯控制系统程序编写进程描述

彩灯控制系统程序编写进程描述如图 4-12 所示。

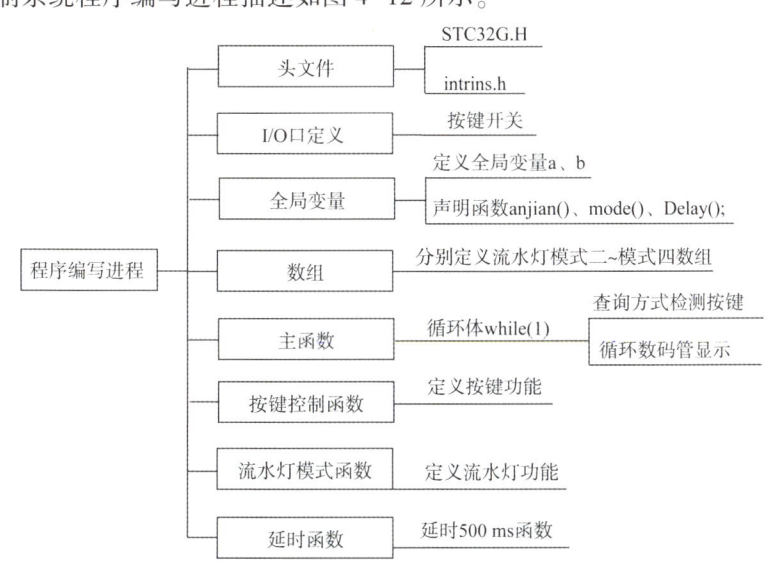

图 4-12 彩灯控制系统程序编写进程描述

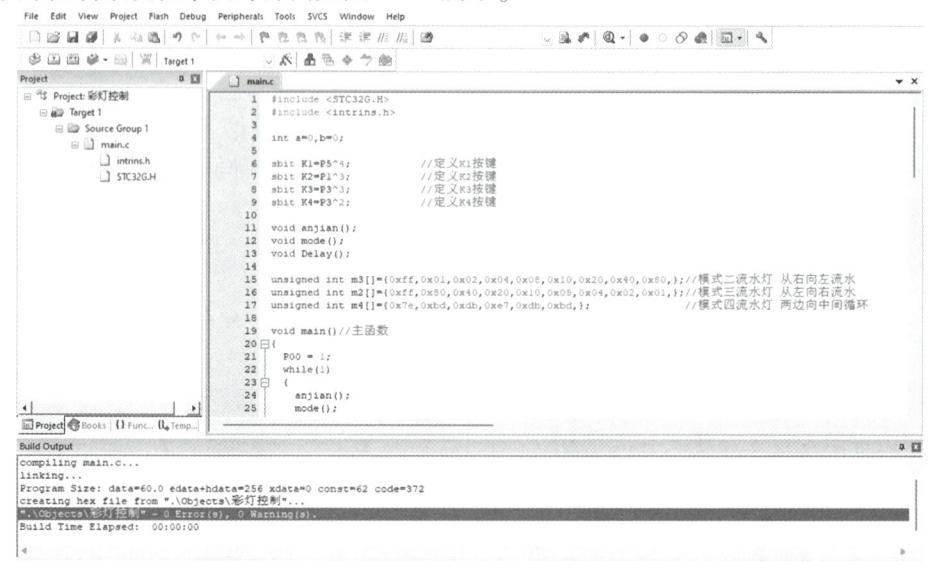

4.4.3 彩灯控制系统程序设计

彩灯控制系统程序设计界面如图 4-13 所示。

图 4-13 彩灯控制系统程序设计界面

彩灯控制系统参考程序见附录 B。

4.5 彩灯控制系统检测调试

打开烧录软件，选择 STC32G12K128 芯片和对应的串口，找到对应的 Hex 文件，下载运行，LED 灯全部熄灭。按下 K1 按键，LED 全亮；按下 K2 按键，LED 灯向右流水；按下 K3 按键，LED 灯向左流水；按下 K4 按键，LED 从两边向中间流水。彩灯控制系统实物测试图如图 4-14 所示。

图 4-14 彩灯控制系统实物测试图

4.6 彩灯控制系统作业

在彩灯控制系统项目设计基础上，设计一个复杂的彩色流水灯控制系统。

1. 项目组成框图

通过STC32G12K单片机控制LED彩灯系统，通过按键控制流水灯开关、流水模式、流速。电路组成框图如图4-15所示。

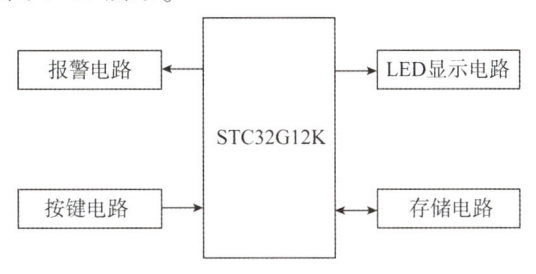

图2-15　电路组成框图

项目设计包括硬件设计、软件设计、测试调试、总结反思等内容。

2. 项目任务要求

（1）项目功能要求：

①系统上电初始化，关闭蜂鸣器，关闭8个LED灯；

②按键K1控制LED灯亮灭；按键K2控制LED灯流水模式；按键K3控制LED灯流速；按键K4终止流水；

③LED灯流水模式：先从左到右后从右到左流水（模式一）、先从中间向两边后从两边到中间流水（模式二）；

④具有存储、参数调节、选择等功能。

（2）项目性能要求：

①LED模式变化，中间间隔>0.1 s；

②按键动作响应时间≤0.2 s。

3. 硬件设计要求

①依据项目设计要求，画出电路原理图，选择不同颜色的发光二极管；

②依据电路原理图，画出PCB图及电路3D仿真图；

③分析所使用器件的功能作用、器件的测量方法、器件的规格等；

④分析整体电路工作原理；

⑤列出电路所有器件清单。

4. 软件设计要求

①按照项目任务要求完成程序设计任务分析；

②分析介绍所用到的特殊寄存器，并描述寄存器的工作原理；

③画出主程序流程图、各个分支程序流程图；

④编写程序，考虑PWM对应LED灯颜色关系。

5. 调试功能要求

①将编译设计的程序下载到单片机中，进行软硬件调试。

②初始化状态检测：关闭蜂鸣器、继电器和 LED 灯。

③按键功能检测：按下 K1 按键，流水灯点亮，再次按下流水灯熄灭；按下 K2 按键，流水灯按模式一流水，再次按下流水灯按模式二流水；按下 K3 按键，流水灯流速切换为 0.5 s，再次按下流水灯流速切换为 0.2 s；按下 K4 按键，流水灯停止流水。

④记录测试数据。

⑤分析数据，完善项目功能。

6. 科技报告要求

①报告格式、内容要求，按照《科技报告编写规则》要求执行；

②科技报告由课题组成员撰写完成；

③总结反思，提出改进实施方案。

7. 项目设计演示文稿要求

①分析项目设计背景；

②阐述项目设计理念及目标；

③阐述项目设计内容及方法；

④阐述项目设计实施过程及成果；

⑤总结反思及改进完善方案。

第 5 章 按键控制系统设计

5.1 按键控制系统功能要求

由 STC32G12K 单片机最小系统及外围电路构成按键控制系统,通过按键控制实现数码管静态和动态显示功能。

5.1.1 按键控制系统功能

①上电后数码管全灭。
②通过按键控制数码管显示,按键功能如下:
用按键 K1 完成数码管静态显示 FFFF FFFF 功能;
用按键 K2 完成数码管静态显示 8888 8888 功能;
用按键 K3 完成数码管动态显示 88-8 8-88 功能;
用按键 K4 完成数码管动态显示 0123 4567 功能。

5.1.2 按键控制系统设计要求

上电初始化时,数码管全灭,如图 5-1 所示。

8.	8.	8.	8.	8.	8.	8.	8.
熄灭							

图 5-1 数码管初始化显示界面

按下 K1 按键,数码管显示 FFFF FFFF,如图 5-2 所示。

F	F	F	F	F	F	F	F
显示							

图 5-2 数码管显示界面 1

按下 K2 按键,数码管显示 8888 8888,如图 5-3 所示。

8	8	8	8	8	8	8	8
显示							

图 5-3 数码管显示界面 2

按下 K3 按键，数码管显示 88-8 8-88，如图 5-4 所示。

8	8	-	8	8	-	8	8
显示	显示	指示符	显示	显示	指示符	显示	显示

图 5-4　数码管显示界面 3

按下 K4 按键，数码管显示 0123 4567，如图 5-5 所示。

0	1	2	3	4	5	6	7
显示	显示	显示	显示	显示	显示	显示	显示

图 5-5　数码管显示界面 4

5.2　按键控制系统设计教学目标

通过按键控制系统设计实现以下知识、能力、素质、思政方面的教学目标，如图 5-6 所示。

教学目标

知识
(1) 能讲述数码管控制原理
(2) 能解释数码管的连接方式和动态显示方法，完成按键控制电路的设计
(3) 能对电路中的元器件进行识别和检测
(4) 能够独立分析按键识别与检测、共阳极 LED 控制方式，完成按键控制的程序设计
(5) 能够分析解决复杂按键控制数码管显示设计

能力
(1) 通过按键控制系统项目设计，增强对单片机原理、电子技术和设计流程等方面的认识
(2) 通过按键控制系统硬件设计，提高电路设计能力
(3) 通过按键控制系统软件设计，提高程序设计能力
(4) 通过按键控制系统仿真设计，提高分析解决问题的能力
(5) 通过按键控制系统调试测试，提高动手解决实际问题的能力

素质
(1) 通过项目的程序编写，具备科学严谨、规范的编程习惯
(2) 通过项目的实际操作，培养实践动手能力及独立分析和解决工程实践能力
(3) 通过项目的成功实施，培养团队协作精神、严肃认真的治学态度和严谨务实的工作作风

思政
通过项目的实践实施，引入"耳闻之不如目见之，目见之不如足践之"的道理，学生不仅要加强学习，更要加强实践

图 5-6　按键控制系统设计教学目标

5.3　按键控制系统硬件设计

5.3.1　按键控制系统电路组成框图

按键控制系统电路组成框图如图 5-7 所示。

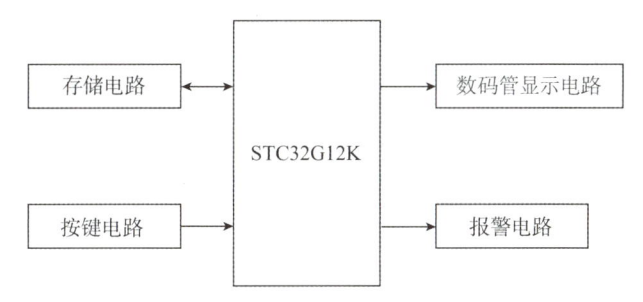

图 5-7 按键控制系统电路组成框图

5.3.2 按键控制系统电路原理图

按键控制系统由 STC32G12K 单片机最小系统、数码管显示电路、按键电路、下载电路、存储电路和报警电路组成。

存储器 AT24C02 与单片机的 P1.4、P1.5 引脚相连。

按键电路与单片机的 P3.2、P3.3、P1.3、P5.4 引脚相连。

下载电路与单片机的 P3.0/RXD、P3.1/TXD 引脚相连，用于给单片机烧写测试程序，同时可以用作串口通信。

报警电路是将音频信号转化为声音信号的发音器件，与单片机的 P1.7 引脚相连。

数码管显示电路，段选接单片机的 P2.0~P2.7 引脚，位选接单片机的 P3.4~P3.7、P4.1、P4.2、P4.4、P4.5 引脚。按键控制系统器件引脚连接清单如表 5-1 所示。

表 5-1 按键控制系统器件引脚连接清单

器件名称	器件标号	器件引脚	连接单片机引脚
下载口	P1	TXD	P3.1/TXD
		RXD	P3.0/RXD
按键	K1	2	P1.3
	K2	2	P5.4
	K3	2	P3.3
	K4	2	P3.2
数码管	U3	位选	P4.1
			P4.2
			P4.4
			P4.5
	U4		P3.4
			P3.5
			P3.6
			P3.7
		段选	P2.0~P2.7

续表

器件名称	器件标号	器件引脚	连接单片机引脚
存储器	U2	SCL	P1.4
		SDA	P1.5
报警电路			P1.7

按键控制系统基于 STC32G12K 单片机完成整体设计，电路原理图如图 5-8 所示，电路器件清单见附录 A。

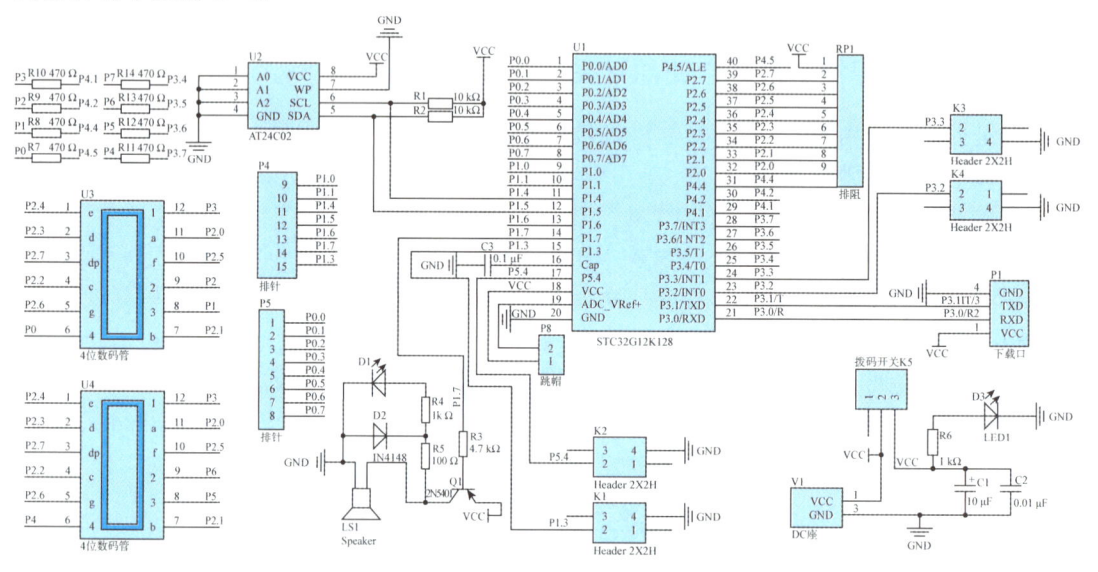

图 5-8 按键控制系统电路原理图

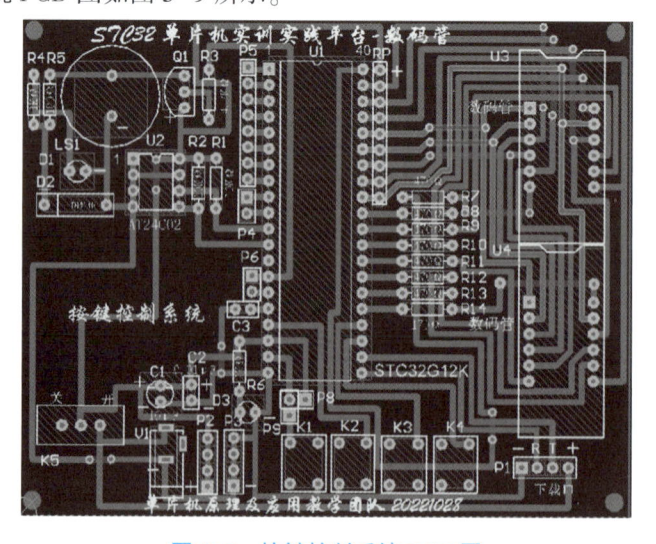

5.3.3 按键控制系统 PCB 图

按键控制系统 PCB 图如图 5-9 所示。

图 5-9 按键控制系统 PCB 图

5.3.4 按键控制系统电路 3D 仿真图

按键控制系统电路 3D 仿真图直观展示了各元器件的外观及布局，如图 5-10 所示。

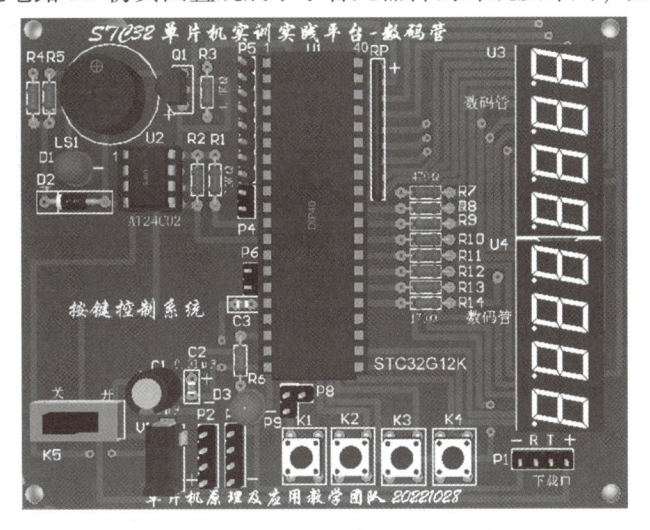

图 5-10 按键控制系统电路 3D 仿真图

5.4 按键控制系统软件分析

5.4.1 按键控制系统程序流程图

按键控制系统程序流程图如图 5-11 所示。

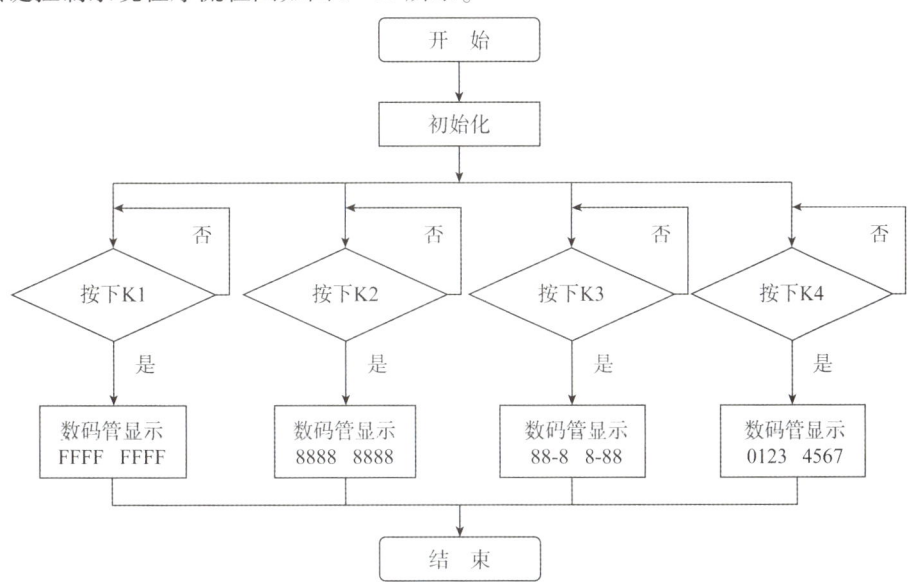

图 5-11 按键控制系统程序流程图

5.4.2　按键控制系统程序编写进程描述

按键控制系统程序编写进程描述如图 5-12 所示。

图 5-12　按键控制系统程序编写进程描述

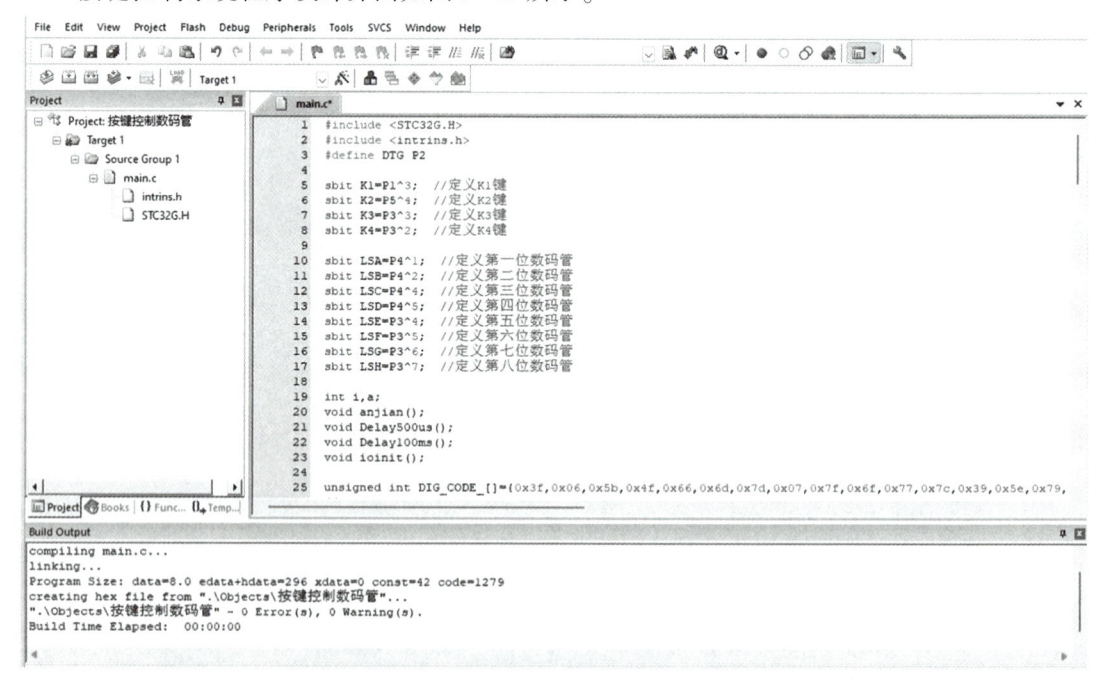

5.4.3　按键控制系统程序设计

按键控制系统程序设计界面如图 5-13 所示。

图 5-13　按键控制系统程序设计界面

按键控制系统参考程序见附录 B。

5.5 按键控制系统检测调试

打开烧录软件,选择 STC32G12K128 芯片和对应的串口,找到对应的 Hex 文件,下载运行,数码管全部熄灭。

按下 K1 按键,数码管显示 FFFF FFFF,如图 5-14 所示。
按下 K2 按键,数码管显示 8888 8888。
按下 K3 按键,数码管显示 88-8 8-88,如图 5-15 所示。
按下 K4 按键,数码管显示 0123 4567,如图 5-16 所示。

图 5-14 按键控制系统实物测试图 1

图 5-15 按键控制系统实物测试图 2    图 5-16 按键控制系统实物测试图 3

5.6 按键控制系统作业

(1) 实践项目：

在按键控制系统项目设计基础上，设计一个数码管字幕自动流动系统，通过按键控制数字流动的速度。

(2) 项目功能：

①具有存储、参数调节等功能；

②按下按键 K1，流动字幕的时间快 100 ms；

③按下按键 K2，流动字幕的时间慢 100 ms；

④按下按键 K3，流动字幕开始或暂停流动。

(3) 项目要求：

①进行电路设计，要求用数码管显示；

②进行程序设计，要求初始流动时间间隔为 500 ms；

③进行仿真设计调试，要求实现其功能；

④进行实物设计调试，要求实现其功能；

⑤撰写科技报告、演示文稿。

第 6 章 数字秒表系统设计

6.1 数字秒表系统功能要求

由 STC32G12K 单片机最小系统及外围电路构成数字秒表系统,通过软件设计及按键控制实现秒表的计时开始、暂停、清零等功能。

6.1.1 数字秒表系统功能

①用按键 K2 完成秒表计时开始功能;
②用按键 K3 完成秒表计时暂停功能;
③用按键 K4 完成秒表计时清零功能。

6.1.2 数字秒表系统显示要求

上电初始化时,数码管显示界面如图 6-1 所示。

0	0	-	5	8	.	2	8
分钟		指示符	秒		点	分	

图 6-1 数码管初始化显示界面

数码管分别显示分钟、秒以及分,分满 100 进 1,秒满 60 进 1,当分钟满 60 时自动清零。

6.2 数字秒表系统设计教学目标

通过数字秒表系统设计实现以下知识、能力、素质、思政方面的教学目标,如图 6-2 所示。

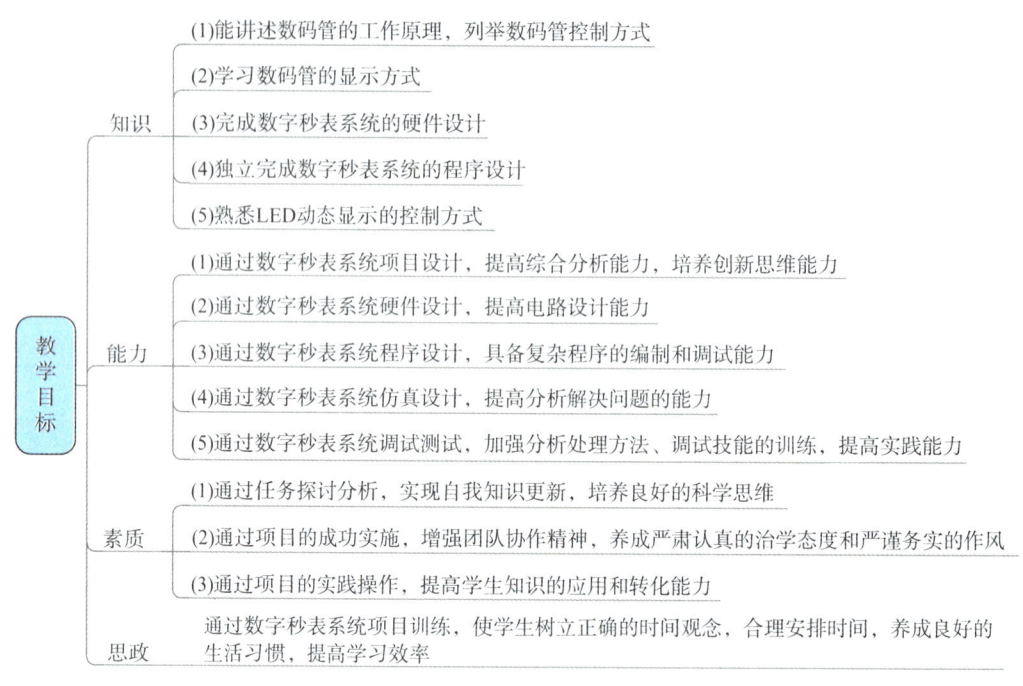

```
                    ┌ (1)能讲述数码管的工作原理，列举数码管控制方式
                    │ (2)学习数码管的显示方式
              知识 ─┤ (3)完成数字秒表系统的硬件设计
                    │ (4)独立完成数字秒表系统的程序设计
                    └ (5)熟悉LED动态显示的控制方式

                    ┌ (1)通过数字秒表系统项目设计，提高综合分析能力，培养创新思维能力
                    │ (2)通过数字秒表系统硬件设计，提高电路设计能力
  教学目标 ─ 能力 ─┤ (3)通过数字秒表系统程序设计，具备复杂程序的编制和调试能力
                    │ (4)通过数字秒表系统仿真设计，提高分析解决问题的能力
                    └ (5)通过数字秒表系统调试测试，加强分析处理方法、调试技能的训练，提高实践能力

                    ┌ (1)通过任务探讨分析，实现自我知识更新，培养良好的科学思维
              素质 ─┤ (2)通过项目的成功实施，增强团队协作精神，养成严肃认真的治学态度和严谨务实的作风
                    └ (3)通过项目的实践操作，提高学生知识的应用和转化能力

              思政 ── 通过数字秒表系统项目训练，使学生树立正确的时间观念，合理安排时间，养成良好的
                      生活习惯，提高学习效率
```

图 6-2　数字秒表系统设计教学目标

6.3　数字秒表系统硬件设计

6.3.1　数字秒表系统电路组成框图

数字秒表系统电路组成框图如图 6-3 所示。

```
    数码管显示电路 ←→ ┌──────────┐ ←→ 按键电路
                       │ STC32G12K │
        报警电路   ←→ └──────────┘ ←→ 存储电路
```

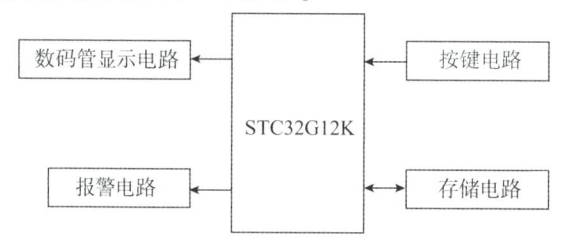

图 6-3　数字秒表系统电路组成框图

6.3.2　数字秒表系统电路原理图

数字秒表系统由 STC32G12K 单片机最小系统、按键电路、数码管显示电路、下载电路、存储电路和报警电路组成。

存储器 AT24C02 与单片机的 P1.4、P1.5 引脚相连。

按键电路与单片机的 P3.2、P3.3、P1.3、P5.4 引脚相连。

下载电路与单片机的 P3.0/RXD、P3.1/TXD 引脚相连，用于给单片机烧写测试程序，同时可以用作串口通信。

报警电路是将音频信号转化为声音信号的发音器件，与单片机的 P1.7 引脚相连。

数码管显示电路，段选接单片机的 P2.0~P2.7 引脚，位选接单片机的 P3.4~P3.7、

P4.1、P4.2、P4.4、P4.5 引脚。数字秒表系统器件引脚连接清单如表 6-1 所示。

表 6-1 数字秒表系统器件引脚连接清单

器件名称	器件标号	器件引脚	连接单片机引脚
下载口	P1	TXD	P3.1/TXD
		RXD	P3.0/RXD
按键	K1	2	P1.3
	K2	2	P5.4
	K3	2	P3.3
	K4	2	P3.2
数码管	U3	位选	P4.1
			P4.2
			P4.4
			P4.5
	U4		P3.4
			P3.5
			P3.6
			P3.7
		段选	P2.0~P2.7
存储器	U2	SCL	P1.4
		SDA	P1.5
报警电路			P1.7

数字秒表系统基于 STC32G12K 单片机完成整体设计,电路原理图如图 6-4 所示,电路器件清单见附录 A。

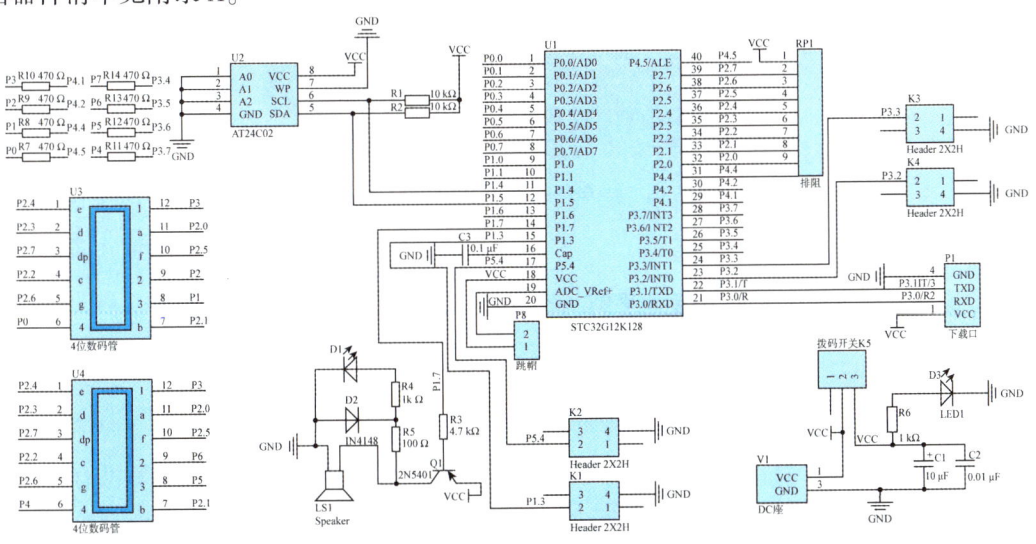

图 6-4 数字秒表系统电路原理图

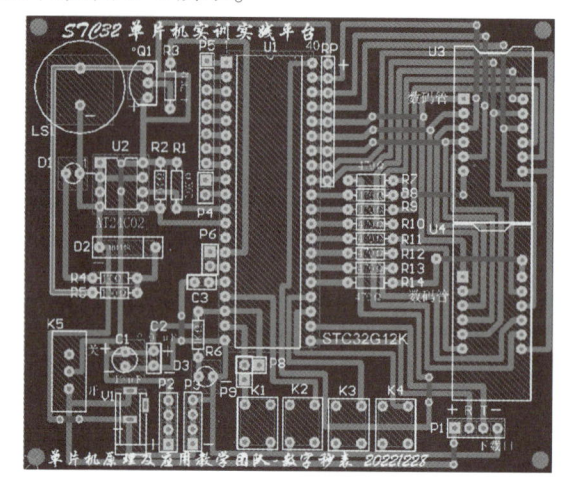

6.3.3　数字秒表系统 PCB 图

数字秒表系统 PCB 图如图 6-5 所示。

图 6-5　数字秒表系统 PCB 图

6.3.4　数字秒表系统电路 3D 仿真图

数字秒表系统的电路 3D 仿真图直观展示了各元器件的外观及布局，如图 6-6 所示。

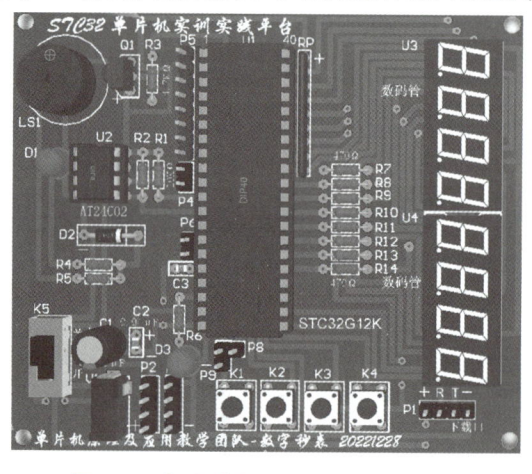

图 6-6　数字秒表系统电路 3D 仿真图

6.4　数字秒表系统软件分析

6.4.1　数字秒表系统程序流程图

通过功能要求编写程序，首先初始化，然后判断是否有按键被按下，如果没有，请等待；如果有，则根据不同的按键，执行不同的子程序，使数码管显示不同的内容。数字秒表系统程序流程图如图 6-7 所示。

第 6 章 数字秒表系统设计

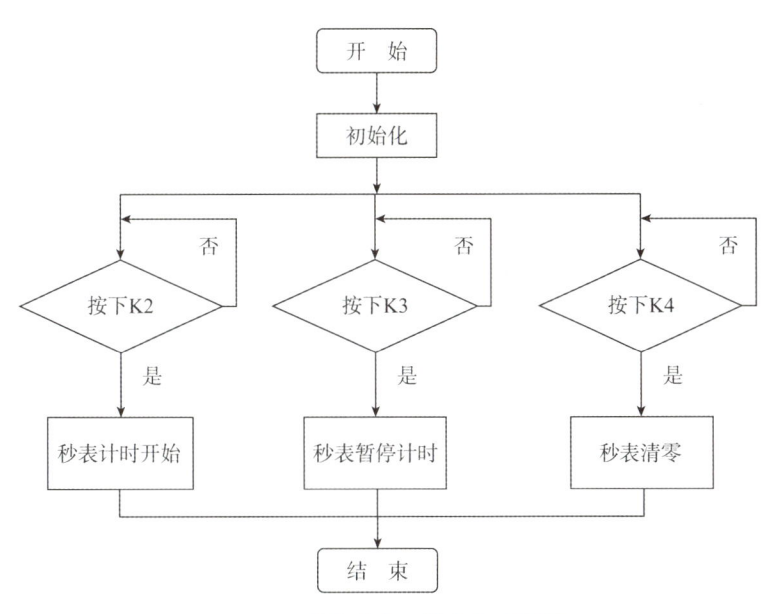

图 6-7 数字秒表系统程序流程图

6.4.2 数字秒表系统程序编写进程描述

数字秒表系统程序编写进程描述如图 6-8 所示。

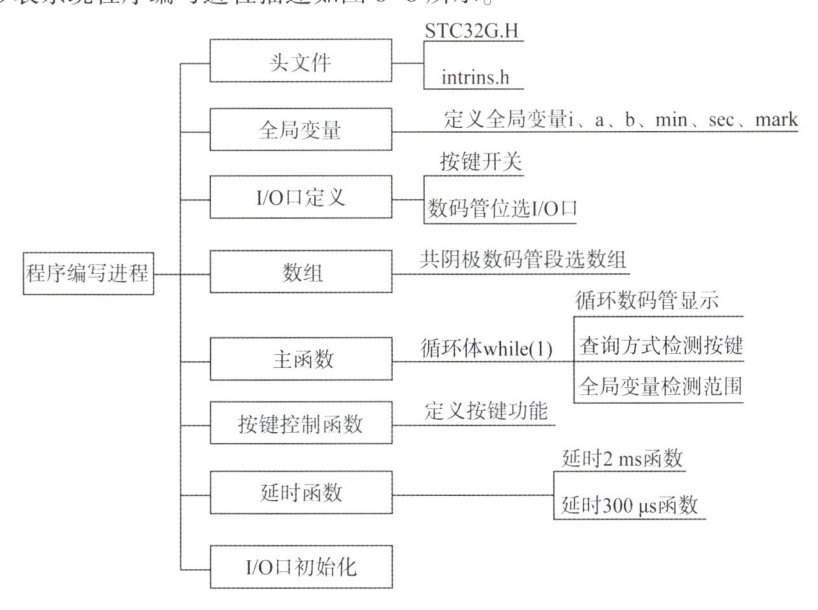

图 6-8 数字秒表系统程序编写进程描述

6.4.3 数字秒表系统程序设计

数字秒表系统程序设计界面如图 6-9 所示。

图 6-9 数字秒表系统程序设计界面

数字秒表系统参考程序见附录 B。

6.5 数字秒表系统检测调试

打开烧录软件，选择 STC32G12K128 芯片和对应的串口，找到对应的 Hex 文件，下载运行，数码管显示"00-58.28"，按下 K2 按键秒表计时开始，按下 K3 按键，秒表计时暂停，按下 K4 按键，秒表计时清零。数字秒表系统实物测试图如图 6-10 所示。

图 6-10 数字秒表系统实物测试图

6.6 数字秒表系统作业

在数字秒表系统项目设计基础上，设计一个多功能闹钟装置。

1. 项目组成框图

数码管闹钟系统电路组成框图如图 6-11 所示。

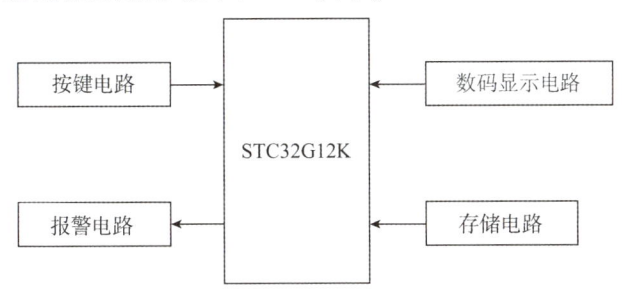

图 6-11 数码管闹钟系统电路组成框图

项目设计包括硬件设计、软件设计、测试调试、总结反思等内容。

2. 项目任务要求

（1）项目功能要求：

①系统上电初始化，关闭蜂鸣器；

②按键 K1 控制时间显示、时间调节、闹钟调节 3 种模式的切换，按键 K2 控制时、分、秒调节切换，按键 K3 控制数码管显示数字加 1，按键 K4 控制数码管显示数字减 1；

③在显示模式下，数码管显示的时间与调节闹钟模式下设定的时间相同时，蜂鸣器打开；

④显示要求：上电初始化时，数码管显示界面如图 6-12 所示。

| 0 | 0 | - | 0 | 0 | - | 0 | 0 |

图 6-12 数码管初始化显示界面

（2）项目性能要求：

①数码管变化中间间隔>0.1 s；

②按键动作响应时间≤0.2 s。

3. 硬件设计要求

①依据项目设计要求，画出电路原理图；

②依据电路原理图，画出 PCB 图及电路 3D 仿真图；

③分析所使用器件的功能作用、器件的测量方法、器件的规格等；

④分析整体电路工作原理；

⑤列出电路所有器件清单。

4. 软件设计要求

①按照项目要求完成程序设计任务分析；

②分析介绍所用到的特殊寄存器，并描述寄存器的工作原理；

③画出主程序流程图、各个分支程序流程图。

5. 调试功能要求

①将编译设计的程序下载到单片机中，进行软硬件调试。

②初始化状态检测：关闭蜂鸣器、继电器和 LED 灯。

③按键功能检测：按下按键 K1，循环控制时间显示模式、时间调节模式、闹钟调节模式切换；按下按键 K2，循环控制时、分、秒调节切换；按下按键 K3，数码管显示数字加 1；按下按键 K4，数码管显示数字减 1。

④记录测试数据。

⑤分析数据，完善项目功能。

6. 科技报告要求

①报告格式、内容要求，按照《科技报告编写规则》要求执行；

②科技报告由课题组成员撰写完成；

③总结反思，提出改进实施方案。

7. 项目设计演示文稿要求

①分析项目设计背景；

②阐述项目设计理念及目标；

③阐述项目设计内容及方法；

④阐述项目设计实施过程及成果；

⑤总结反思及改进完善方案。

第 7 章　LCD1602 显示系统设计

7.1　LCD1602 显示系统功能要求

由 STC32G12K 单片机最小系统及外围电路构成 LCD1602 显示系统，通过软件设计实现 LCD1602 显示指定内容的功能。

7.1.1　LCD1602 显示系统功能

①用 LCD1602 液晶屏完成第一行显示英文"welcome to XTXY"的功能；
②用 LCD1602 液晶屏完成第二行显示汉字"天天开心，天天向上，于邢台！"的功能。

7.1.2　LCD1602 显示系统显示要求

上电初始化时，LCD1602 液晶屏显示界面如图 7-1 所示。

```
welcome to  XTXY
天天开心，天天向上，于邢台！
```

图 7-1　LCD1602 液晶屏初始化显示界面

7.2　LCD1602 显示系统设计教学目标

通过 LCD1602 显示系统设计实现以下知识、能力、素质、思政方面的教学目标，如图 7-2 所示。

教学目标

知识
- (1)能够描述液晶显示模块LCD1602的特性与引脚
- (2)能解释LCD1602的接口与控制原理，完成液晶屏显示电路的设计
- (3)能对电路中的元器件进行识别和检测
- (4)理解LCD1602读/写操作规定
- (5)能描述Keil C251软件调试的方法

能力
- (1)通过LCD1602显示系统项目设计，增强对单片机、电子技术和设计流程等方面的认识
- (2)通过LCD1602显示系统硬件设计，提高电路设计能力
- (3)通过LCD1602显示系统软件设计，提高程序设计能力
- (4)通过LCD1602显示系统仿真设计，提高分析解决问题的能力
- (5)能够用理论知识指导实践，培养学生的工程实践素质，提高学生创新能力

素质
- (1)通过项目探讨分析，实现自我知识更新，培养良好的科学思维
- (2)通过项目的成功实施，培养认真、细致、踏实的工作作风
- (3)通过项目的实践操作，培养学生的工程实践素质，提高学生创新能力

思政
- (1)通过LCD1602的显示内容，引导学生保持乐观、积极向上的精神风貌
- (2)激发学生的好奇心与求知欲，培养小组分工合作的责任意识与团队精神

图7-2　LCD1602显示系统设计教学目标

7.3　LCD1602显示系统硬件设计

7.3.1　LCD1602显示系统电路组成框图

LCD1602显示系统电路组成框图如图7-3所示。

按键电路 ↔ STC32G12K ↔ LCD1602显示电路
报警电路 ↔ STC32G12K ↔ 存储电路

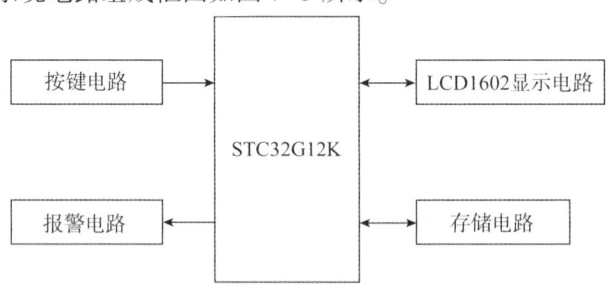

图7-3　LCD1602显示系统电路组成框图

7.3.2　LCD1602显示系统电路原理图

LCD1602显示系统由STC32G12K单片机最小系统、按键电路、LCD1602显示电路、下载电路、存储电路和报警电路组成。

存储器AT24C02与单片机的P1.4、P1.5引脚相连。

按键电路与单片机的P3.2、P3.3、P1.3、P5.4引脚相连。

下载电路与单片机的P3.0/RXD、P3.1/TXD引脚相连，用于给单片机烧写测试程序，同时可以用作串口通信。

报警电路是将音频信号转化为声音信号的发音器件，与单片机的 P4.5 引脚连接。

LCD1602 数据端口接单片机的 P0 端口，EN、R/W、RS 接单片机的 P4.1、P4.2、P4.4 引脚。LCD1602 显示系统器件引脚连接清单如表 7-1 所示。

表 7-1　LCD1602 显示系统器件引脚连接清单

器件名称	器件标号	器件引脚	连接单片机引脚
下载口	P4	TXD	P3.1/TXD
		RXD	P3.0/RXD
存储器	U2	SCL	P1.4
		SDA	P1.5
LCD1602	U3	RS	P4.4
		R/W	P4.2
		EN	P4.1
		数据端口	P0
按键	K1	2	P1.3
	K2	2	P5.4
	K3	2	P3.3
	K4	2	P3.2
报警电路			P4.5

LCD1602 显示系统基于 STC32G12K 单片机完成整体设计，电路原理图如图 7-4 所示，电路器件清单见附录 A。

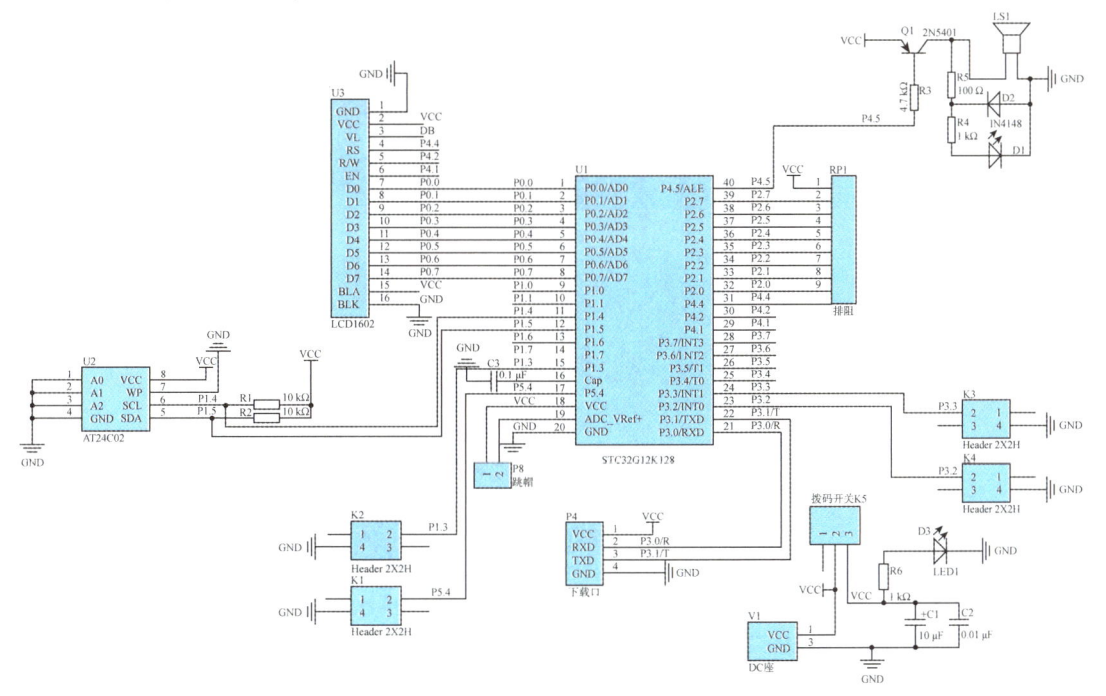

图 7-4　LCD1602 显示系统电路原理图

7.3.3　LCD1602 显示系统 PCB 图

LCD1602 显示系统 PCB 图如图 7-5 所示。

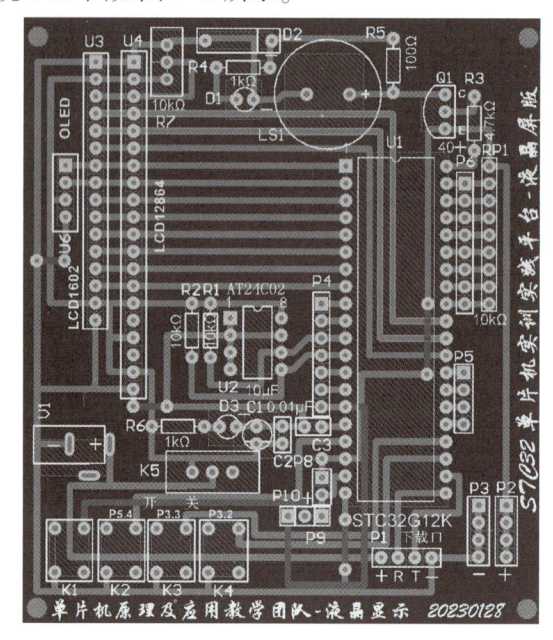

图 7-5　LCD1602 显示系统 PCB 图

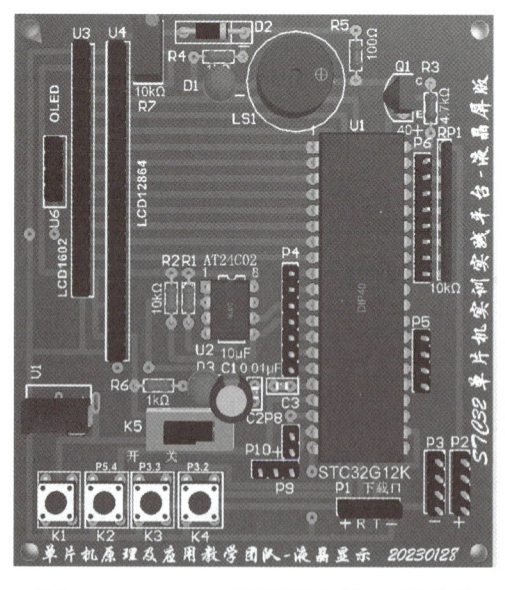

7.3.4　LCD1602 显示系统电路 3D 仿真图

LCD1602 显示系统电路 3D 仿真图直观展示了各元器件的外观及布局，如图 7-6 所示。

图 7-6　LCD1602 显示系统电路 3D 仿真图

7.4 LCD1602 显示系统软件分析

7.4.1 LCD1602 显示系统程序流程图

LCD1602 显示系统程序流程图如图 7-7 所示。

图 7-7 LCD1602 显示系统程序流程图

7.4.2 LCD1602 显示系统程序编写进程描述

LCD1602 显示系统程序编写进程描述如图 7-8 所示。

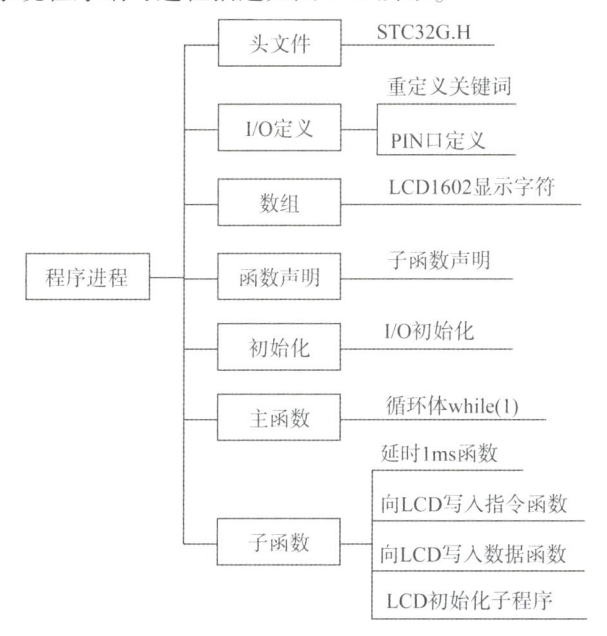

图 7-8 LCD1602 显示系统程序编写进程描述

7.4.3　LCD1602 显示系统程序设计

LCD1602 显示系统程序设计界面如图 7-9 所示。

图 7-9　LCD1602 显示系统程序设计界面

LCD1602 显示系统参考程序见附录 B。

7.5　LCD1602 显示系统检测调试

打开烧录软件，选择 STC32G12K128 芯片和对应的串口，找到对应的 Hex 文件，下载运行，测试现象如图 7-10 所示。

图 7-10　LCD1602 显示系统实物测试图

7.6 LCD1602 显示系统作业

在 LCD1602 显示系统项目设计基础上，设计一个利用二维码显示姓名和学号的装置。

1. 项目组成框图

由 STC32G12K 单片机最小系统及外围电路构成二维码识别系统，通过 LCD12864 液晶屏进行显示，由按键控制操作，电路组成框图如图 7-11 所示。

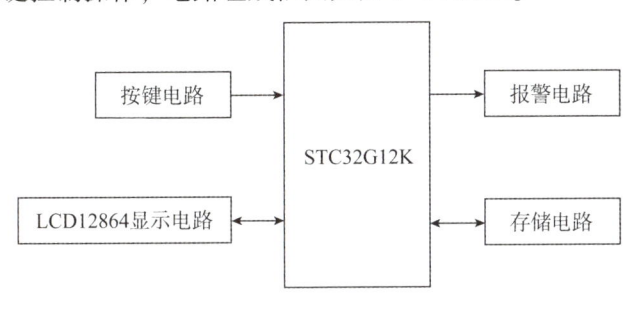

图 7-11　电路组成框图

项目设计包括硬件设计、软件设计、测试调试、总结反思等内容。

2. 项目任务要求

（1）项目功能要求：

①系统上电初始化，进入二维码界面，液晶屏显示界面如图 7-12 所示。

图 7-12　液晶屏显示界面

②按下 K1 按键，扫描二维码，并由液晶屏显示二维码内容，如图 7-13 所示。

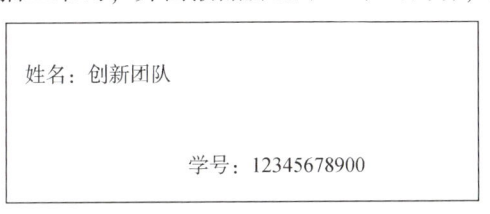

姓名：创新团队

学号：12345678900

图 7-13　液晶屏显示内容

③按下 K2 按键，确定选择，进入二维码显示界面，如图 7-14 所示。

图 7-14 二维码显示界面

（2）项目性能要求：

①LCD12864 液晶屏显示变化中间间隔>0.1 s；

②按键动作响应时间≤0.2 s。

3. 硬件设计要求

①依据项目设计要求，画出电路原理图；

②依据电路原理图，画出 PCB 图及电路 3D 仿真图；

③分析所使用器件的功能作用、器件的测量方法、器件的规格等；

④分析整体电路工作原理；

⑤列出电路所有器件清单。

4. 软件设计要求

①按照项目要求完成程序设计任务分析；

②分析介绍所用到的特殊寄存器，并描述寄存器的工作原理；

③画出主程序流程图，各个分支程序流程图。

5. 调试功能要求

①将编译设计的程序下载到单片机中，进行软硬件调试。

②初始化状态检测：进入二维码界面，LCD12864 液晶屏显示二维码。

③按键功能检测：按下 K1 按键，LCD12864 液晶屏显示初始化二维码内容；按下 K2 按键，选择 LCD12864 显示屏显示的二维码；按下 K3 按键，确定 LCD12864 显示屏显示二维码的内容；按下 K4 按键，返回初始化状态。

④记录测试数据。

⑤分析数据，完善项目功能。

6. 科技报告要求

①报告格式、内容要求，按照《科技报告编写规则》要求执行；

②科技报告由课题组成员撰写完成；

③总结反思，提出改进实施方案。

7. 项目设计演示文稿要求

①分析项目设计背景；

②阐述项目设计理念及目标；

③阐述项目设计内容及方法；

④阐述项目设计实施过程及成果；

⑤总结反思及改进完善方案。

第 8 章 音乐播放系统设计

8.1 音乐播放系统功能要求

由 STC32G12K 单片机最小系统及外围电路构成音乐播放系统，通过软件设计实现按键及蜂鸣器控制播放音乐的功能。

8.1.1 音乐播放系统功能

①用按键 K3 实现停止播放音乐功能；
②用按键 K4 实现开始播放音乐功能。

8.1.2 音乐播放系统设计要求

①上电初始化时，蜂鸣器关闭；
②按下 K4 按键，蜂鸣器打开，开始播放音乐；
③按下 K3 按键，蜂鸣器关闭，停止播放音乐。

8.2 音乐播放系统设计教学目标

通过音乐播放系统设计实现以下知识、能力、素质、思政方面的教学目标，如图 8-1 所示。

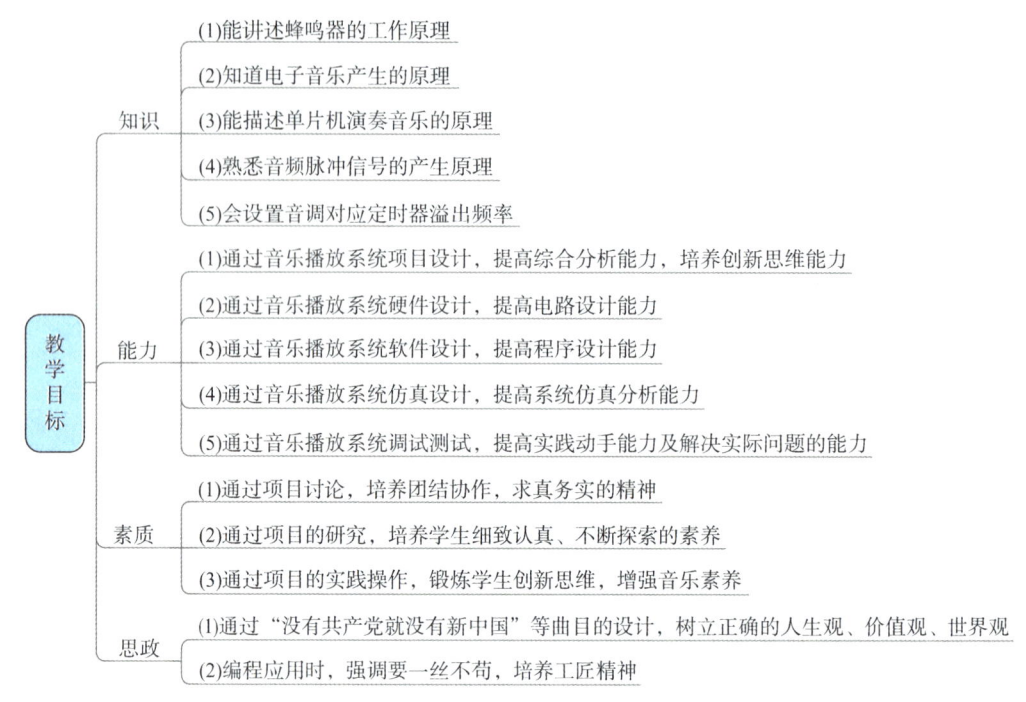

```
                    ┌ (1)能讲述蜂鸣器的工作原理
                    │ (2)知道电子音乐产生的原理
              知识 ─┤ (3)能描述单片机演奏音乐的原理
                    │ (4)熟悉音频脉冲信号的产生原理
                    └ (5)会设置音调对应定时器溢出频率

                    ┌ (1)通过音乐播放系统项目设计，提高综合分析能力，培养创新思维能力
                    │ (2)通过音乐播放系统硬件设计，提高电路设计能力
    教学目标 ─ 能力 ─┤ (3)通过音乐播放系统软件设计，提高程序设计能力
                    │ (4)通过音乐播放系统仿真设计，提高系统仿真分析能力
                    └ (5)通过音乐播放系统调试测试，提高实践动手能力及解决实际问题的能力

                    ┌ (1)通过项目讨论，培养团结协作、求真务实的精神
              素质 ─┤ (2)通过项目的研究，培养学生细致认真、不断探索的素养
                    └ (3)通过项目的实践操作，锻炼学生创新思维，增强音乐素养

              思政 ─┬ (1)通过"没有共产党就没有新中国"等曲目的设计，树立正确的人生观、价值观、世界观
                    └ (2)编程应用时，强调要一丝不苟，培养工匠精神
```

图 8-1 音乐播放系统设计教学目标

8.3 音乐播放系统硬件设计

8.3.1 音乐播放系统电路组成框图

音乐播放系统电路组成框图如图 8-2 所示。

```
   声音播放电路 ──┐         ┌── 按键电路
                  ├─ STC32G12K ─┤
  数码管显示电路 ──┘         └── 存储电路
```

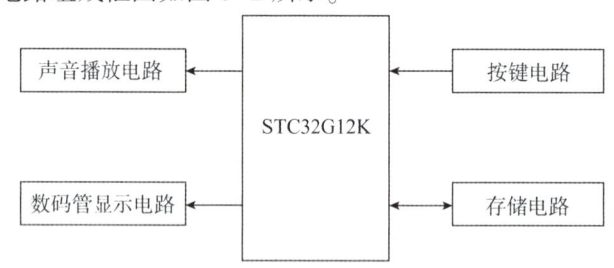

图 8-2 音乐播放系统电路组成框图

8.3.2 音乐播放系统电路原理图

音乐播放系统由 STC32G12K 单片机最小系统、按键电路、下载电路、数码管显示电路、存储电路和声音播放电路组成。

存储器 AT24C02 与单片机的 P1.4、P1.5 引脚相连。

按键电路与单片机的 P3.2、P3.3、P1.3、P5.4 引脚相连。

下载电路与单片机的 P3.0/RXD、P3.1/TXD 引脚相连，用于给单片机烧写测试程序，同时可以用作串口通信。

声音播放电路是将音频信号转化为声音信号的发音器件，与单片机的 P1.7 引脚相连。

第8章 音乐播放系统设计

数码管显示电路，段选接单片机的 P2.0~P2.7 引脚，位选接单片机的 P3.4~P3.7，P4.1、P4.2、P4.4、P4.5 引脚。音乐播放系统器件引脚连接清单如表 8-1 所示。

表 8-1 音乐播放系统器件引脚连接清单

器件名称	器件标号	器件引脚	连接单片机引脚
下载口	P1	TXD	P3.1/TXD
		RXD	P3.0/RXD
按键	K1	2	P1.3
	K2	2	P5.4
	K3	2	P3.3
	K4	2	P3.2
数码管	U3	位选	P4.1
			P4.2
			P4.4
			P4.5
	U4		P3.4
			P3.5
			P3.6
			P3.7
		段选	P2.0~P2.7
存储器	U2	SCL	P1.4
		SDA	P1.5
声音播放电路			P1.7

音乐播放系统基于 STC32G12K 单片机完成整体设计，电路原理图如图 8-3 所示，电路器件清单见附录 A。

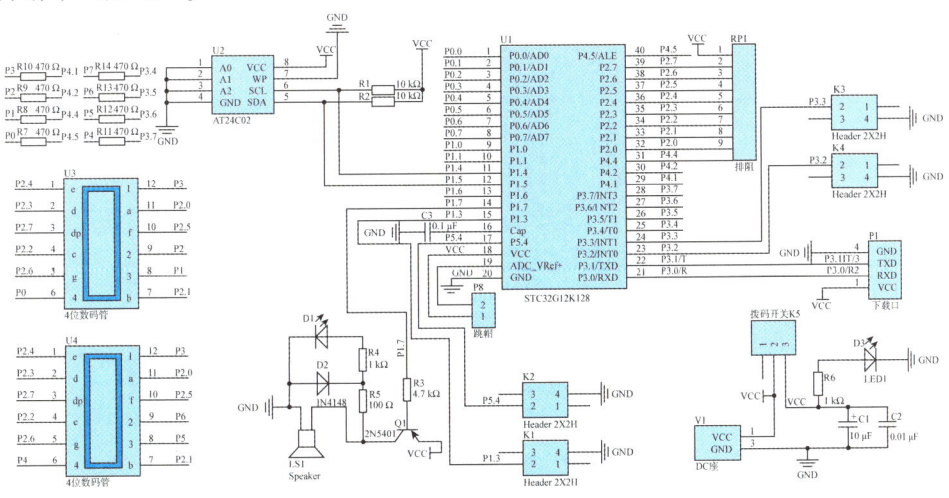

图 8-3 音乐播放系统电路原理图

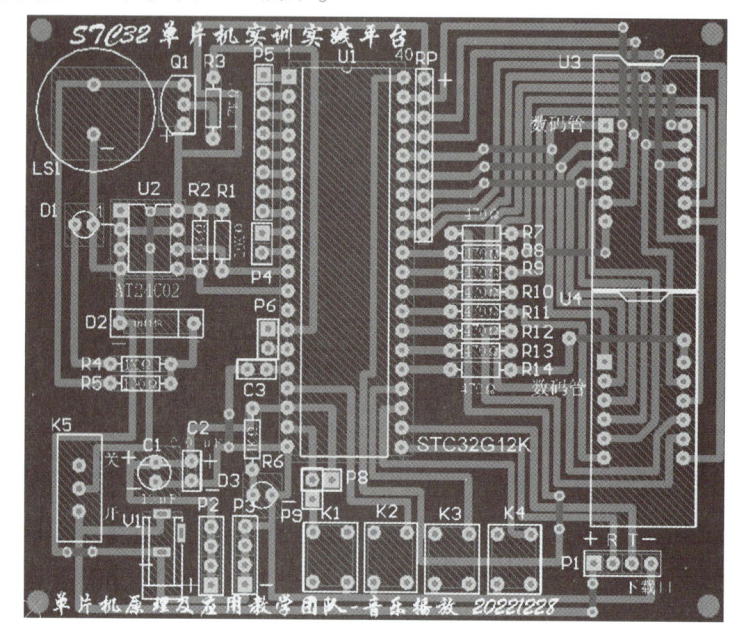

8.3.3 音乐播放系统 PCB 图

音乐播放系统 PCB 图如图 8-4 所示。

图 8-4 音乐播放系统 PCB 图

8.3.4 音乐播放系统电路 3D 仿真图

音乐播放系统电路 3D 仿真图直观展示了各元器件的外观及布局，如图 8-5 所示。

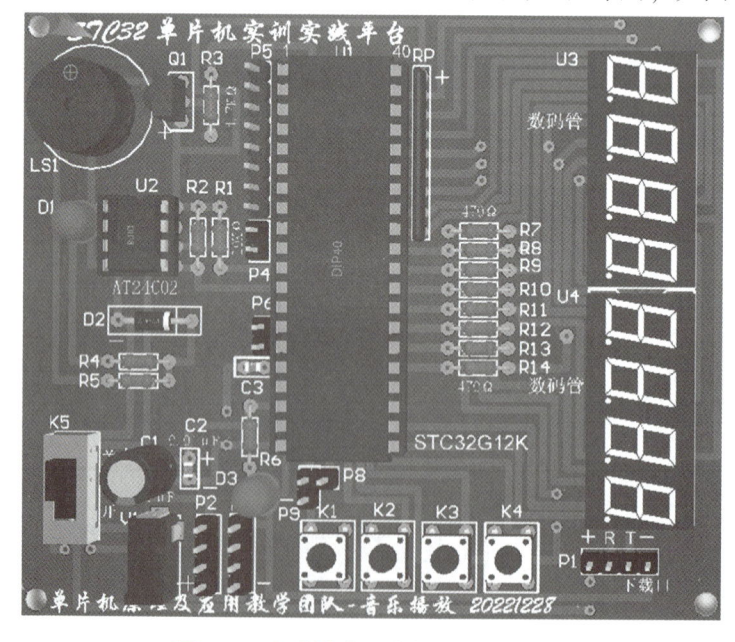

图 8-5 音乐播放系统电路 3D 仿真图

8.4 音乐播放系统软件分析

8.4.1 音乐播放系统程序流程图

音乐播放系统程序流程图如图8-6所示。

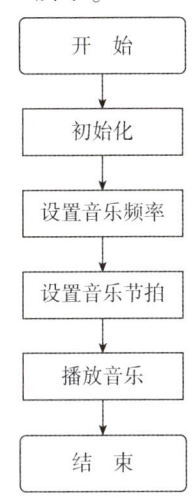

```
开 始
  ↓
初始化
  ↓
设置音乐频率
  ↓
设置音乐节拍
  ↓
播放音乐
  ↓
结 束
```

图8-6 音乐播放系统程序流程图

8.4.2 音乐播放系统程序编写进程描述

音乐播放系统程序编写进程描述如图8-7所示。

程序编写进程
- 头文件 — STC32G.H / intrins.h
- I/O口定义 — 蜂鸣器I/O口定义
- 数组 — 生日快乐歌各音调对应频率数组
- 主函数 — I/O口初始化 / 循环体while(1)音乐播放
- 音乐节拍和频率设置函数
- 延时函数

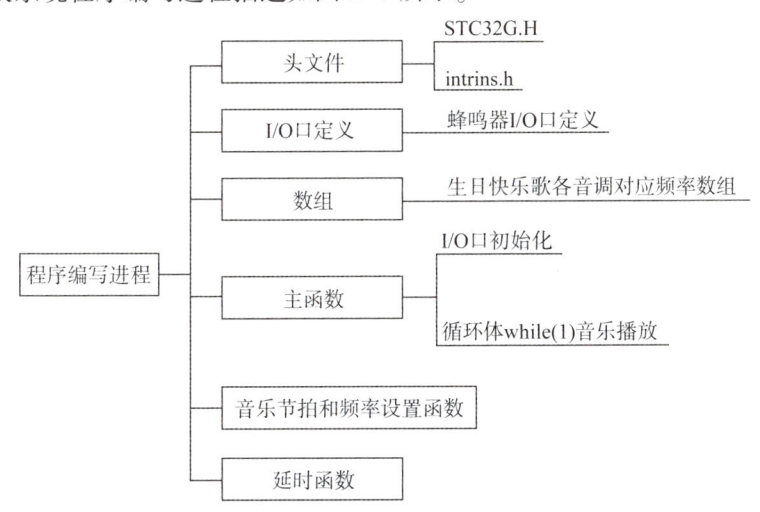

图8-7 音乐播放系统程序编写进程描述

8.4.3 音乐播放系统程序设计

音乐播放系统程序设计界面如图8-8所示。

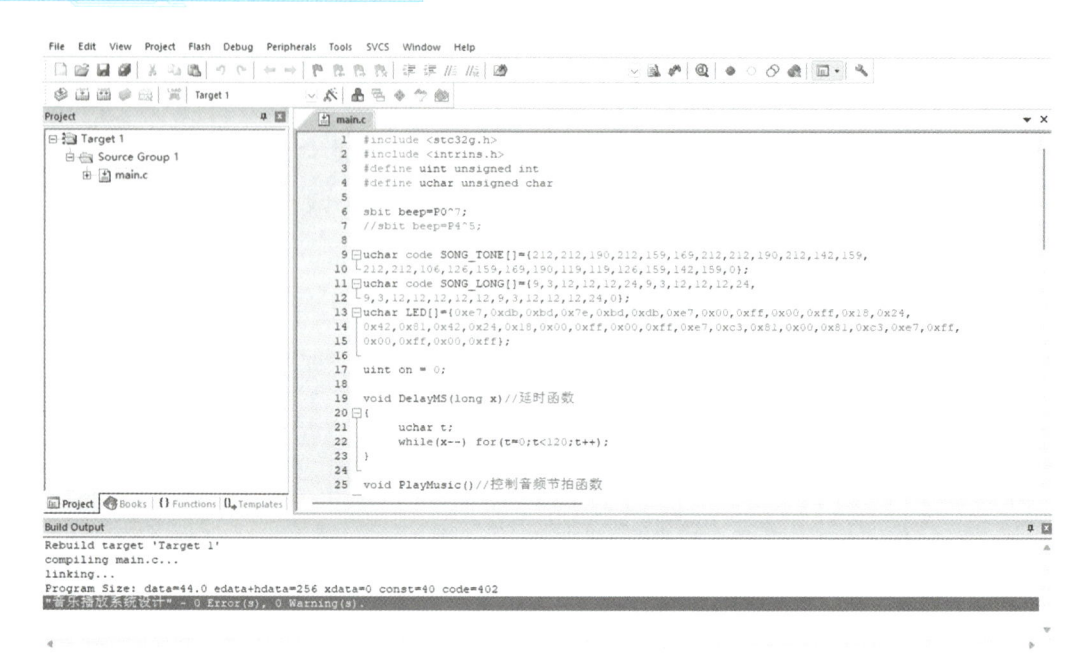

图 8-8 音乐播放系统程序设计界面

音乐播放系统参考程序见附录 B。

8.5 音乐播放系统检测调试

打开烧录软件，选择 STC32G12K128 芯片和对应的串口，找到对应的 Hex 文件，下载运行，测试现象如图 8-9 所示，按下 K4 按键蜂鸣器播放音乐——生日快乐歌；按下 K3 按键停止播放音乐。

图 8-9 音乐播放系统实物测试图

8.6 音乐播放系统作业

(1) 实践项目：

在音乐播放系统项目设计基础上，设计一个音乐播放器。

(2) 项目功能：

①具有存储、参数调节、选择节目等功能；

②设计几个音乐，如《没有共产党就没有新中国》等音乐；

③根据音乐的频率进行调节。

(3) 项目要求：

①进行电路设计，要求用蜂鸣器进行设计；

②进行程序设计，要求对程序加以注释说明；

③进行仿真设计调试，要求实现其功能；

④进行实物设计调试，要求实现其功能；

⑤撰写科技报告、演示文稿。

第 9 章 篮球计分系统设计

9.1 篮球计分系统功能要求

由 STC32G12K 单片机最小系统及外围电路构成篮球计分系统，通过按键控制实现其计分功能。

9.1.1 篮球计分系统功能

①用按键 K1 实现红队分数加 1 功能；
②用按键 K2 实现蓝队分数加 1 功能；
③用按键 K3 实现红队分数清零功能；
④用按键 K4 实现蓝队分数清零功能。

9.1.2 篮球计分系统设计要求

上电初始化时，数码管显示 000 000，如图 9-1 所示。

×	0	0	0	0	0	0	×
显示							

图 9-1　数码管初始化显示界面

按下按键 K1，数码管显示 001 000，如图 9-2 所示。

×	0	0	1	0	0	0	×
显示							

图 9-2　数码管显示界面 1

按下按键 K2，数码管显示 001 001，如图 9-3 所示。

×	0	0	1	0	0	1	×
显示							

图 9-3　数码管显示界面 2

按下按键 K3，数码管显示 000 001，如图 9-4 所示。

×	0	0	0	0	0	1	×
显示							

图 9-4　数码管显示界面 3

按下按键 K4，数码管显示 000 000，如图 9-5 所示。

×	0	0	0	0	0	0	×
显示							

图 9-5　数码管显示界面 4

9.2　篮球计分系统设计教学目标

通过篮球计分系统设计实现以下知识、能力、素质、思政方面的教学目标，如图 9-6 所示。

教学目标
- 知识
  - (1)能讲述篮球计分系统规则
  - (2)能阐述篮球计分系统的工作原理
  - (3)理解数码管的显示原理
  - (4)独立完成篮球计分系统硬件设计
  - (5)独立完成篮球计分系统软件设计
- 能力
  - (1)通过篮球计分系统项目设计，提高综合分析能力，培养创新思维能力
  - (2)通过篮球计分系统硬件设计，提高系统硬件设计能力
  - (3)通过篮球计分系统软件设计，提高系统软件设计能力
  - (4)通过篮球计分系统仿真设计，增强利用虚拟仿真解决实际问题的意识
  - (5)通过篮球计分系统调试测试，提高动手实践能力、分析解决问题的能力
- 素质
  - (1)通过项目分析讨论，提高科学思维与分析能力
  - (2)通过项目的成功实施，培养耐心细致、一丝不苟的职业素养
  - (3)通过项目的实践操作，增强科技创新意识
- 思政
  - (1)学习中断思维，合理设置任务优先级，规划好人生，学好本领，实现人生价值
  - (2)通过项目调研实践，激发学生的运动兴趣，提高身体素质，更好地报效国家

图 9-6　篮球计分系统设计教学目标

9.3　篮球计分系统硬件设计

9.3.1　篮球计分系统电路组成框图

篮球计分系统电路组成框图如图 9-7 所示。

```
┌─────────┐         ┌──────────────┐
│ 按键电路 │ ──────► │ 数码管显示电路│
└─────────┘         └──────────────┘
         ┌──────────┐
         │STC32G12K │
         └──────────┘
┌─────────┐         ┌──────────┐
│ 报警电路 │ ◄─────► │ 存储电路 │
└─────────┘         └──────────┘
```

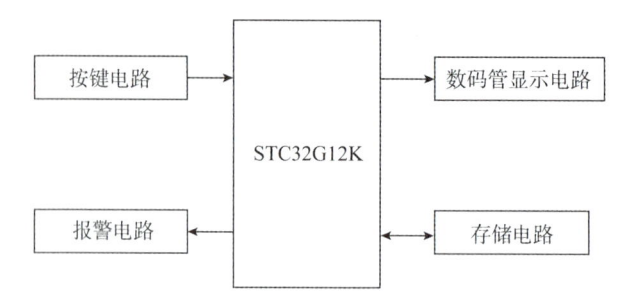

图 9-7　篮球计分系统电路组成框图

9.3.2　篮球计分系统电路原理图

篮球计分系统由 STC32G12K 单片机最小系统、按键电路、数码管显示电路、下载电路、存储电路和报警电路组成。

存储器 AT24C02 与单片机的 P1.4、P1.5 引脚相连。

按键电路与单片机的 P3.2、P3.3、P1.3、P5.4 引脚相连。

下载电路与单片机的 P3.0/RXD、P3.1/TXD 引脚相连，用于给单片机烧写测试程序，同时可以用作串口通信。

报警电路是将音频信号转化为声音信号的发音器件，与单片机的 P1.7 引脚连接。

数码管显示电路，段选接单片机的 P2.0～P2.7 引脚，位选接单片机的 P3.4～P3.7、P4.1、P4.2、P4.4、P4.5 引脚。篮球计分系统器件引脚连接清单如表 9-1 所示。

表 9-1　篮球计分系统器件引脚连接清单

器件名称	器件标号	器件引脚	连接单片机引脚
下载口	P1	TXD	P3.1/TXD
		RXD	P3.0/RXD
按键	K1	2	P1.3
	K2	2	P5.4
	K3	2	P3.3
	K4	2	P3.2
数码管	U3	位选	P4.1
			P4.2
			P4.4
			P4.5
			P3.4
	U4		P3.5
			P3.6
			P3.7
		段选	P2.0～P2.7

续表

器件名称	器件标号	器件引脚	连接单片机引脚
存储器	U2	SCL	P1.4
		SDA	P1.5
报警电路			P1.7

篮球计分系统基于STC32G12K单片机完成整体设计,电路原理图如图9-8所示,电路器件清单见附录A。

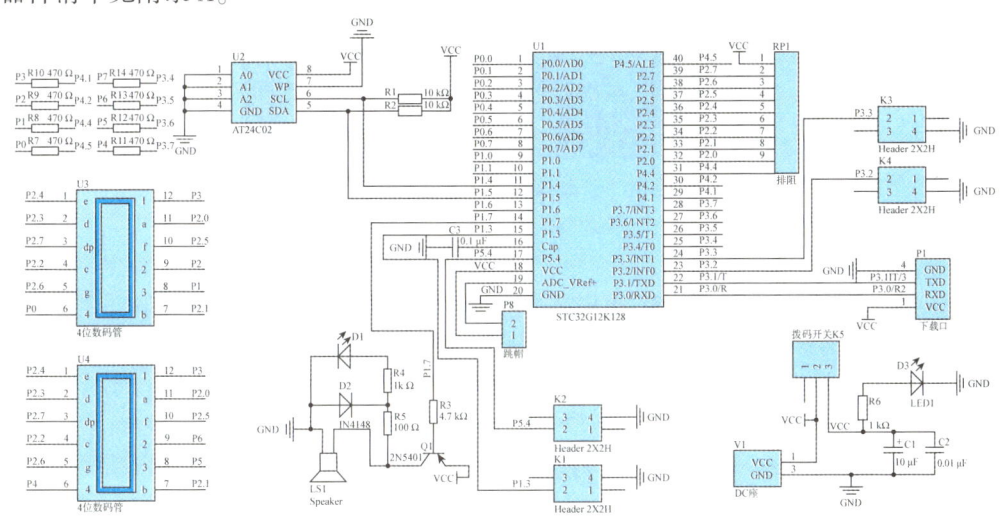

图9-8 篮球计分系统电路原理图

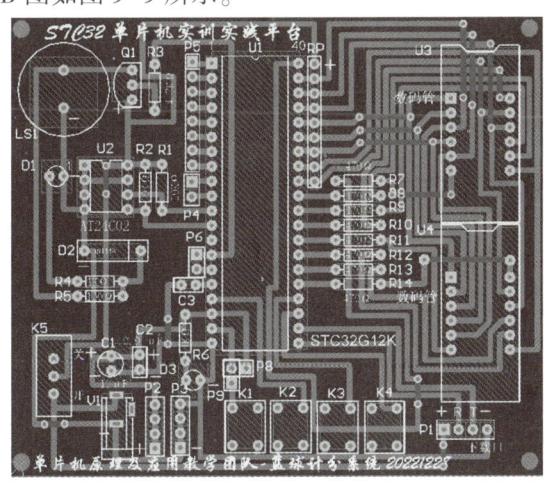

9.3.3 篮球计分系统 PCB 图

篮球计分系统 PCB 图如图 9-9 所示。

图9-9 篮球计分系统 PCB 图

9.3.4 篮球计分系统电路 3D 仿真图

篮球计分系统电路 3D 仿真图直观展示了各元器件的外观及布局,如图 9-10 所示。

153

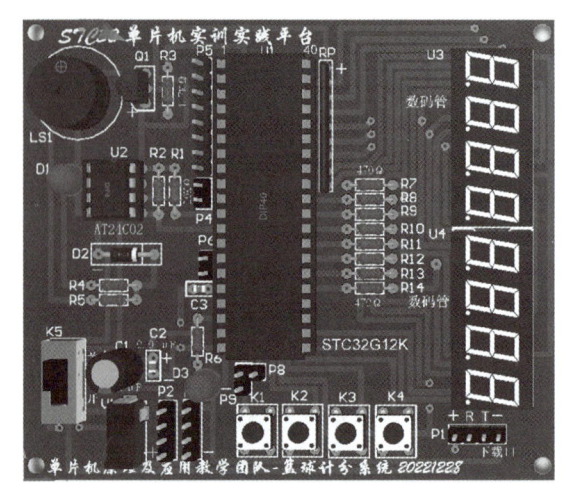

图 9-10　篮球计分系统电路 3D 仿真图

9.4　篮球计分系统软件分析

9.4.1　篮球计分系统程序流程图

篮球计分系统程序流程图如图 9-11 所示。

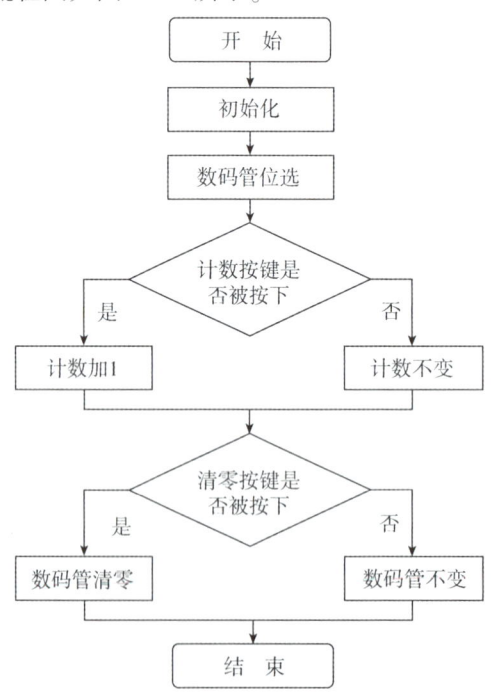

图 9-11　篮球计分系统程序流程图

9.4.2　篮球计分系统程序编写进程描述

篮球计分系统程序编写进程描述如图 9-12 所示。

第 9 章 篮球计分系统设计

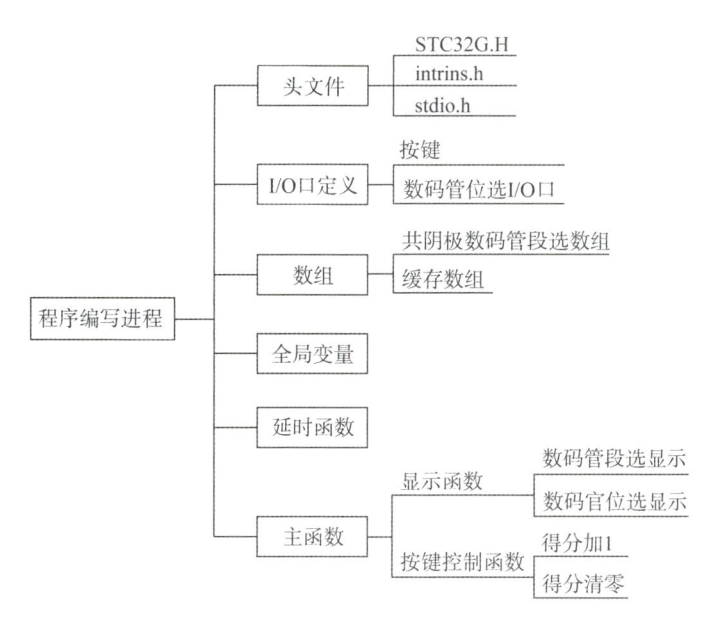

图 9-12 篮球计分系统程序编写进程描述

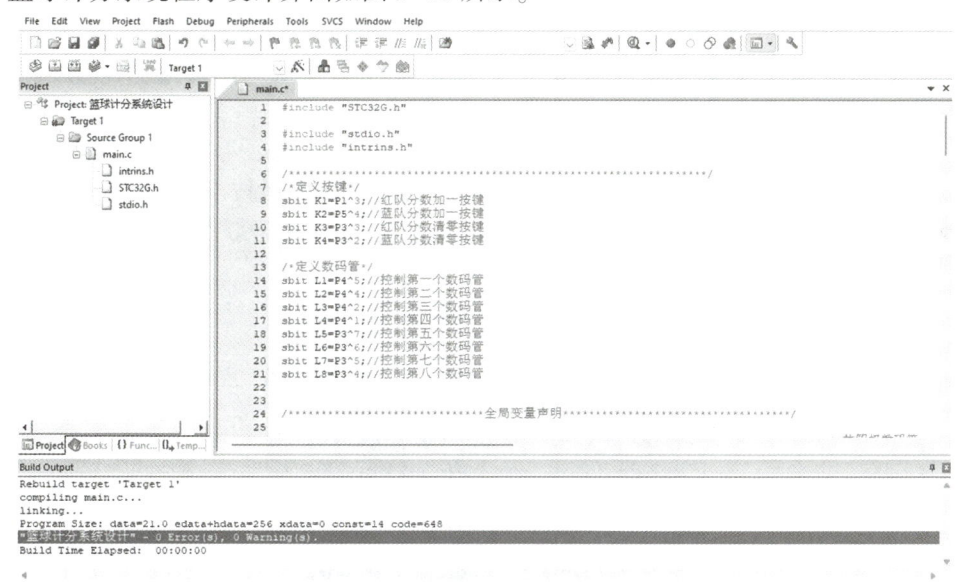

9.4.3 篮球计分系统程序设计

篮球计分系统程序设计界面如图 9-13 所示。

图 9-13 篮球计分系统程序设计界面

篮球计分系统参考程序见附录 B。

9.4.4 篮球计分系统电路仿真

仿真系统中单片机采用 STC15 系列芯片，双击单片机，选择编辑好的 Hex 文件，单击"确定"按钮，运行仿真并检查现象是否正确。篮球计分系统仿真电路图如图 9-14 所示。

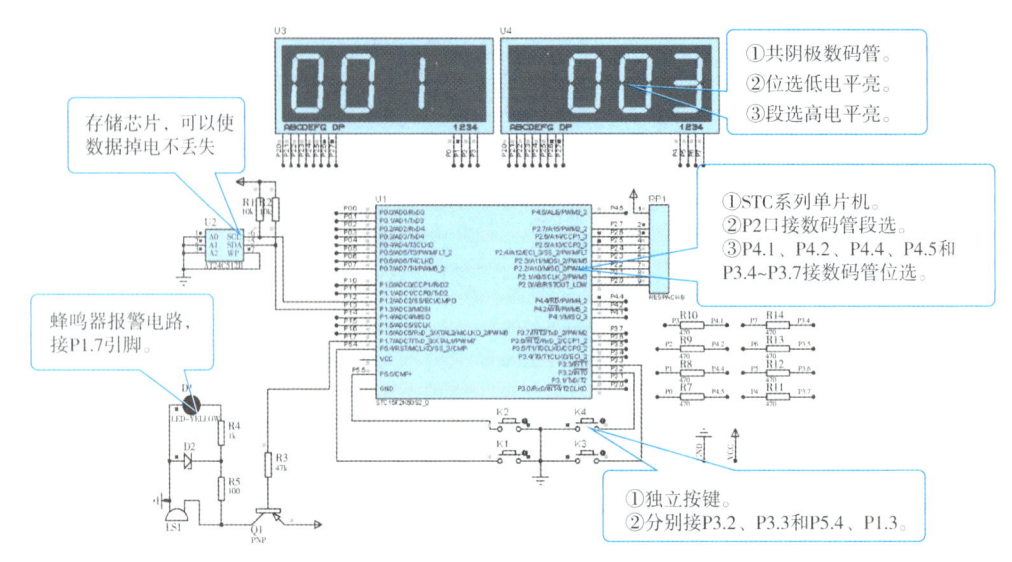

图 9-14　篮球计分系统仿真电路图

9.5　篮球计分系统检测调试

打开烧录软件，选择 STC32G12K128 芯片和对应的串口，找到对应的 Hex 文件，下载运行。有两个计分器，分别有按键控制对应的计数和清零：按下 K1 按键，每按下一次，红队加 1 分；按下 K2 按键，每按下一次，蓝队加 1 分；按下 K3 按键，红队计分清零；按下 K4 按键，蓝队计分清零。

上电数码管显示 000000；K1 按键被按下 3 次，红队加 3 分，数码管显示 003000；K2 按键被按下 3 次，蓝队加 3 分，数码管显示 003003；K3 按键被按下，红队计分清零，数码管显示 000003；K4 按键被按下，蓝队计分清零，数码管显示 000000。篮球计分系统实物测试图如图 9-15 所示。

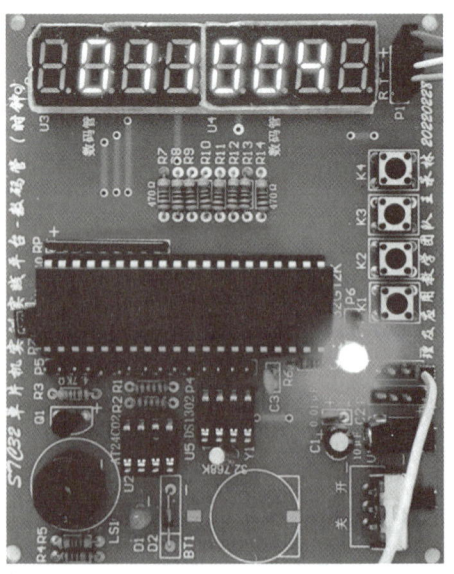

图 9-15　篮球计分系统实物测试图

9.6 篮球计分系统作业

(1) 实践项目：

在篮球计分系统项目设计基础上，设计一个检测人流量的记录仪。

(2) 项目功能：

①具有存储、参数调整等功能；

②按下按键 K1，开始检测当前脉冲个数；

③按下按键 K2，停止检测；

④按下按键 K3，检测脉冲个数清零。

(3) 项目要求：

①进行电路设计，要求用数码管显示；

②进行程序设计，要求对程序进行注释说明；

③进行仿真设计调试，要求实现其功能；

④进行实物设计调试，要求实现其功能；

⑤撰写科技报告、演示文稿。

第 10 章　温湿度检测系统设计

10.1　温湿度检测系统功能要求

由 STC32G12K 单片机最小系统及外围电路构成温湿度检测系统,通过软件设计实现环境温度、湿度检测功能。

10.1.1　温湿度检测系统功能

①用 LCD1602 液晶屏完成第一行温度显示功能;
②用 LCD1602 液晶屏完成第二行湿度显示功能;
③用 LCD1602 液晶屏实时显示当前温湿度。

10.1.2　温湿度检测系统设计要求

(1)界面显示要求:
上电初始化时,LCD1602 液晶屏显示界面如图 10-1 所示。

```
Temp:21.3C
Hum:55RH
```

图 10-1　LCD1602 液晶屏初始化显示界面

(2)功能显示要求:
①用 LCD1602 液晶屏完成第一行温度显示功能;
②用 LCD1602 液晶屏完成第二行湿度显示功能。

10.2　温湿度检测系统设计教学目标

通过温湿度检测系统设计实现以下知识、能力、素质、思政方面的教学目标,如图 10-2 所示。

教学目标

知识
- (1)能概述温湿度检测传感器工作原理
- (2)能描述模数转换、信号采集及处理方式
- (3)熟悉LCD1602工作原理及显示方式
- (4)能进行传感器与单片机的接口设计
- (5)能够完成温湿度检测和显示的程序设计

能力
- (1)通过温湿度检测系统项目设计,提高综合分析能力,培养创新思维能力
- (2)通过温湿度检测系统硬件设计,提高单片机外围电路设计能力
- (3)通过温湿度检测系统软件设计,提高单片机外围电路程序设计能力
- (4)通过温湿度检测系统仿真设计,提高仿真分析实际问题的能力
- (5)通过温湿度检测系统调试测试,具备独立完成简单项目设计的能力

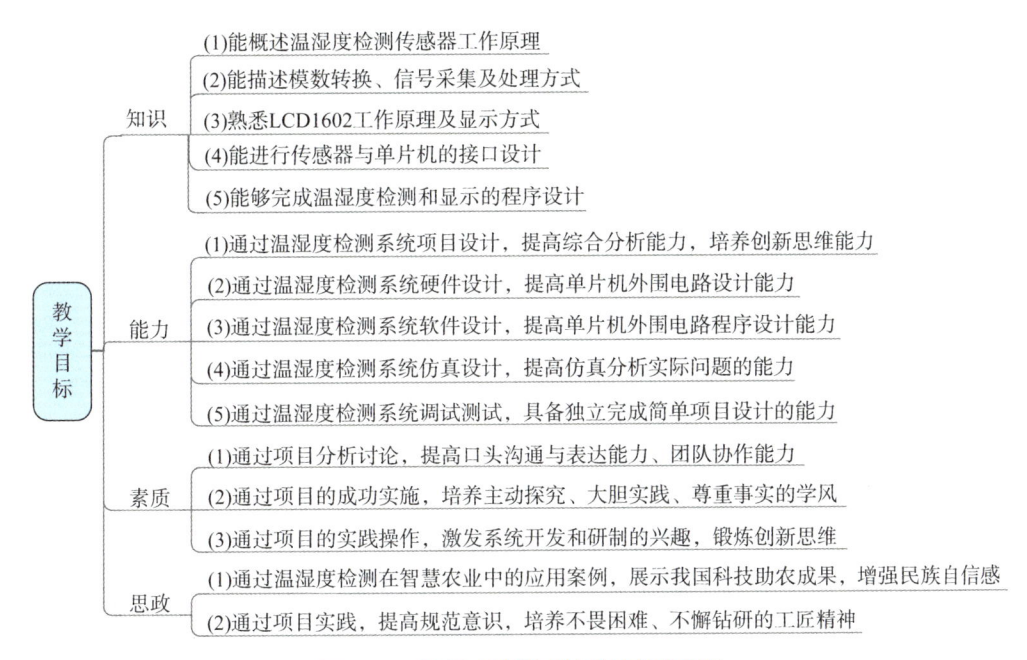

素质
- (1)通过项目分析讨论,提高口头沟通与表达能力、团队协作能力
- (2)通过项目的成功实施,培养主动探究、大胆实践、尊重事实的学风
- (3)通过项目的实践操作,激发系统开发和研制的兴趣,锻炼创新思维

思政
- (1)通过温湿度检测在智慧农业中的应用案例,展示我国科技助农成果,增强民族自信感
- (2)通过项目实践,提高规范意识,培养不畏困难、不懈钻研的工匠精神

图 10-2 温湿度检测系统设计教学目标

10.3 温湿度检测系统硬件设计

10.3.1 温湿度检测系统电路组成框图

温湿度检测系统电路组成框图如图 10-3 所示。

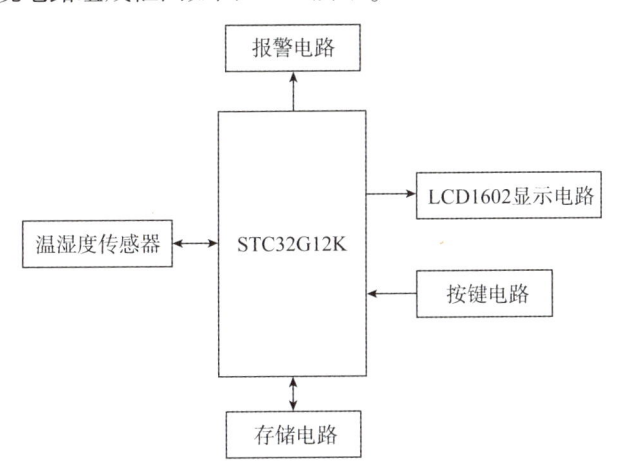

图 10-3 温湿度检测系统电路组成框图

10.3.2 温湿度检测系统电路原理图

温湿度检测系统由 STC32G12K 单片机最小系统、温湿度传感器、按键电路、LCD1602 显示电路、下载电路、存储电路和报警电路组成。

存储器 AT24C02 与单片机的 P1.4、P1.5 引脚相连。

按键电路与单片机的 P3.2、P3.3、P1.3、P5.4 引脚相连。

下载电路与单片机的 P3.0/RXD、P3.1/TXD 引脚相连,用于给单片机烧写测试程序,同时可以用作串口通信。

报警电路是将音频信号转化为声音信号的发音器件,与单片机的 P4.5 引脚连接。

LCD1602 显示电路数据端口接单片机的 P0 口,EN、R/W、RS 接单片机 P4.1、P4.2、P4.4 引脚。

温湿度传感器 DHT11 数据端与单片机的 P3.5 引脚相连,其电路连接如图 10-4 所示。温湿度检测系统器件引脚连接清单如表 10-1 所示。

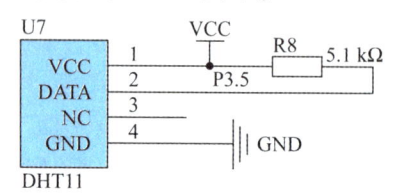

图 10-4 温湿度传感器电路连接

表 10-1 温湿度检测系统器件引脚连接清单

器件名称	器件标号	器件引脚	连接单片机引脚
下载口	P1	TXD	P3.1/TXD
		RXD	P3.0/RXD
存储器	U2	SCL	P1.4
		SDA	P1.5
LCD1602	U3	RS	P4.4
		R/W	P4.2
		EN	P4.1
		数据端口	P0 口
按键	K1	2	P1.3
	K2	2	P5.4
	K3	2	P3.3
	K4	2	P3.2
DHT11 模块	U7	DHT11	P3.5
报警电路			P4.5

温湿度检测系统电路基于 STC32G12K 单片机完成温湿度检测系统设计,电路原理图如图 10-5 所示,电路器件清单见附录 A。

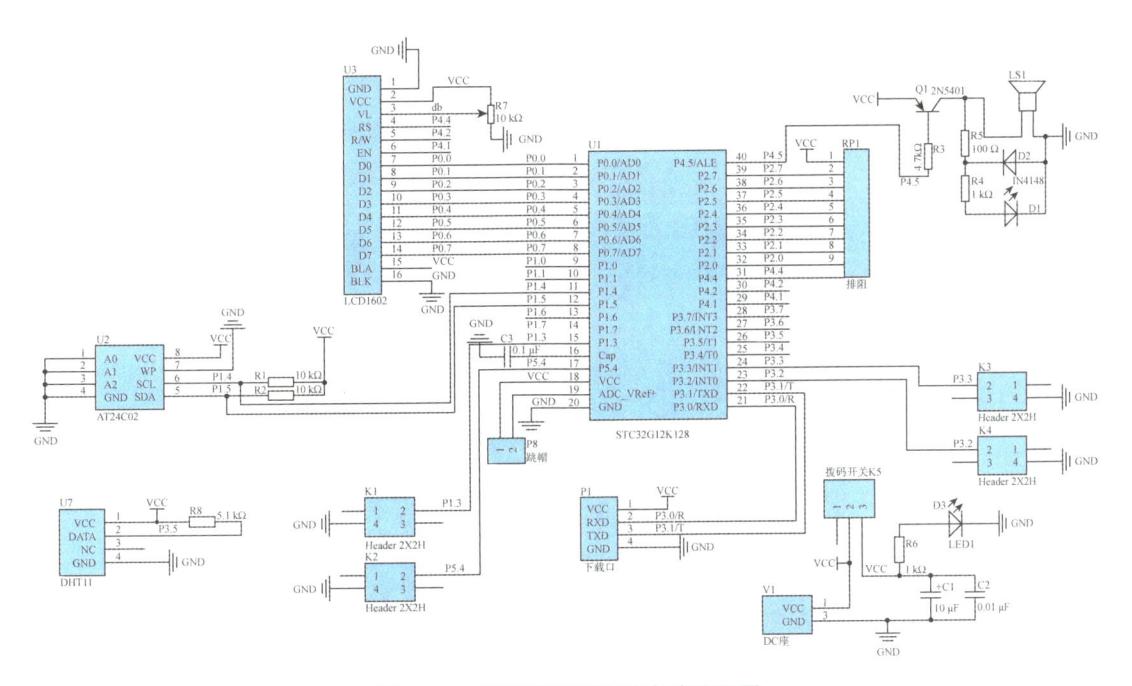

图 10-5　温湿度检测系统电路原理图

10.3.3　温湿度检测系统 PCB 图

温湿度检测系统 PCB 图如图 10-6 所示。

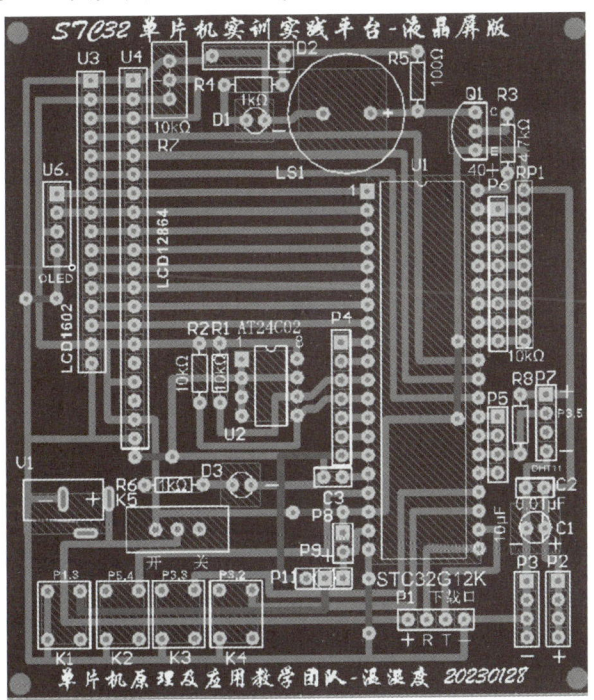

图 10-6　温湿度检测系统 PCB 图

10.3.4 温湿度检测系统电路 3D 仿真图

温湿度检测系统电路 3D 仿真图直观展示了各元器件的外观及布局，如图 10-7 所示。

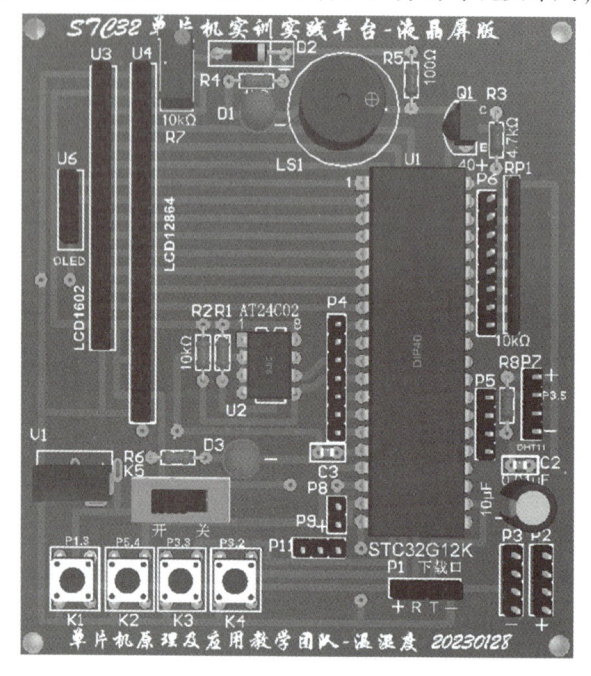

图 10-7 温湿度检测系统电路 3D 仿真图

10.4 温湿度检测系统软件分析

10.4.1 温湿度检测系统程序流程图

温湿度检测系统程序流程图如图 10-8 所示。

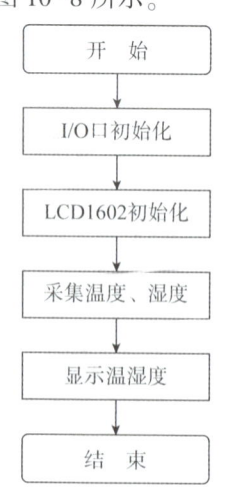

图 10-8 温湿度检测系统程序流程图

10.4.2　温湿度检测系统程序编写进程描述

温湿度检测系统程序编写进程描述如图 10-9 所示。

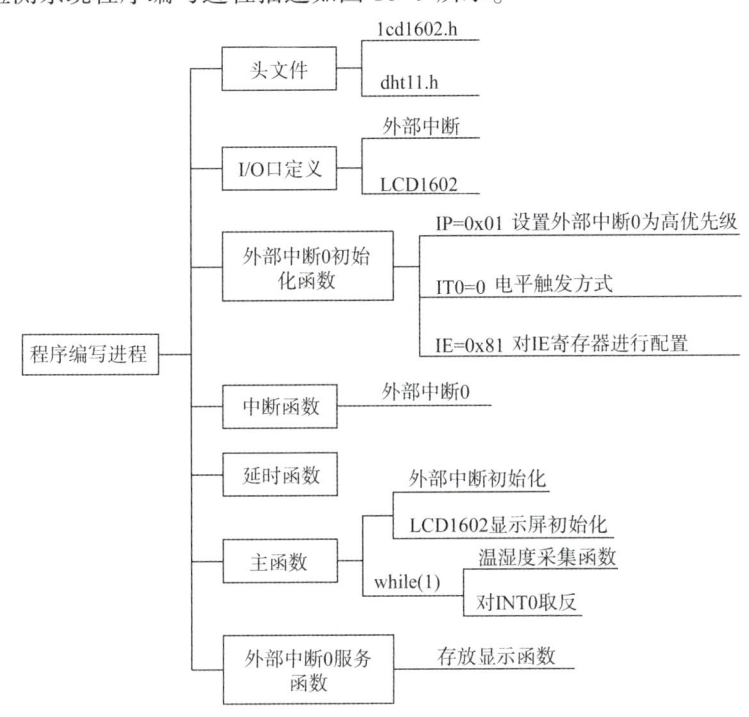

```
程序编写进程 ─┬─ 头文件 ─┬─ lcd1602.h
              │           └─ dht11.h
              ├─ I/O口定义 ─┬─ 外部中断
              │             └─ LCD1602
              ├─ 外部中断0初始化函数 ─┬─ IP=0x01 设置外部中断0为高优先级
              │                      ├─ IT0=0 电平触发方式
              │                      └─ IE=0x81 对IE寄存器进行配置
              ├─ 中断函数 ── 外部中断0
              ├─ 延时函数
              ├─ 主函数 ─┬─ 外部中断初始化
              │          ├─ LCD1602显示屏初始化
              │          └─ while(1) ─┬─ 温湿度采集函数
              │                        └─ 对INT0取反
              └─ 外部中断0服务函数 ── 存放显示函数
```

图 10-9　温湿度检测系统程序编写进程描述

10.4.3　温湿度检测系统程序设计

温湿度检测系统程序设计界面如图 10-10 所示。

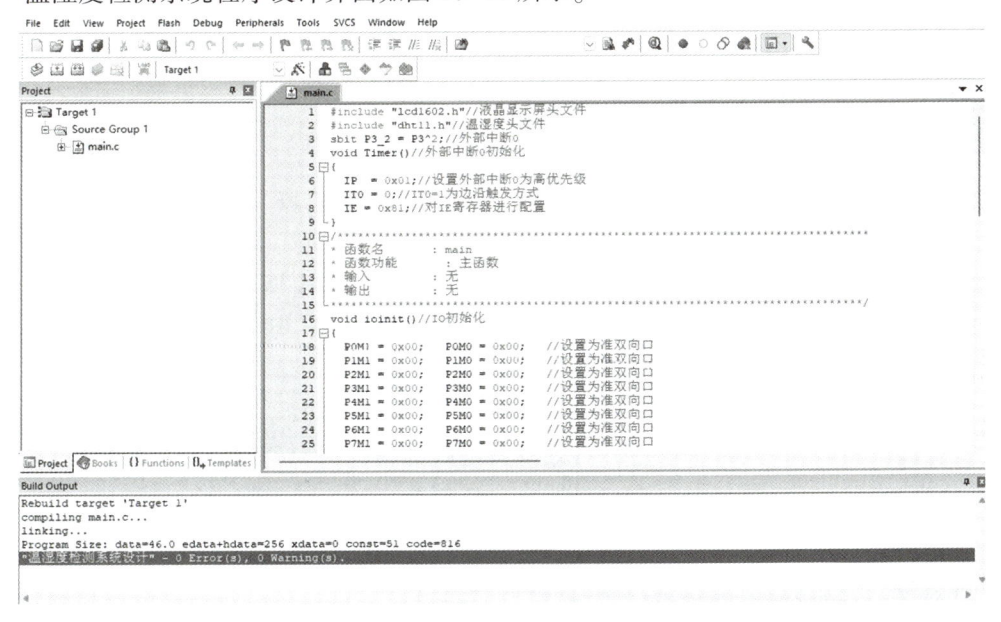

图 10-10　温湿度检测系统程序设计界面

温湿度检测系统参考程序见附录 B。

10.5　温湿度检测系统检测调试

打开烧录软件，选择 STC32G12K128 芯片和对应串口，找到对应的 Hex 文件，下载运行，LCD1602 显示当前测量的温湿度，随着环境改变，数值同步变化，测试现象如图 10-11 所示。

图 10-11　温湿度检测系统实物测试图

10.6　温湿度检测系统作业

在温湿度检测系统项目设计基础上设计一个温度检测报警器。

1. 项目组成框图

温度报警系统通过 DS18B20 温度检测系统检测温度，通过 LCD1602 液晶屏显示温度，由按键控制温度的测量和储存，超限报警，电路组成框图如图 10-12 所示。

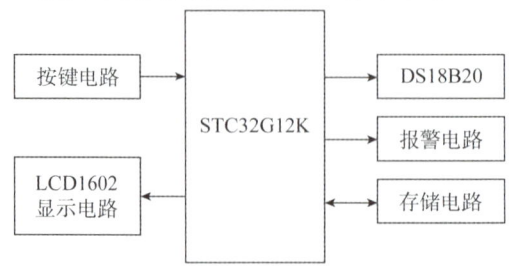

图 10-12　电路组成框图

项目设计包括硬件设计、软件设计、测试调试、总结反思等内容。

2. 项目任务要求

(1)项目功能要求:

①系统上电初始化,LCD1602液晶屏显示界面如图10-13所示。

```
T:00°
T:00°
```

图10-13　初始化显示界面

②按下K1按键,测量温度,LCD1602液晶屏第一行显示实时温度数据,如图10-14所示。

```
T:23°
T:00°
```

图10-14　温度显示界面

③按下K2按键,存储温度数据并在LCD1602液晶屏第二行显示,如图10-15所示。

```
T:15°
T:23°
```

图10-15　存储温度显示界面

④具有存储调节功能,超出温度设置阈值时报警。

(2)项目性能要求:

①LCD1602液晶屏显示变化中间间隔>0.1 s;
②按键动作响应时间≤0.2 s。

3. 硬件设计要求

①依据项目设计要求,画出电路原理图;
②依据电路原理图,画出PCB图与电路3D仿真图;
③分析所使用器件的功能作用、器件的测量方法、器件的规格等;
④分析整体电路工作原理;
⑤列出电路所有器件清单。

4. 软件设计要求

①按照项目要求完成程序设计任务分析;
②分析介绍所用到的特殊寄存器,并描述寄存器的工作原理;
③画出主程序流程图、各个分支程序流程图。

5. 调试功能要求

①将编译设计的程序下载到单片机中,进行软硬件调试。
②初始化状态检测:关闭蜂鸣器、继电器和LED灯。
③按键功能检测:按下K1按键测量温度,LCD1602液晶屏第一行显示实时温度;按下K2按键存储温度数据,LCD1602液晶屏第一行实时显示温度数据并且第二行显示储存的温度数据。
④记录测试数据。

⑤分析数据，完善项目功能。

6. 科技报告要求

①报告格式、内容按照《科技报告编写规则》要求执行；
②科技报告由课题组成员撰写完成；
③总结反思，提出改进实施方案。

7. 项目设计演示文稿要求

①分析项目设计背景；
②阐述项目设计理念及目标；
③阐述项目设计内容及方法；
④阐述项目设计实施过程及成果；
⑤总结反思及改进完善方案。

第 11 章 流水线打包控制系统设计

11.1 流水线打包控制系统功能要求

由 STC32G12K 单片机最小系统及外围电路构成流水线打包控制系统，通过软件设计实现流水线打包系统对件数计数、瓶数计数、瓶数清零和件数清零等功能。

11.1.1 流水线打包控制系统功能

①用按键 K1 实现件数清零功能；
②用按键 K2 实现瓶数清零功能；
③用按键 K3 实现件数加 1 功能；
④用按键 K4 实现瓶数加 1 功能。

11.1.2 流水线打包控制系统设计要求

(1) 界面显示要求：
上电初始化时，数码管显示界面如图 11-1 所示。

0	0	0	0	0	-	0	0
熄灭		件数			分隔符	瓶数	

图 11-1 数码管初始化显示界面

数码管分别显示件数和瓶数，上电开始计算瓶数（瓶数每一秒计数一次），瓶数满 12，件数加 1。

流水线开始打包，数码管显示数据，如图 11-2 所示。

8.	8.	0	0	5	-	0	5
熄灭		件数			分隔符	瓶数	

图 11-2 流水线打包显示界面

(2) 软硬件设计要求：
①绘制电路原理图及 PCB 图；
②按项目要求进行设计调试，完成其功能。

11.2 流水线打包控制系统设计教学目标

通过流水线打包控制系统设计实现以下知识、能力、素质、思政方面的教学目标，如图 11-3 所示。

教学目标：
- 知识
  - (1)能阐述继电器控制的相关知识
  - (2)会描述流水线的控制原理
  - (3)能解释流水线的工作过程
  - (4)能完成流水线硬件设计
  - (5)会编写流水线中断控制程序
- 能力
  - (1)通过流水线打包控制系统项目设计，提高利用理论知识解决实际问题的能力
  - (2)通过流水线打包控制系统硬件设计，提高电路设计制作、测试能力
  - (3)通过流水线打包控制系统软件设计，提高程序编写、编译能力
  - (4)通过流水线打包控制系统仿真设计，提高软硬件仿真调试技能
  - (5)通过流水线打包控制系统实践调试，锻炼单片机应用系统开发、设计的基本技能
- 素质
  - (1)通过项目的实际调试，增强思辨能力和创新意识
  - (2)通过项目的实际操作，培养学生养成细心耐心性格和逻辑思维
  - (3)通过项目的成功实施，引导学生学会归纳反思，积累实践经验
- 思政
  - (1)通过流水线工作特点分析，强调团队中每个成员的重要作用，只有团结协作才能成功
  - (2)通过项目实地调研实践，培养学生的科技自信心及专业认同感

图 11-3 流水线打包控制系统设计教学目标

11.3 流水线打包控制系统硬件设计

11.3.1 流水线打包控制系统电路组成框图

流水线打包控制系统电路组成框图如图 11-4 所示。

按键电路 → STC32G12K ← 数码管显示电路
报警电路 → STC32G12K ← 继电器控制电路
                      ← 存储电路

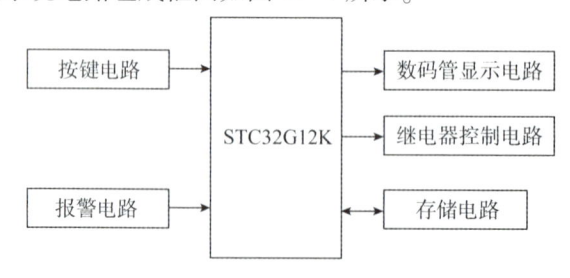

图 11-4 流水线打包控制系统电路组成框图

11.3.2 流水线打包控制系统电路原理图

流水线打包控制系统由 STC32G12K 单片机最小系统、继电器控制电路、按键电路、数码管显示电路、下载电路、存储电路和报警电路组成。

第 11 章 流水线打包控制系统设计

存储器 AT24C02 与单片机的 P1.4、P1.5 引脚相连。

按键电路与单片机的 P3.2、P3.3、P1.3、P5.4 引脚相连。

下载电路与单片机的 P3.0/RXD、P3.1/TXD 引脚相连，用于给单片机烧写测试程序，同时可以用作串口通信。

报警电路是将音频信号转化为声音信号的发音器件，与单片机的 P1.7 引脚相连。

数码管显示电路，段选接单片机的 P2.0~P2.7 引脚，位选接单片机的 P3.4~P3.7、P4.1、P4.2、P4.4、P4.5 引脚。

继电器是一种电控制器件，是当输入量（激励量）的变化达到规定要求时，在电气输出电路中使被控量发生预定的阶跃变化的一种电器。继电器控制电路接单片机的 P1.6 引脚。继电器控制电路如图 11-5 所示，流水线打包控制系统器件引脚连接清单如表 11-1 所示。

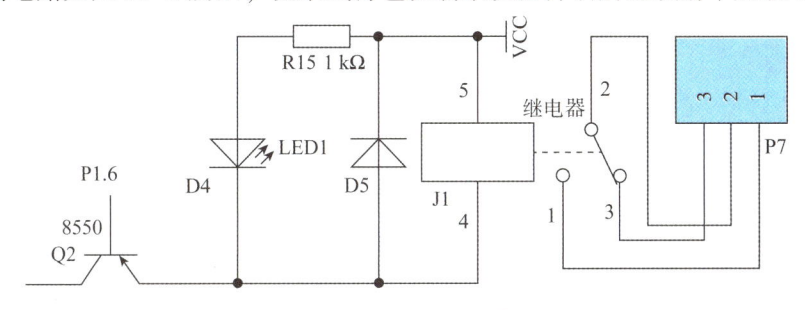

图 11-5 继电器控制电路

表 11-1 流水线打包控制系统器件引脚连接清单

器件名称	器件标号	器件引脚	连接单片机引脚
下载口	P1	TXD	P3.1/TXD
		RXD	P3.0/RXD
按键	K1	2	P1.3
	K2	2	P5.4
	K3	2	P3.3
	K4	2	P3.2
数码管	U3	位选	P4.1
			P4.2
			P4.4
			P4.5
	U4		P3.4
			P3.5
			P3.6
			P3.7
		段选	P2.0~P2.7
存储器	U2	SCL	P1.4
		SDA	P1.5

169

续表

器件名称	器件标号	器件引脚	连接单片机引脚
报警电路			P1.7
继电器	J1		P1.6

流水线打包控制系统基于 STC32G12K 单片机完成整体设计，电路原理图如图 11-6 所示，电路器件清单见附录 A。

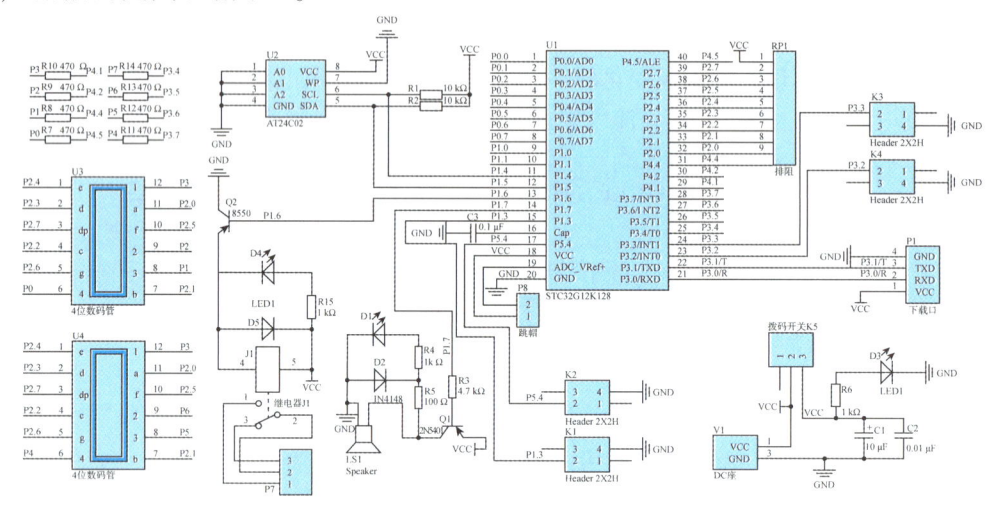

图 11-6　流水线打包控制系统电路原理图

11.3.3　流水线打包控制系统 PCB 图

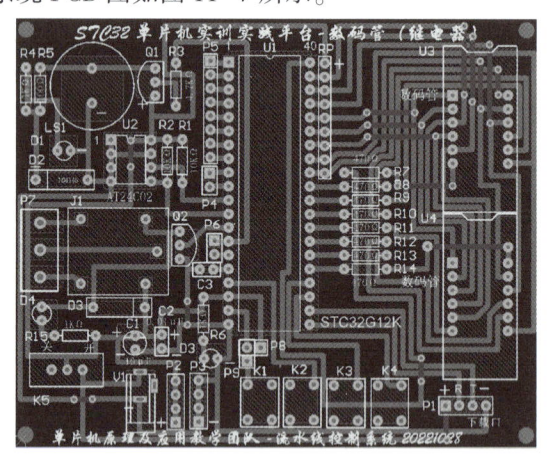

流水线打包控制系统 PCB 图如图 11-7 所示。

图 11-7　流水线打包控制系统 PCB 图

11.3.4　流水线打包控制系统电路 3D 仿真图

流水线打包控制系统电路 3D 仿真图直观展示了各元器件的外观及布局，如图 11-8 所示。

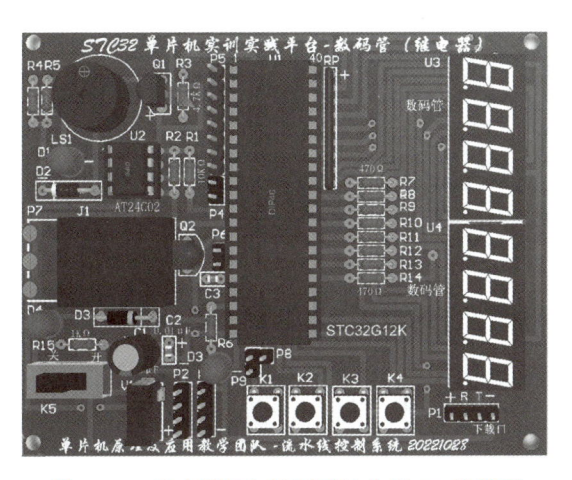

图 11-8　流水线打包控制系统电路 3D 仿真图

11.4　流水线打包控制系统软件分析

11.4.1　流水线打包控制系统程序流程图

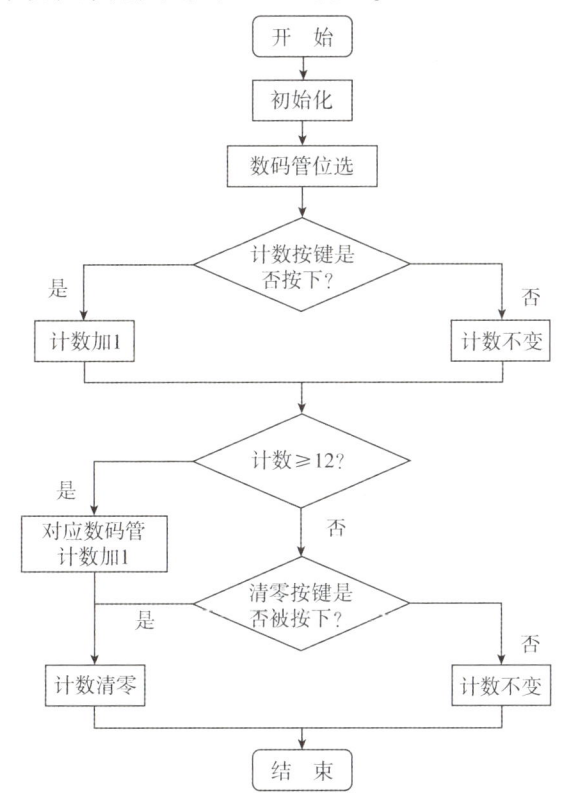

流水线打包控制系统程序流程图如图 11-9 所示。

图 11-9　流水线打包控制系统程序流程图

11.4.2　流水线打包控制系统程序编写进程描述

流水线打包控制系统程序编写进程描述如图 11-10 所示。

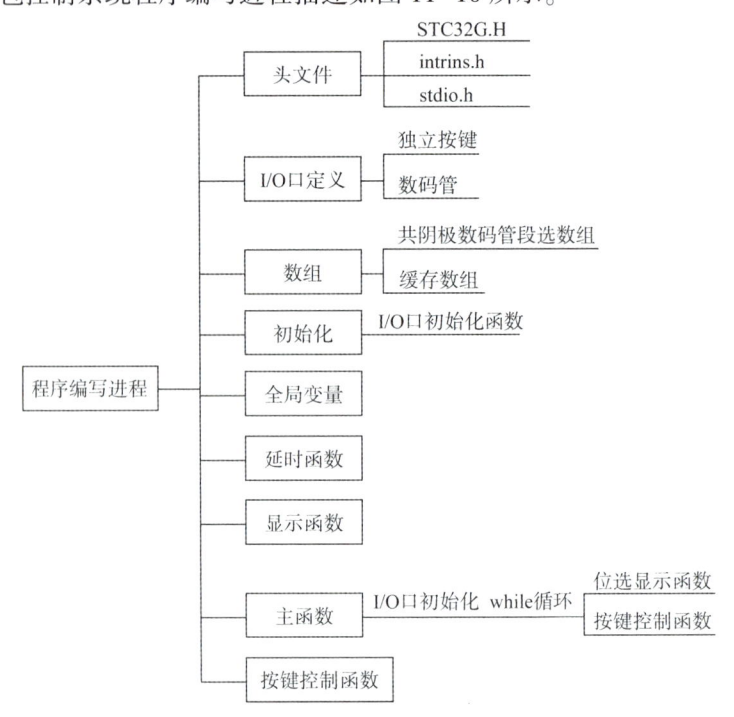

图 11-10　流水线打包控制系统程序编写进程描述

11.4.3　流水线打包控制系统程序设计

流水线打包控制系统程序设计界面如图 11-11 所示。

图 11-11　流水线打包控制系统程序设计界面

流水线打包控制系统参考程序见附录 B。

11.4.4 流水线打包控制系统电路仿真

仿真系统中单片机采用 STC 系列芯片，双击单片机，选择编辑好的 Hex 文件，单击"确定"按钮，运行仿真并检查现象是否正确。流水线打包控制系统仿真电路图如图 11-12 所示。

①STC系列单片机
②P2口接数码管段选
③P4.1、P4.2、P4.4、P4.5和P3.4~P3.7接数码管位选

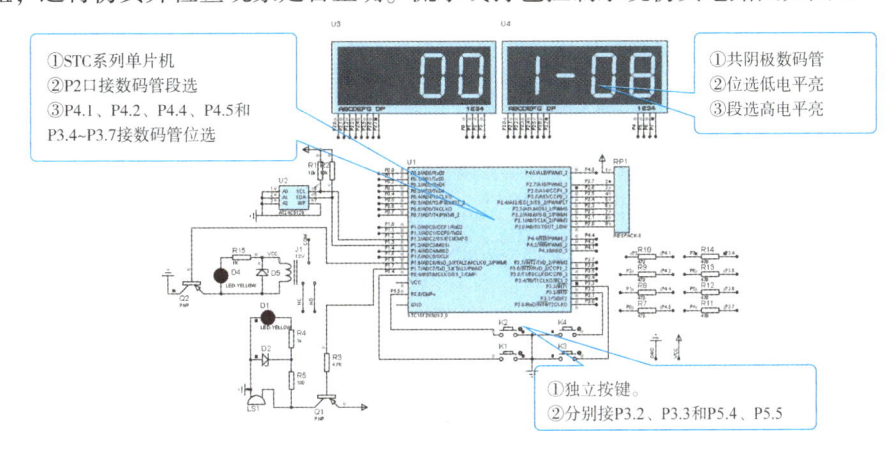

①共阴极数码管
②位选低电平亮
③段选高电平亮

①独立按键
②分别接P3.2、P3.3和P5.4、P5.5

图 11-12 流水线打包控制系统仿真电路图

11.5 流水线打包控制系统检测调试

打开烧录软件，选择 STC32G12K128 芯片和对应的串口，找到对应的 Hex 文件，下载运行，测试现象如图 11-13 所示，两个数码管，分别由按键控制对应的件数和瓶数，并具有清零功能。

数码管初始化显示 000-00，开始计数后，流水线瓶子通过时自动加 1，加到 12 后，瓶数清零，件数加 1，同时瓶数重新开始计数。按下 K3 按键，件数加 1，按下 K4 按键，瓶数加 1，按下 K1 按键，件数清零，按下 K2 按键，瓶数清零。

图 11-13 流水线打包控制系统实物测试图

11.6 流水线打包控制系统作业

(1) 实践项目：

在流水线打包控制系统项目设计基础上，设计一个对打包瓶数可调的流水线打包控制系统，用按键对打包瓶数进行调节。

(2) 项目功能：

①按键 K1 完成件数清零功能；

②短按按键 K4 完成瓶数加 1 功能，长按按键 K4 进入打包瓶数调节界面；

③按键 K3 完成件数加 1 功能，调节界面打包瓶数加 1；

④按键 K2 完成瓶数清零功能，调节界面打包瓶数减 1。

(3) 项目要求：

①利用外部中断实现计数功能；

②进行电路设计，要求用数码管显示；

③进行程序设计，要求对程序进行注释说明；

④进行仿真设计调试，要求实现其功能；

⑤进行实物设计调试，要求实现其功能；

⑥撰写科技报告、演示文稿。

第 12 章 交通灯系统设计

12.1 交通灯系统功能要求

用 STC32G12K 单片机最小系统及外围电路构成交通灯系统，通过软件设计完成交通灯系统设计要求，实现其功能。

12.1.1 交通灯系统功能

①上电东西方向红灯亮 35 s，南北方向亮绿灯；
②后 5 s 东西方向亮红灯，南北方向前 3 s 绿灯闪烁，后 2 s 亮黄灯；
③东西和南北互换方向，以此循环。

12.1.2 交通灯系统设计要求

(1) 交通灯显示方案：
①用数码管显示交通时间；
②用红绿黄 3 种不同颜色的 LED 灯模拟交通灯状态。
(2) 初始化状态显示要求：
上电初始化时，数码管显示界面如图 12-1 所示。

3	5		3	3
东西方向数码管显示			南北方向数码管显示	

图 12-1 数码管初始化显示界面

(3) 交通灯显示状态要求：
T 为东西方向数码管显示时间，初始 $T=35$，为最大值，并开始倒计时。
①上电东西方向红灯亮 35 s，南北方向亮绿灯；
②后 5 s 的前 3 s 东西方向亮红灯，南北方向绿灯闪烁 3 s，后 2 s 东西方向亮红灯，南北方向亮黄灯；
③后变成南北方向亮红灯 35 s，东西方向亮绿灯；

④后 5 s 的前 3 s 南北方向亮红灯，东西方向绿灯闪烁 3 s，后 2 s 南北方向亮红灯，东西方向亮黄灯。

交通灯 LED 显示状态如表 12-1 所示。

表 12-1　交通灯 LED 显示状态

东西数码管 T 显示	东西红灯	东西绿灯	东西黄灯	南北红灯	南北绿灯	南北黄灯
$35 \geqslant T > 5$（初始 $T = 35$）	亮	灭	灭	灭	亮	灭
$3 \geqslant T > 0$	亮	灭	灭	灭	闪烁	灭
$2 \geqslant T > 0$	亮	灭	灭	灭	灭	亮
$33 \geqslant T > 3$（初始 $T = 33$）	灭	亮	灭	亮	灭	灭
$3 \geqslant T > 0$	灭	闪烁	灭	亮	灭	灭
$2 \geqslant T > 0$（初始 $T = 2$）	灭	灭	亮	亮	灭	灭

12.2　交通灯系统设计教学目标

通过交通灯系统设计实现以下知识、能力、素质、思政方面的教学目标，如图 12-2 所示。

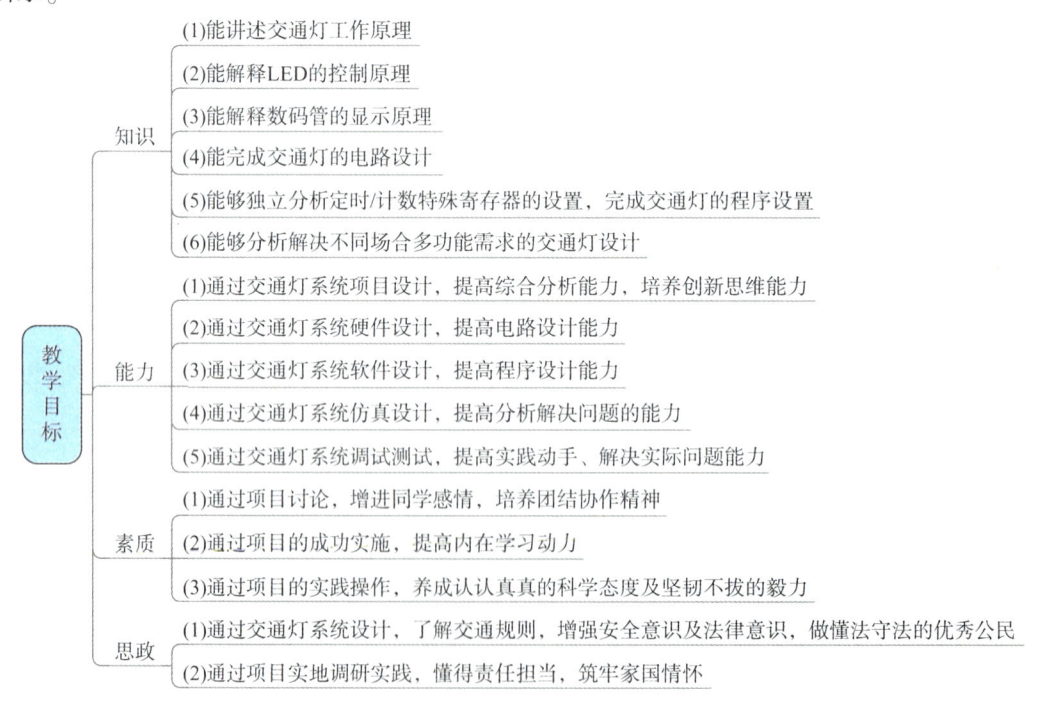

教学目标

知识
- (1)能讲述交通灯工作原理
- (2)能解释LED的控制原理
- (3)能解释数码管的显示原理
- (4)能完成交通灯的电路设计
- (5)能够独立分析定时/计数特殊寄存器的设置，完成交通灯的程序设置
- (6)能够分析解决不同场合多功能需求的交通灯设计

能力
- (1)通过交通灯系统项目设计，提高综合分析能力，培养创新思维能力
- (2)通过交通灯系统硬件设计，提高电路设计能力
- (3)通过交通灯系统软件设计，提高程序设计能力
- (4)通过交通灯系统仿真设计，提高分析解决问题的能力
- (5)通过交通灯系统调试测试，提高实践动手、解决实际问题能力

素质
- (1)通过项目讨论，增进同学感情，培养团结协作精神
- (2)通过项目的成功实施，提高内在学习动力
- (3)通过项目的实践操作，养成认认真真的科学态度及坚韧不拔的毅力

思政
- (1)通过交通灯系统设计，了解交通规则，增强安全意识及法律意识，做懂法守法的优秀公民
- (2)通过项目实地调研实践，懂得责任担当，筑牢家国情怀

图 12-2　交通灯系统设计教学目标

12.3 交通灯系统硬件设计

12.3.1 交通灯系统电路组成框图

交通灯系统电路组成框图如图 12-3 所示。

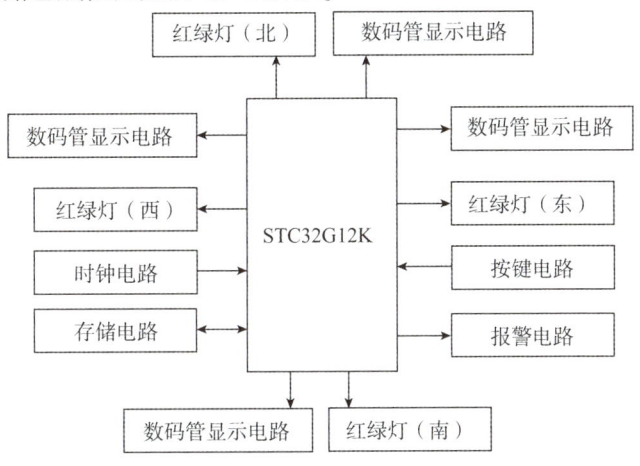

图 12-3 交通灯系统电路组成框图

12.3.2 交通灯系统电路原理图

交通灯系统由 STC32G12K 单片机最小系统、时钟电路、按键电路、数码管显示电路、下载电路、存储电路和报警电路组成。

存储器 AT24C02 与单片机的 P1.4、P1.5 引脚相连。

按键电路与单片机的 P3.2、P3.3、P3.6、P3.7 引脚相连。

下载电路与单片机的 P3.0/RXD、P3.1/TXD 引脚相连，用于给单片机烧写测试程序，同时可以用作串口通信。

报警电路是将音频信号转化为声音信号的发音器件，与单片机的 P0.7 引脚相连。

时钟电路与单片机的 P1.3、P1.6、P1.7 引脚相连。

数码管显示电路，段选接单片机的 P2.0~P2.7 引脚，位选接单片机的 P4.1、P4.2、P4.4、P4.5 引脚。数码管引脚电路如图 12-4 所示。

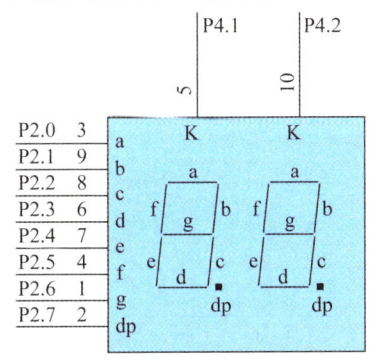

图 12-4 数码管引脚电路

发光二极管接单片机的 P0.0~P0.5 引脚，如图 12-5 所示。

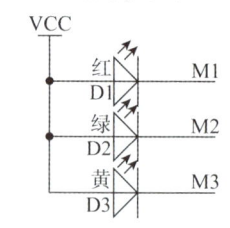

图 12-5　LED 灯电路

交通灯系统器件引脚连接清单如表 12-2 所示。

表 12-2　交通灯系统器件引脚连接清单

器件名称	器件标号	器件引脚	连接单片机引脚
下载口	P1	TXD	P3.1/TXD
		RXD	P3.0/RXD
数码管	U4、U7	位选	P4.5
			P4.4
	U3、U6		P4.2
			P4.1
		段选	P2.0~P2.7
发光二极管		M1	P0.0
		M2	P0.1
		M3	P0.2
		M4	P0.3
		M5	P0.4
		M6	P0.5
按键	K1	4	P3.7
	K2	4	P3.6
	K3	4	P3.3
	K4	4	P3.2
存储器	U2	SCL	P1.4
		SDA	P1.5
时钟模块	U5	I/O	P1.7
		CE	P1.3
		SCLK	P1.6
报警电路			P0.7

交通灯系统基于 STC32G12K 单片机完成整体设计，电路原理图如图 12-6 所示，电路器件清单见附录 A。

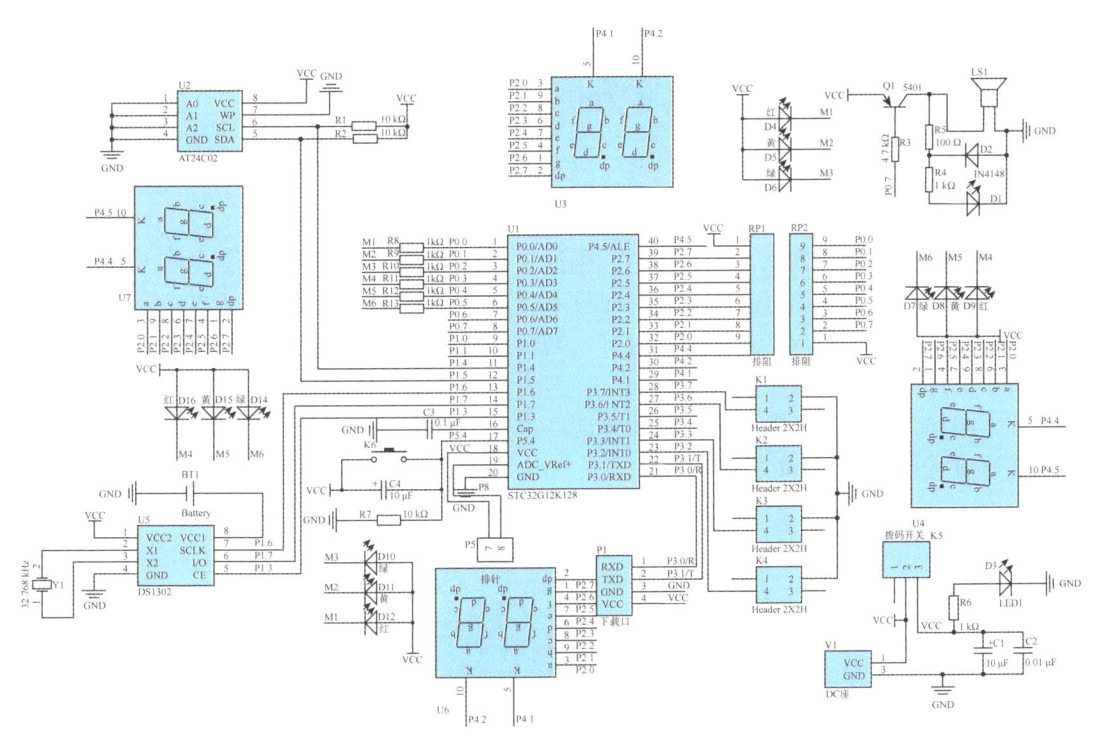

图 12-6 交通灯系统电路原理图

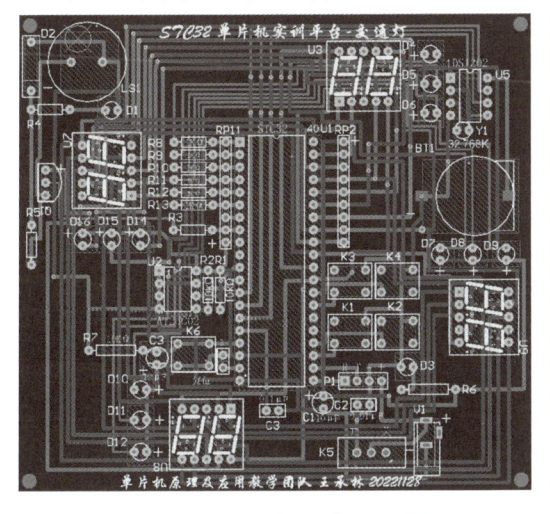

12.3.3 交通灯系统 PCB 图

交通灯系统 PCB 图如图 12-7 所示。

12.3.4 交通灯系统电路 3D 仿真图

交通灯系统电路 3D 仿真图直观展示了各元器件的外观及布局，如图 12-8 所示。

图 12-7 交通灯系统 PCB 图

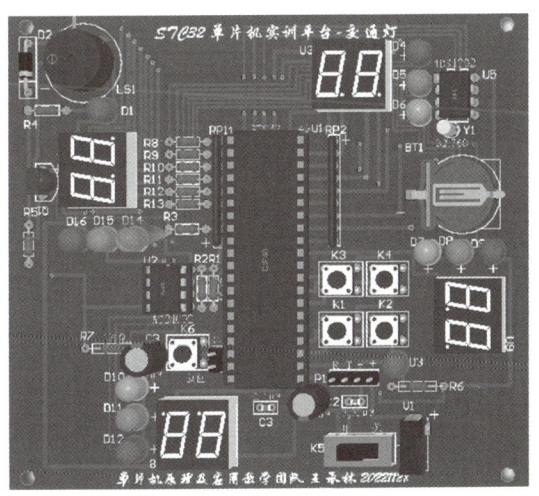

图 12-8 交通灯系统电路 3D 仿真图

12.4 交通灯系统软件分析

12.4.1 交通灯系统程序流程图

判断东西方向灯的颜色，若为黄色，则让东西方向黄灯倒计时显示，点亮东西方向黄灯；若为绿色，则让东西方向绿灯倒计时显示，点亮东西方向绿灯；若为红色，则让东西方向红灯倒计时显示，点亮东西方向红灯。判断南北方向灯的颜色，若为黄色，则让南北方向黄灯倒计时显示，点亮南北方向黄灯；若为绿色，则让南北方向绿灯倒计时显示，点亮南北方向绿灯；若为红色，则让南北方向红灯倒计时显示，点亮南北方向红灯。交通灯系统程序流程图如图 12-9 所示。

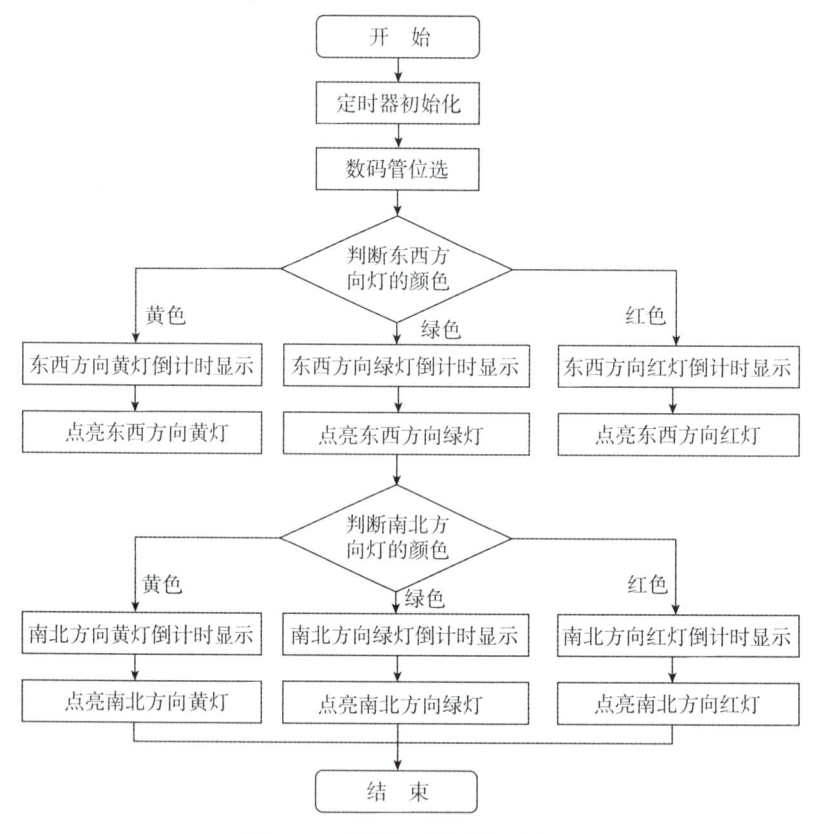

图 12-9 交通灯系统程序流程图

12.4.2 交通灯系统程序编写进程描述

交通灯系统程序编写进程描述如图 12-10 所示。

第 12 章 交通灯系统设计

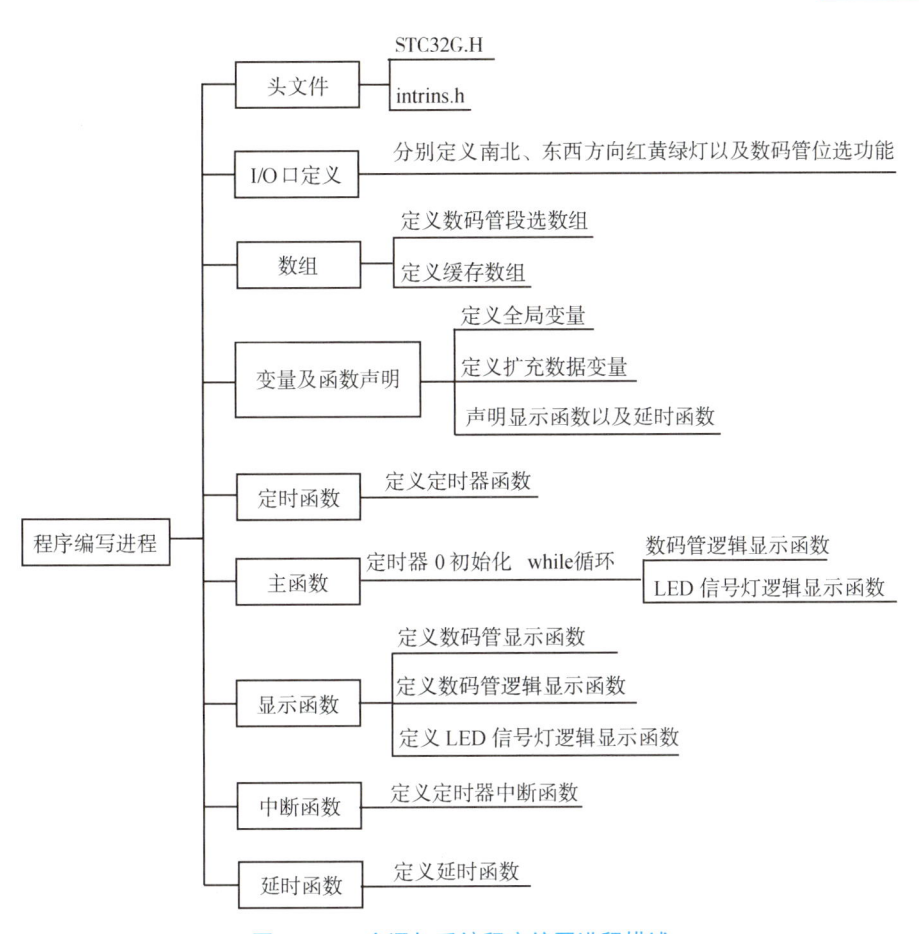

图 12-10 交通灯系统程序编写进程描述

12.4.3 交通灯系统程序设计

交通灯系统程序设计界面如图 12-11 所示。

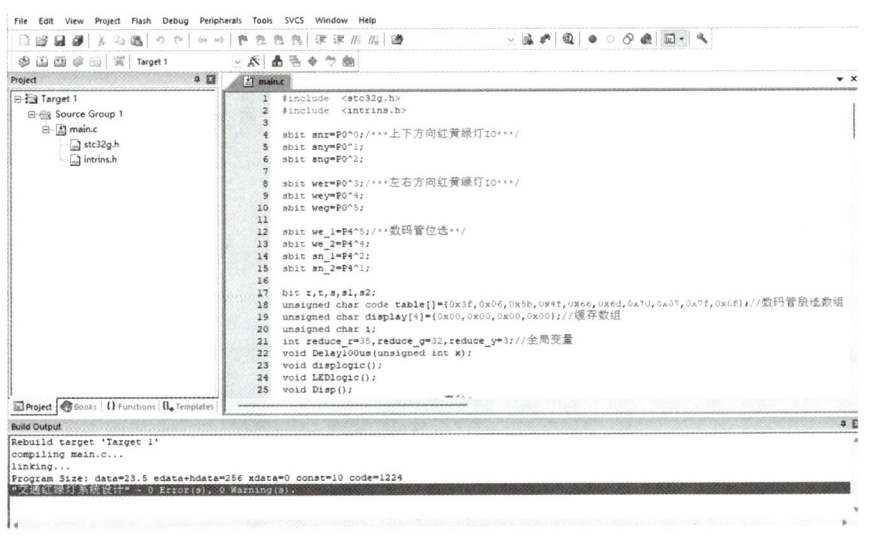

图 12-11 交通灯系统程序设计界面

交通灯系统参考程序见附录 B。

12.4.4　交通灯系统电路仿真

在 Proteus 软件中建立交通灯系统仿真模型，单片机采用 STC 系列芯片。双击单片机，选择编辑好的 Hex 文件，单击"确定"按钮，运行仿真并检查现象是否正确。交通灯系统仿真电路图如图 12-12 所示。

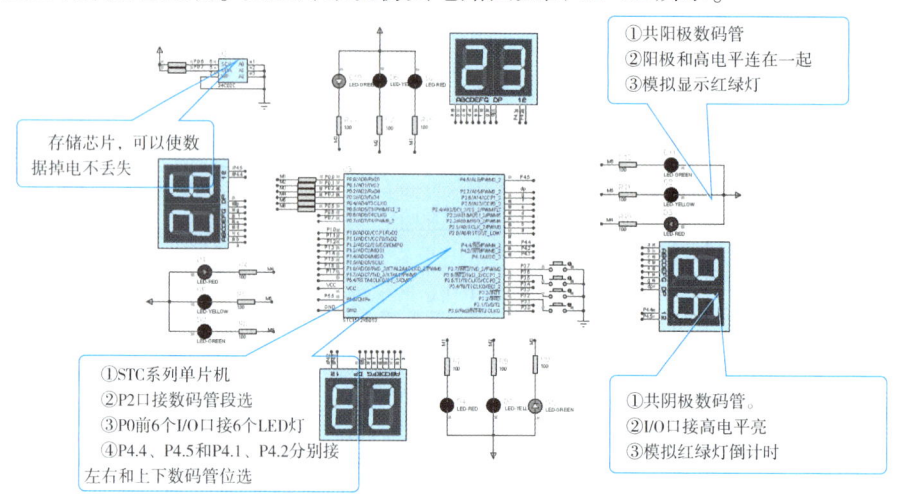

图 12-12　交通灯系统仿真电路图

12.5　交通灯系统检测调试

打开烧录软件，选择 STC32G12K128 芯片及对应的串口，找到对应的 Hex 文件，下载运行，测试现象如图 12-13 所示。东西方向交通灯红灯亮，南北方向交通灯绿灯亮并进行倒计时。

图 12-13　交通灯系统实物测试图

12.6 交通灯系统作业

(1)实践项目：

在交通灯系统项目设计基础上，设计一个简单的仓库物流交通管理系统。

(2)项目功能：

①在交通灯的基础上增加按键功能，实现多种工作模式；

②按下按键K1，进入紧急停止模式；

③紧急停止模式：4个方向全是红灯，数码管熄灭，禁止通行；

④按下按键K2，进入绿色通道模式；

⑤绿色通道模式：东西方向一直绿灯，南北方向一直红灯。

(3)项目要求：

①进行电路设计，要求用数码管显示；

②进行程序设计，要求对程序进行注释说明；

③进行仿真设计调试，要求实现其功能；

④进行实物设计调试，要求实现其功能；

⑤撰写科技报告、演示文稿。

第 13 章 单片机双机通信系统设计

13.1 单片机双机通信系统功能要求

用 STC32G12K 单片机最小系统及外围电路构成单片机双机通信系统，通过软件设计实现两个单片机之间的通信功能。

13.1.1 单片机双机通信系统功能

(1) 实现两个单片机之间的通信；
(2) 按下单片机 A 的按键，通过串口通信，使单片机 B 的数码管显示加 1；
(3) 按下单片机 B 的按键，通过串口通信，使单片机 A 的 LED 灯逐一点亮。

13.1.2 单片机双机通信系统设计要求

(1) 软硬件设计要求：
① 电路要求用 LED 和数码管分别显示；
② 利用串口通信设计。
(2) LED 灯显示要求：
上电初始化时，单片机 A 的 LED 灯显示界面如图 13-1 所示。

	LED 灯全灭

图 13-1 LED 灯初始化显示界面

上电初始化时，单片机 B 的数码管显示界面如图 13-2 所示。

0	0	8.	8.	8.	8.	8.	8.
显示		熄灭					

图 13-2 数码管初始化显示界面

按下单片机 A 的按键两次，单片机 B 的数码管显示界面如图 13-3 所示。

0	2	8.	8.	8.	8.	8.	8.
显示		熄灭					

图 13-3　数码管显示界面

按下单片机 B 的按键一次，单片机 A 的 LED 灯显示界面如图 13-4 所示。

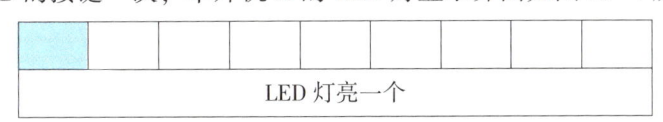

■							
LED 灯亮一个							

图 13-4　LED 灯显示界面

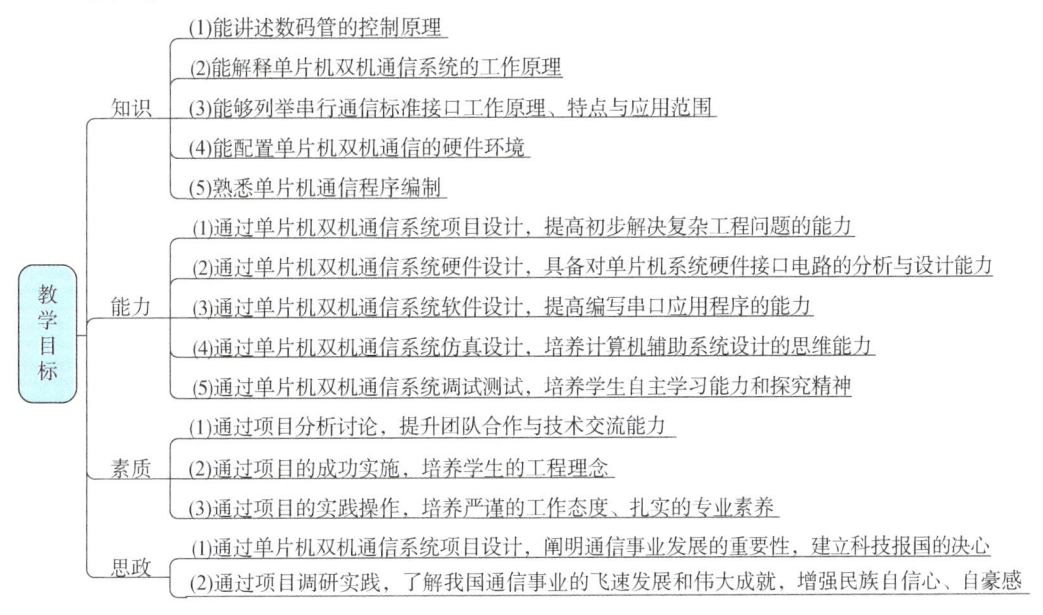

13.2　单片机双机通信系统设计教学目标

通过单片机双机通信系统设计实现以下知识、能力、素质、思政方面的教学目标，如图 13-5 所示。

教学目标
- 知识
  - (1)能讲述数码管的控制原理
  - (2)能解释单片机双机通信系统的工作原理
  - (3)能够列举串行通信标准接口工作原理、特点与应用范围
  - (4)能配置单片机双机通信的硬件环境
  - (5)熟悉单片机通信程序编制
- 能力
  - (1)通过单片机双机通信系统项目设计，提高初步解决复杂工程问题的能力
  - (2)通过单片机双机通信系统硬件设计，具备对单片机系统硬件接口电路的分析与设计能力
  - (3)通过单片机双机通信系统软件设计，提高编写串口应用程序的能力
  - (4)通过单片机双机通信系统仿真设计，培养计算机辅助系统设计的思维能力
  - (5)通过单片机双机通信系统调试测试，培养学生自主学习能力和探究精神
- 素质
  - (1)通过项目分析讨论，提升团队合作与技术交流能力
  - (2)通过项目的成功实施，培养学生的工程理念
  - (3)通过项目的实践操作，培养严谨的工作态度、扎实的专业素养
- 思政
  - (1)通过单片机双机通信系统项目设计，阐明通信事业发展的重要性，建立科技报国的决心
  - (2)通过项目调研实践，了解我国通信事业的飞速发展和伟大成就，增强民族自信心、自豪感

图 13-5　单片机双机通信系统设计教学目标

13.3　单片机双机通信系统硬件设计

13.3.1　单片机双机通信系统电路组成框图

单片机双机通信系统电路组成框图如图 13-6 所示。

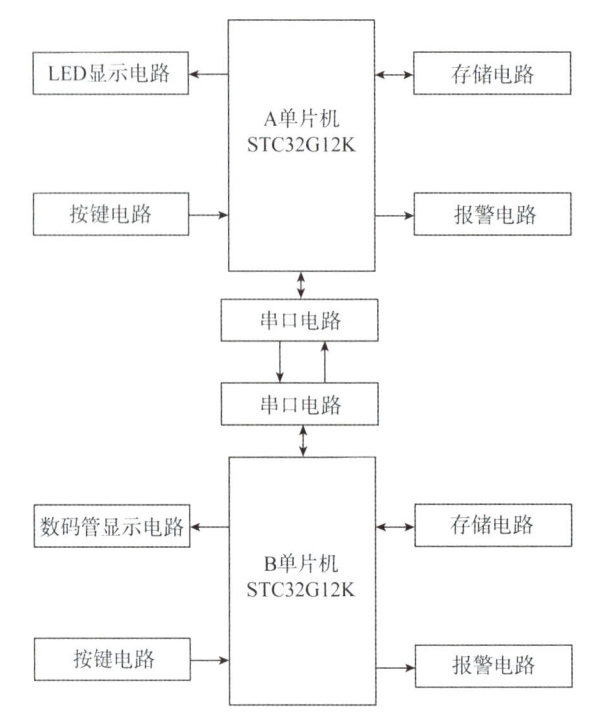

图 13-6 单片机双机通信系统电路组成框图

13.3.2 单片机双机通信系统电路原理图

单片机双机通信系统由两块电路板构成，单片机双机通信系统（A）由STC32G12K单片机最小系统、按键电路、LED显示电路、下载电路、存储电路和报警电路组成。

存储器AT24C02与单片机的P1.4、P1.5引脚相连。

按键电路与单片机的P3.2、P3.3、P1.3、P5.4引脚相连。

下载电路与单片机的P3.0/RXD、P3.1/TXD引脚相连，用于给单片机烧写测试程序，同时可以用作串口通信。

报警电路是将音频信号转化为声音信号的发音器件，与单片机的P1.6引脚相连。

发光二极管接单片机的P0.0~P0.7、P2.0~P2.7引脚。单片机双机通信系统（A）器件引脚连接清单如表13-1A所示。

表13-1A 单片机双机通信系统（A）器件引脚连接清单

器件名称	器件标号	器件引脚	连接单片机引脚
下载口	P1	TXD	P3.1/TXD
		RXD	P3.0/RXD
按键	K1	3	P5.4
	K2	3	P1.3
	K3	3	P3.3
	K4	1	P3.2
发光二极管		D4~D19	P0.0~P0.7、P2.0~P2.7

续表

器件名称	器件标号	器件引脚	连接单片机引脚
存储器	U2	SCL	P1.4
		SDA	P1.5
报警电路			P1.6

单片机双机通信系统(A)基于STC32G12K单片机完成整体设计，电路原理图如图13-7A所示，电路器件清单见附录A。

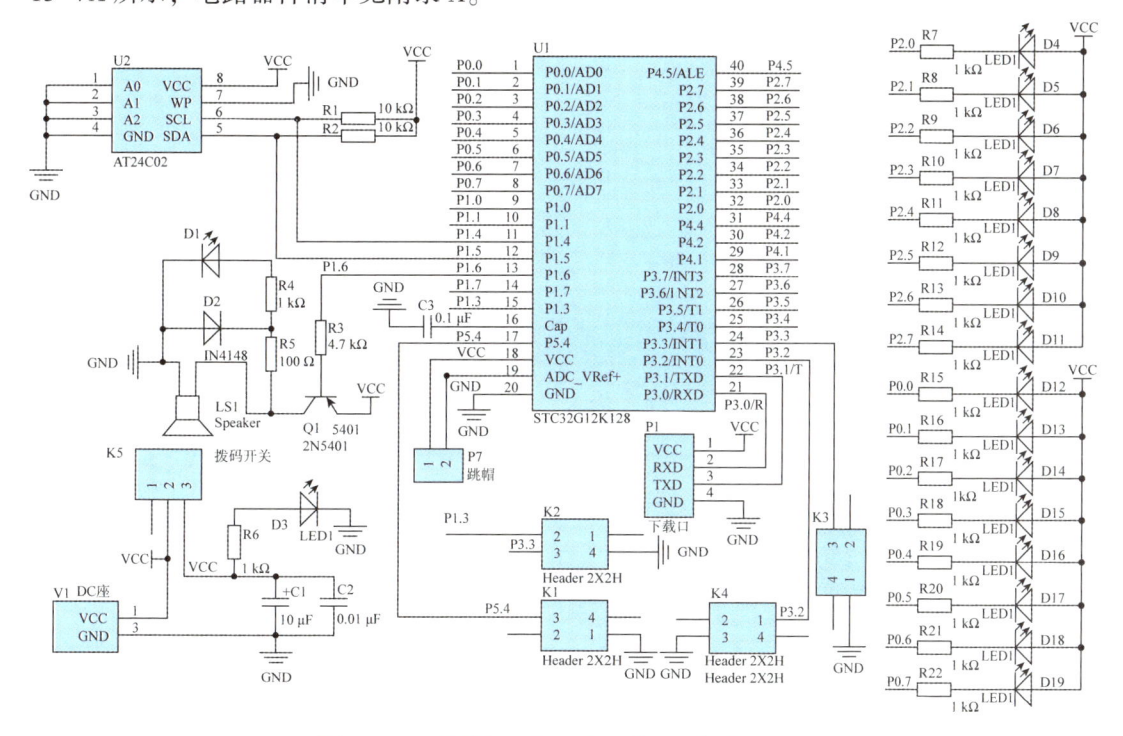

图 13-7A 单片机双机通信系统(A)电路原理图

单片机双机通信系统(B)由STC32G12K单片机最小系统、按键电路、数码管显示电路、下载电路、存储电路和报警电路组成。

存储器AT24C02与单片机的P1.4、P1.5引脚相连。

按键电路与单片机的P3.2、P3.3、P1.3、P5.4引脚相连。

下载电路与单片机的P3.0/RXD、P3.1/TXD引脚相连，用于给单片机烧写测试程序，同时可以用作串口通信。

报警电路是将音频信号转化为声音信号的发音器件，与单片机的P1.7引脚相连。

数码管显示电路，段选接单片机的P2.0~P2.7引脚，位选接单片机的P3.4~P3.7、P4.1、P4.2、P4.4、P4.5引脚。单片机双机通信系统(B)器件引脚连接清单如表13-1B所示。

表 13-1B　单片机双机通信系统(B)器件引脚连接清单

器件名称	器件标号	器件引脚	连接单片机引脚
下载口	P1	TXD	P3.1/TXD
		RXD	P3.0/RXD
按键	K1	2	P1.3
	K2	2	P5.4
	K3	2	P3.3
	K4	2	P3.2
数码管	U3	位选	P4.1
			P4.2
			P4.4
			P4.5
			P3.4
	U4		P3.5
			P3.6
			P3.7
		段选	P2.0~P2.7
存储器	U2	SCL	P1.4
		SDA	P1.5
报警电路			P1.7

　　单片机双机通信系统(B)基于 STC32G12K 单片机完成整体设计，电路原理图如图 13-7B 所示，电路器件清单见附录 A。

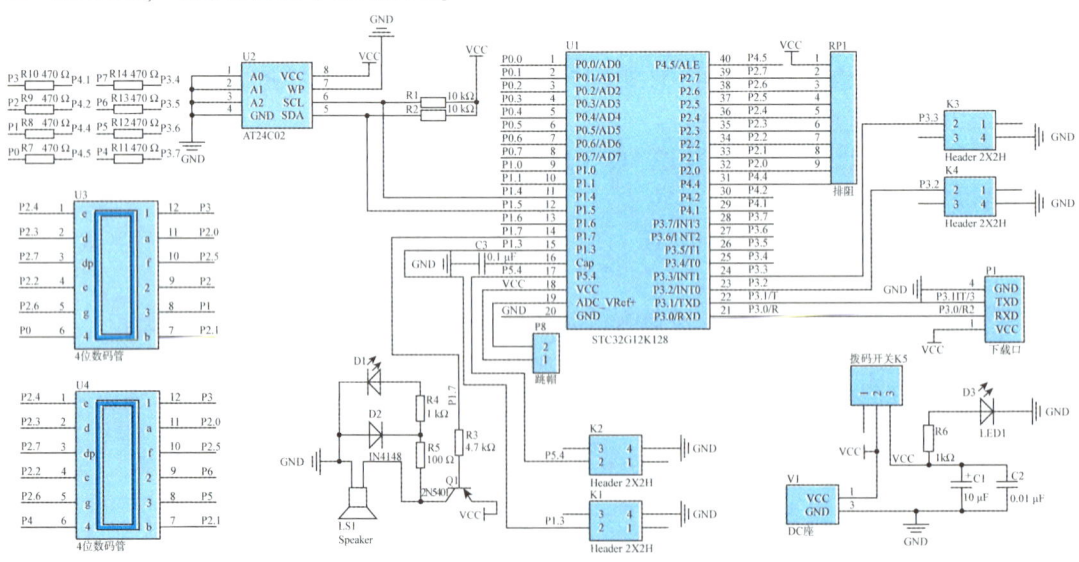

图 13-7B　单片机双机通信系统(B)电路原理图

13.3.3 单片机双机通信系统 PCB 图

单片机双机通信系统 PCB 图如图 13-8A、图 13-8B 所示。

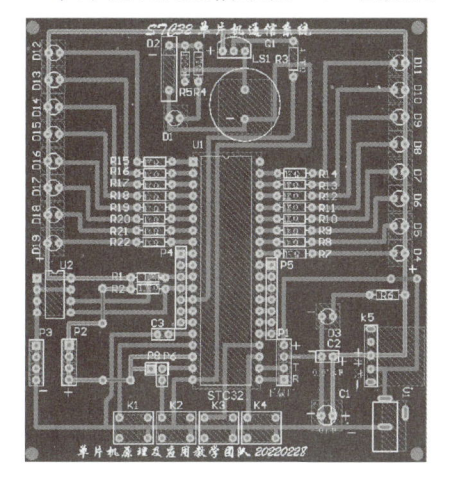

图 13-8A　单片机双机通信系统(A) PCB 图

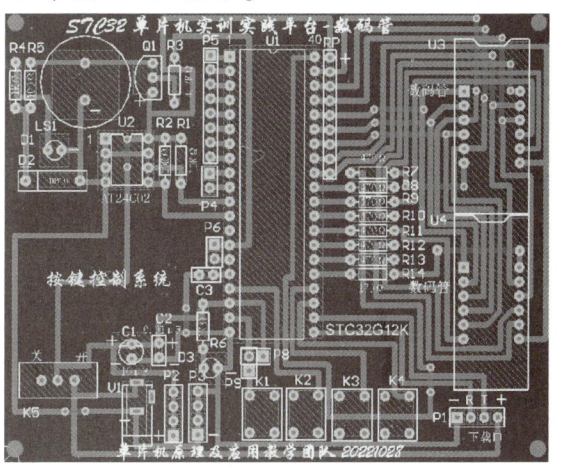

图 13-8B　单片机双机通信系统(B) PCB 图

13.3.4 单片机双机通信系统电路 3D 仿真图

单片机双机通信系统的电路 3D 仿真图直观展示了各元器件的外观及布局，如图 13-9A、图 13-9B 所示。

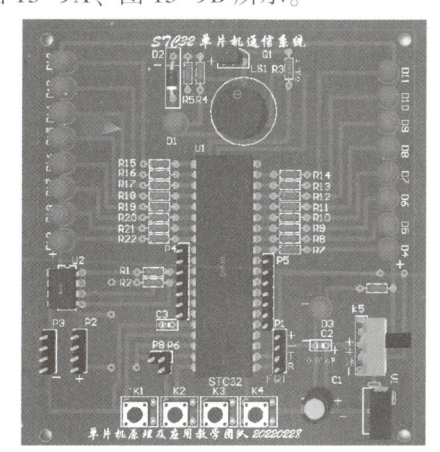

图 13-9A　单片机双机通信系统(A) 电路 3D 仿真图

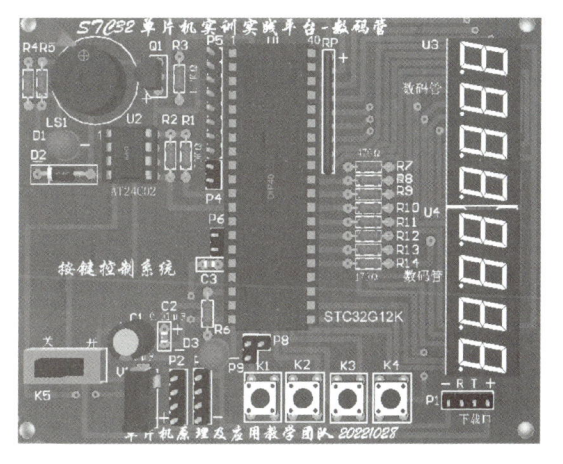

图 13-9B　单片机双机通信系统(B) 电路 3D 仿真图

13.4 单片机双机通信系统软件分析

13.4.1 单片机双机通信系统程序流程图

单片机 A，初始化后，如果单片机 A 是发送，检测按键是否被按下，若无按键被按下，请等待；若有按键被按下，则执行相应的子函数，发送相应的数据。如果单片机 A 是接收，接收到的数据使 LED 灯呈现不同的现象。

单片机 B，初始化后，如果单片机 B 是发送，检测按键是否被按下，若无按键被按下，请等待；若有按键被按下，则执行相应的子函数，发送相应的数据。如果单片机 B 是接收，接收到的数据使数码管呈现不同的现象。

单片机双机通信系统程序流程图如图 13-10A、图 13-10B 所示。

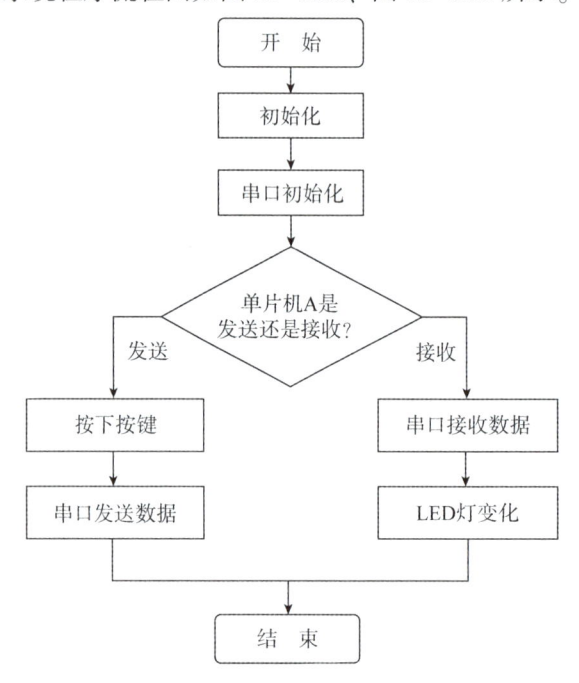

图 13-10A 单片机双机通信系统（A）程序流程图

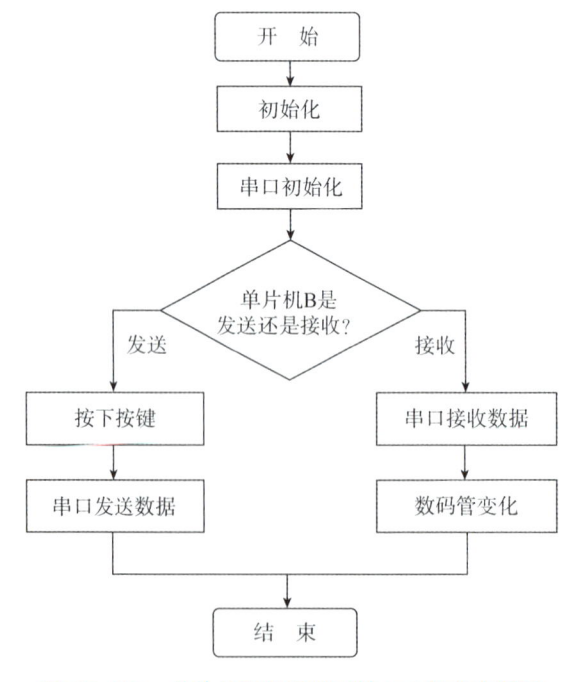

图 13-10B 单片机双机通信系统（B）程序流程图

13.4.2　单片机双机通信系统程序编写进程描述

单片机双机通信系统程序编写进程描述如图 13-11 所示。

```
程序编写进程
├── 单片机 A 程序
│   ├── 头文件 ── STC32G.H
│   │          └── intrins.h
│   ├── 定义 ── 按键定义
│   │        ├── LED 显示定义
│   │        └── 变量 flag
│   ├── 延时函数
│   ├── 串口定时器初始化
│   ├── 主函数 ── 初始化函数
│   │          └── while 函数 ── 按键函数
│   │                          └── 串口发送数据
│   └── 串口中断服务函数 ── 串口接收数据
│                         └── LED 灯显示
└── 单片机 B 程序
    ├── 头文件 ── STC32G.H
    │          └── intrins.h
    ├── 定义 ── 按键定义
    │        ├── 数码管位选定义
    │        ├── 变量 flag 和 flag1
    │        └── 数码管显示数组
    ├── 延时函数 ── Delay100 μs
    │            └── Delay10 μs
    ├── 串口定时器初始化
    ├── 显示函数 ── 位选
    │            ├── 段选
    │            ├── 延时
    │            └── 消隐
    ├── 按键函数 ── 按键 K1 ── 延时消抖
    │                       ├── 串口发送数据
    │                       ├── 变量 flag 减 1
    │                       └── 松手检测
    │            └── 按键 K2 ── 延时消抖
    │                         ├── 松手检测
    │                         ├── 变量 flag 减 1
    │                         └── 串口发送数据
    ├── 主函数 ── 初始化函数
    │          └── while 函数 ── 按键函数
    │                          └── 串口发送数据
    ├── 串口中断服务函数 ── 显示函数
    │                    └── 按键函数
    └── 串口中断服务函数 ── 串口接收数据
```

图 13-11　单片机双机通信系统程序编写进程描述

13.4.3　单片机双机通信系统程序设计

单片机双机通信系统程序设计界面如图 13-12 所示。

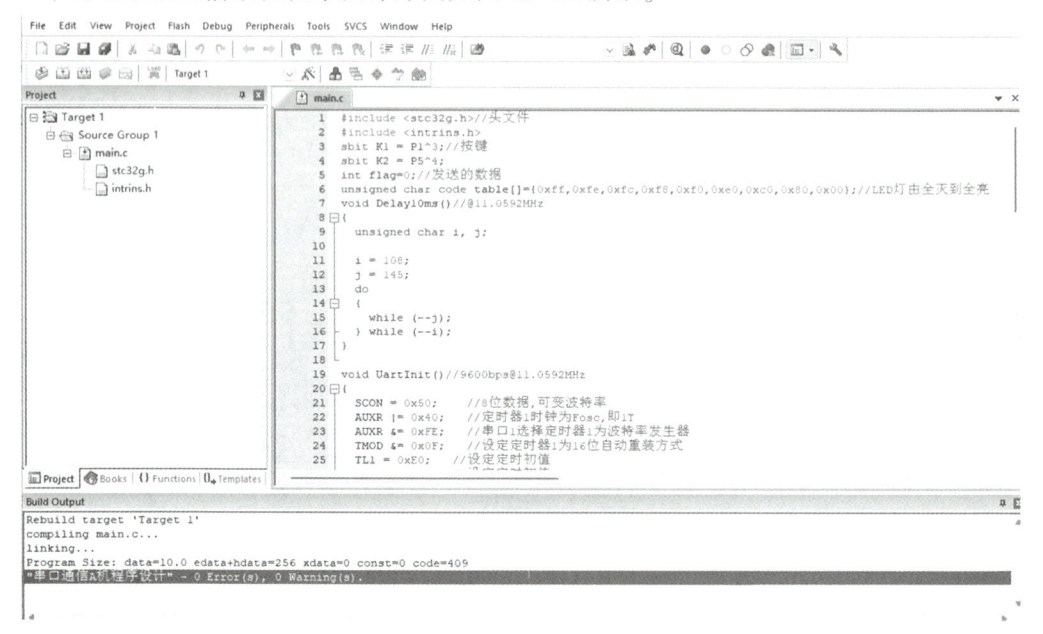

图 13-12　单片机双机通信系统程序设计界面

单片机双机通信系统参考程序见附录 B。

13.5　单片机双机通信系统检测调试

打开烧录软件，选择 STC32G12K128 芯片和对应的串口，找到对应的 Hex 文件，下载运行，当左边单片机 A 每按下一次按键 K1，右边单片机 B 的数码管显示的数值加 1，当单片机 A 每按下一次按键 K2 会发现单片机 B 的数码管显示的数值减 1；当右边的单片机 B 每按下一次按键 K1 发现单片机 A 的 LED 灯多点亮一个，当单片机 B 每按下一次按键 K2 发现单片机 A 的 LED 灯熄灭一个。单片机双机通信系统实物测试如图 13-13 所示。

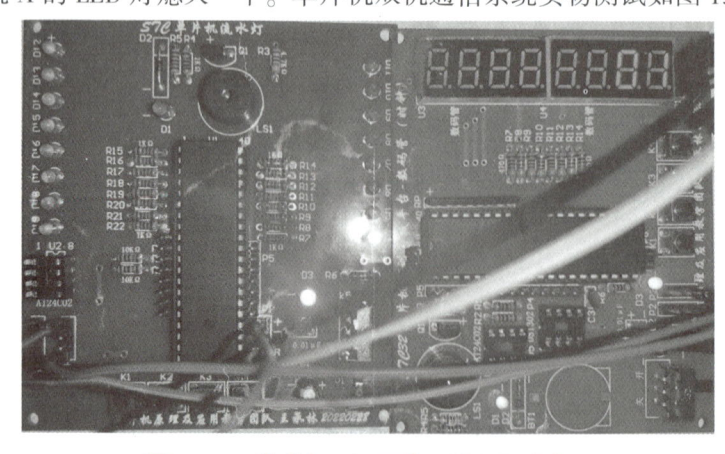

图 13-13　单片机双机通信系统实物测试图

13.6 单片机双机通信系统作业

(1) 实践项目:

在单片机双机通信系统项目设计基础上,设计双机联动互控制系统。

(2) 项目功能:

①具有存储、参数调节等功能;

②按下单片机按键,数码管显示对应数字;

③按下按键K1,单片机发送数据;

④按下按键K2,储存当前接收到的数据;

⑤按下按键K3,数码管显示储存的数据。

(3) 项目要求:

①进行电路设计,要求用数码管显示;

②进行程序设计,要求对程序进行注释说明;

③进行实物设计调试,要求实现其功能;

④撰写科技报告、演示文稿。

第 14 章　单片机与 PC 通信系统设计

14.1　单片机与 PC 通信系统功能要求

由 STC32G12K 单片机最小系统及外围电路构成单片机与 PC(Personal Computer，个人计算机)通信系统，通过软件设计实现两者串口通信功能。

14.1.1　单片机与 PC 通信系统功能

①实现单片机与 PC 的串口通信；
②按下单片机上的按键实现向串口助手发送数字；
③串口助手发送数字控制单片机 LED 灯点亮个数。

14.1.2　单片机与 PC 通信系统设计要求

(1) 软硬件设计要求：
①用 LED 灯显示；
②利用串口实现通信。
(2) LED 灯显示要求：
①上电初始化时，LED 灯显示界面如图 14-1 所示。

			LED 灯全灭				

图 14-1　LED 灯初始化显示界面

②PC 发送 02，LED 灯显示界面如图 14-2 所示。

			LED 灯亮两个				

图 14-2　LED 灯显示界面

③按下按键，串口助手显示界面如图 14-3 所示。

01　02

图 14-3　串口助手显示界面

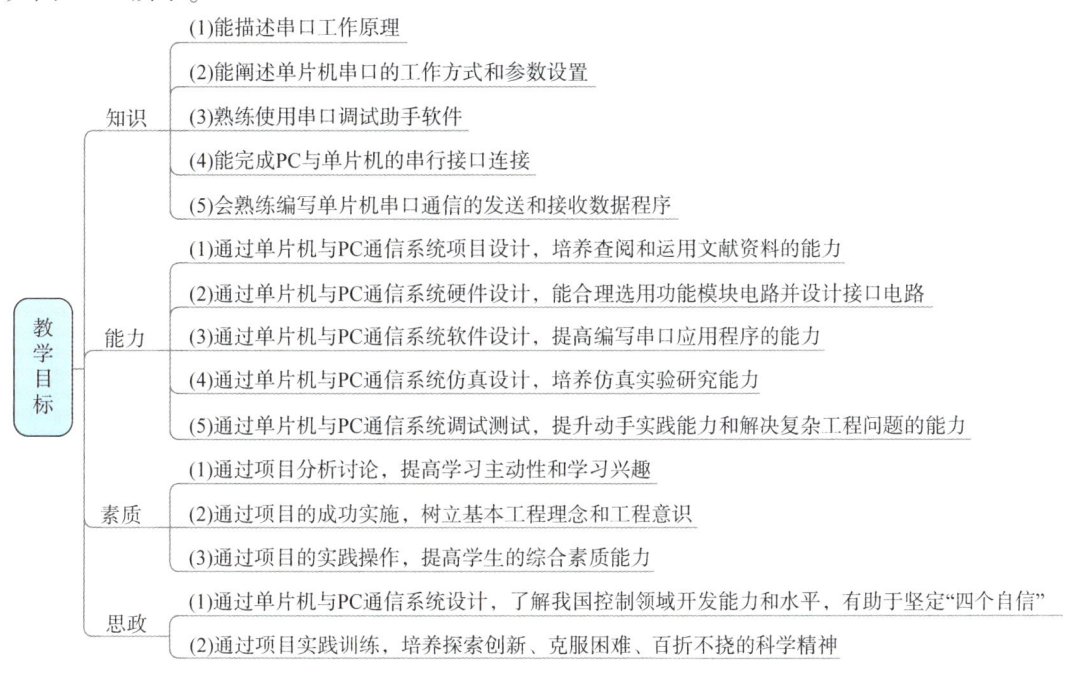

14.2　单片机与 PC 通信系统设计教学目标

通过单片机与 PC 通信系统设计，实现以下知识、能力、素质、思政方面的教学目标，如图 14-4 所示。

教学目标
- 知识
  - (1)能描述串口工作原理
  - (2)能阐述单片机串口的工作方式和参数设置
  - (3)熟练使用串口调试助手软件
  - (4)能完成 PC 与单片机的串行接口连接
  - (5)会熟练编写单片机串口通信的发送和接收数据程序
- 能力
  - (1)通过单片机与 PC 通信系统项目设计，培养查阅和运用文献资料的能力
  - (2)通过单片机与 PC 通信系统硬件设计，能合理选用功能模块电路并设计接口电路
  - (3)通过单片机与 PC 通信系统软件设计，提高编写串口应用程序的能力
  - (4)通过单片机与 PC 通信系统仿真设计，培养仿真实验研究能力
  - (5)通过单片机与 PC 通信系统调试测试，提升动手实践能力和解决复杂工程问题的能力
- 素质
  - (1)通过项目分析讨论，提高学习主动性和学习兴趣
  - (2)通过项目的成功实施，树立基本工程理念和工程意识
  - (3)通过项目的实践操作，提高学生的综合素质能力
- 思政
  - (1)通过单片机与 PC 通信系统设计，了解我国控制领域开发能力和水平，有助于坚定"四个自信"
  - (2)通过项目实践训练，培养探索创新、克服困难、百折不挠的科学精神

图 14-4　单片机与 PC 通信系统设计教学目标

14.3　单片机与 PC 通信系统硬件设计

14.3.1　单片机与 PC 通信系统电路组成框图

单片机与 PC 通信系统电路组成框图如图 14-5 所示。

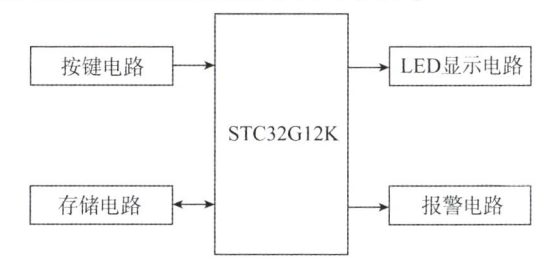

图 14-5　单片机与 PC 通信系统电路组成框图

14.3.2　单片机与 PC 通信系统电路原理图

单片机与 PC 通信系统由 STC32G12K 单片机最小系统、按键电路、LED 显示电路、下载电路、存储电路和报警电路组成。

存储器 AT24C02 与单片机的 P1.4、P1.5 引脚相连。

按键电路与单片机的 P3.2、P3.3、P1.3、P5.4 引脚相连。

下载电路与单片机的 P3.0/RXD、P3.1/TXD 引脚相连，用于给单片机烧写测试程序，同时可以用作串口通信。

报警电路是将音频信号转化为声音信号的发音器件，与单片机的 P1.6 引脚相连。

发光二极管接单片机的 P0.0~P0.7、P2.0~P2.7 引脚。单片机与 PC 通信系统器件引脚连接清单如表 14-1 所示。

表 14-1　单片机与 PC 通信系统器件引脚连接清单

器件名称	器件标号	器件引脚	连接单片机引脚
下载口	P1	TXD	P3.1/TXD
		RXD	P3.0/RXD
按键	K1	3	P5.4
	K2	3	P1.3
	K3	3	P3.3
	K4	1	P3.2
发光二极管	D4~D19		P0.0~P0.7、P2.0~P2.7
存储器	U2	SCL	P1.4
		SDA	P1.5
报警电路			P1.6

单片机与 PC 通信系统基于 STC32G12K 单片机完成整体设计，电路原理图如图 14-6 所示，电路器件清单见附录 A。

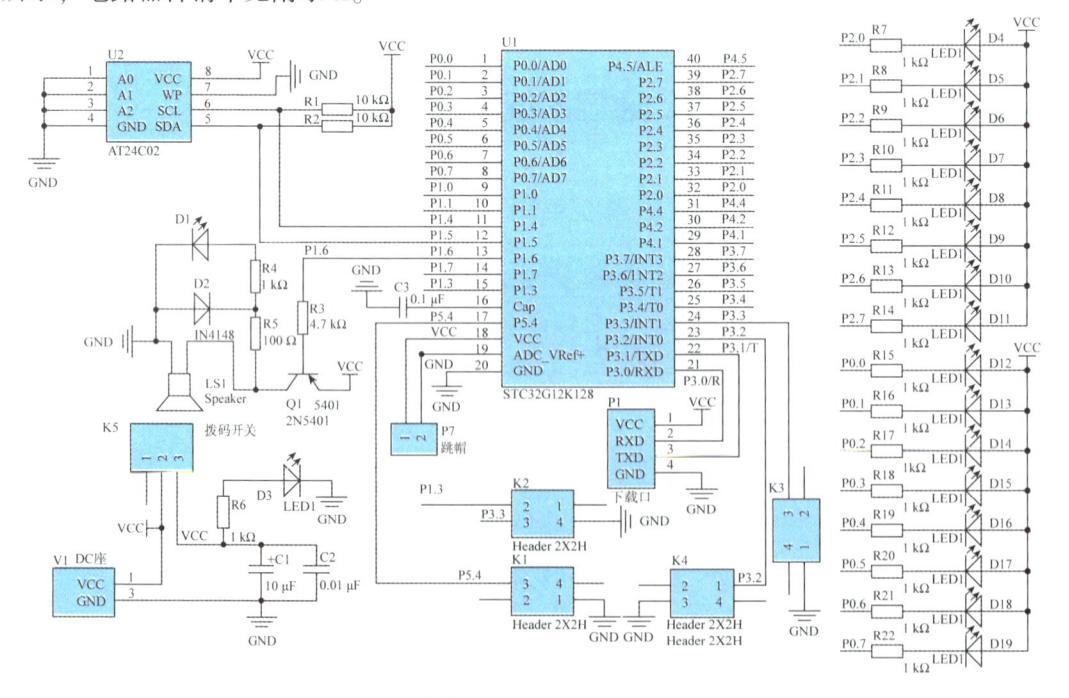

图 14-6　单片机与 PC 通信系统电路原理图

14.3.3 单片机与 PC 通信系统 PCB 图

单片机与 PC 通信系统 PCB 图如图 14-7 所示。

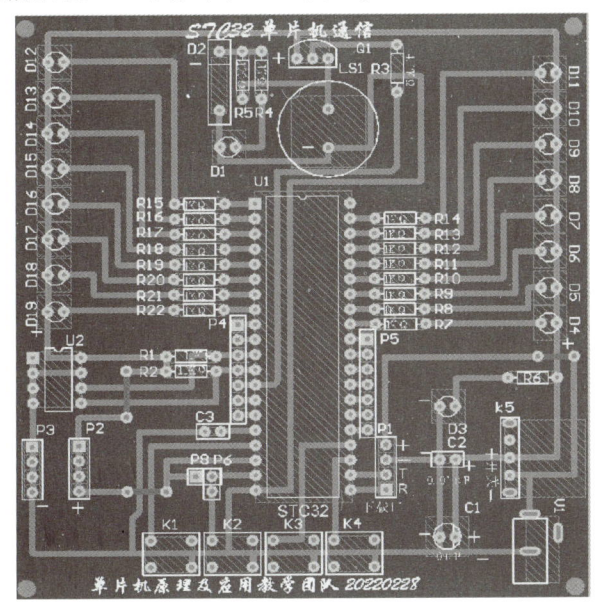

图 14-7 单片机与 PC 通信系统 PCB 图

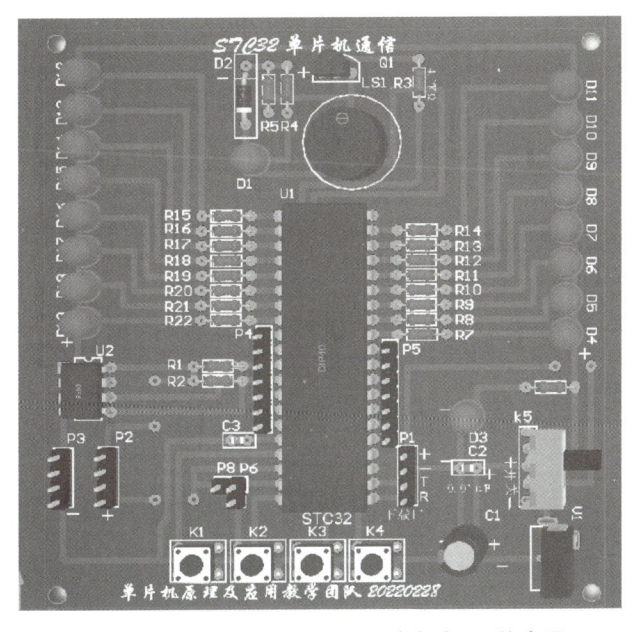

14.3.4 单片机与 PC 通信系统电路 3D 仿真图

单片机与 PC 通信系统电路 3D 仿真图直观展示了各元器件的外观及布局，如图 14-8 所示。

图 14-8 单片机与 PC 通信系统电路 3D 仿真图

14.4 单片机与 PC 通信系统软件分析

14.4.1 单片机与 PC 通信系统程序流程图

单片机与 PC 通信系统程序流程图如图 14-9 所示。

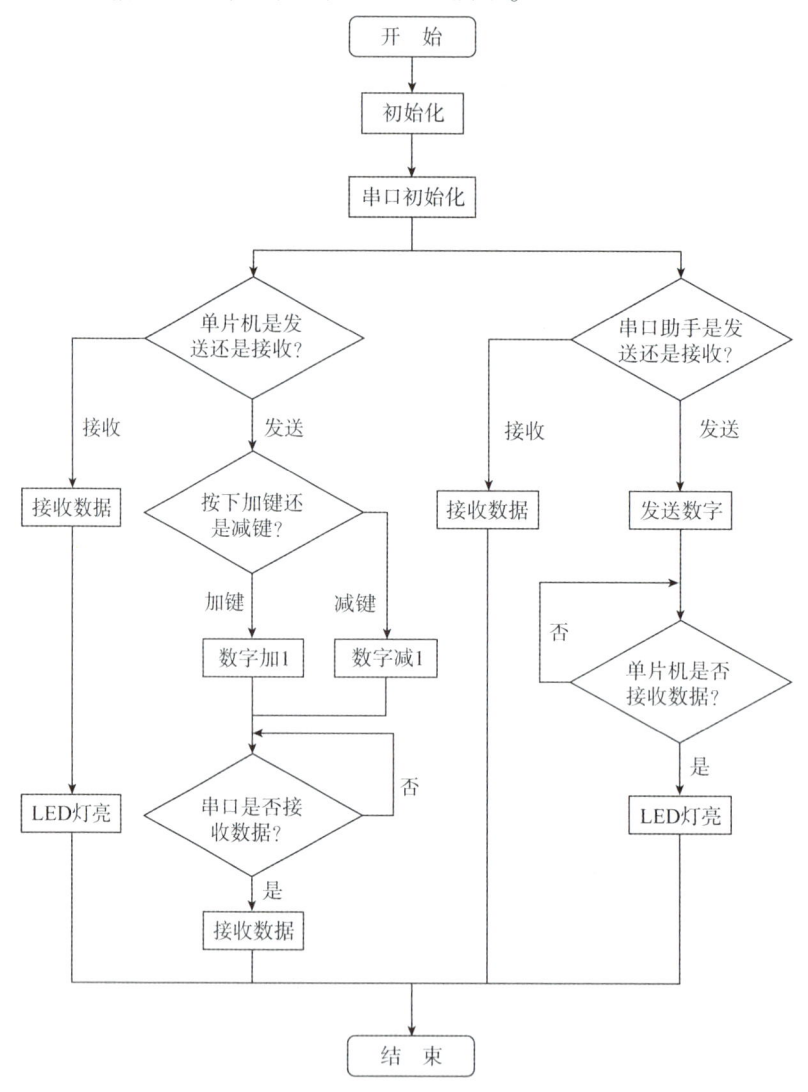

图 14-9 单片机与 PC 通信系统程序流程图

14.4.2 单片机与 PC 通信系统程序编写进程描述

单片机与 PC 通信系统程序编写进程描述如图 14-10 所示。

第14章 单片机与 PC 通信系统设计

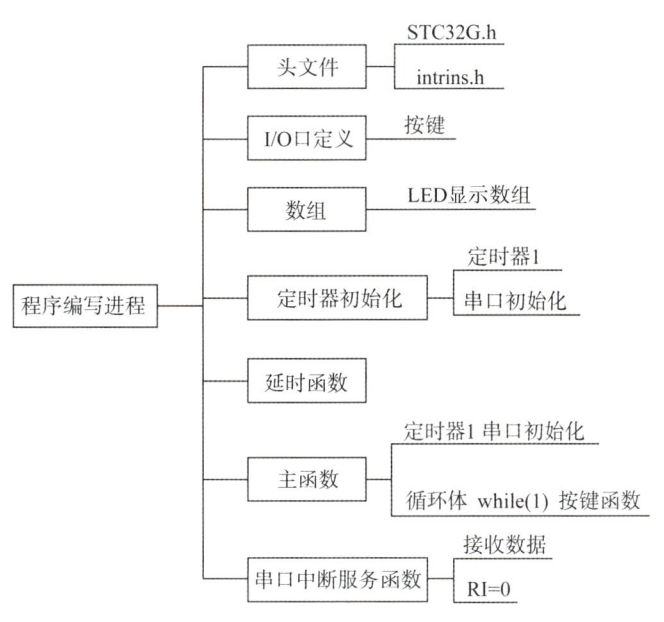

```
                              ┌─── STC32G.h
                  ┌─ 头文件 ───┤
                  │           └─── intrins.h
                  │
                  ├─ I/O口定义 ─── 按键
                  │
                  ├─ 数组 ─── LED显示数组
                  │
                  │                  ┌─── 定时器1
程序编写进程 ──────┼─ 定时器初始化 ──┤
                  │                  └─── 串口初始化
                  │
                  ├─ 延时函数
                  │
                  │              ┌─── 定时器1 串口初始化
                  ├─ 主函数 ─────┤
                  │              └─── 循环体 while(1) 按键函数
                  │
                  │                      ┌─── 接收数据
                  └─ 串口中断服务函数 ──┤
                                         └─── RI=0
```

图 14-10　单片机与 PC 通信系统程序编写进程描述

14.4.3　单片机与 PC 通信系统程序设计

单片机与 PC 通信系统程序设计界面如图 14-11 所示。

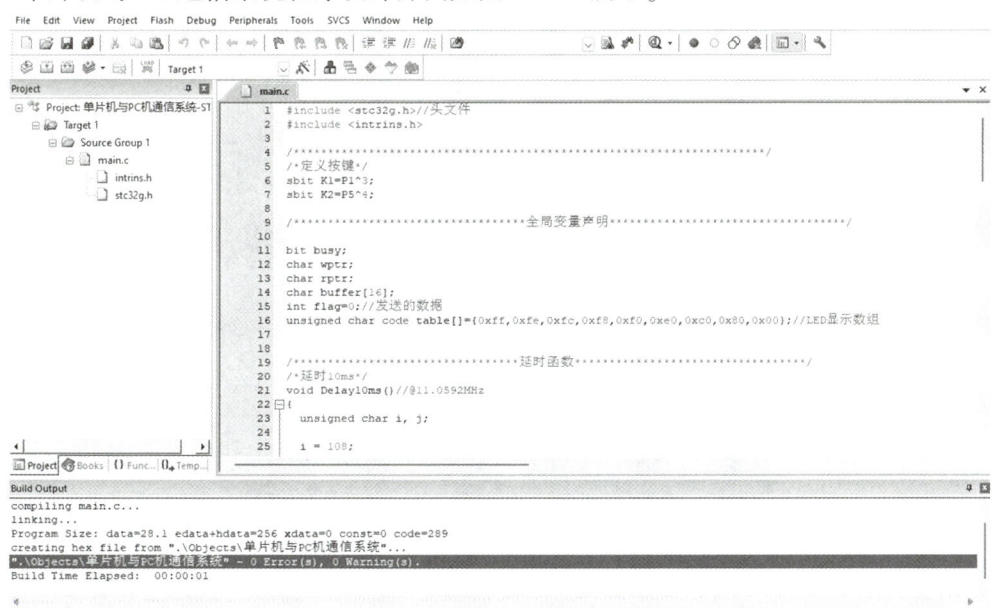

图 14-11　单片机与 PC 通信系统程序设计界面

单片机与 PC 通信系统参考程序见附录 B。

14.5 单片机与 PC 通信系统检测调试

打开烧录软件，选择 STC32G12K128 芯片和对应的串口，选择对应的 Hex 文件，下载运行，当按下按键 K1 时，串口助手接收 01、02 依次增加；当按下按键 K2 时会发现串口助手接收 03、02 依次减小；当串口助手发送 5 时，单片机点亮 5 个 LED 灯。单片机与 PC 通信系统实物测试图如图 14-12 所示。

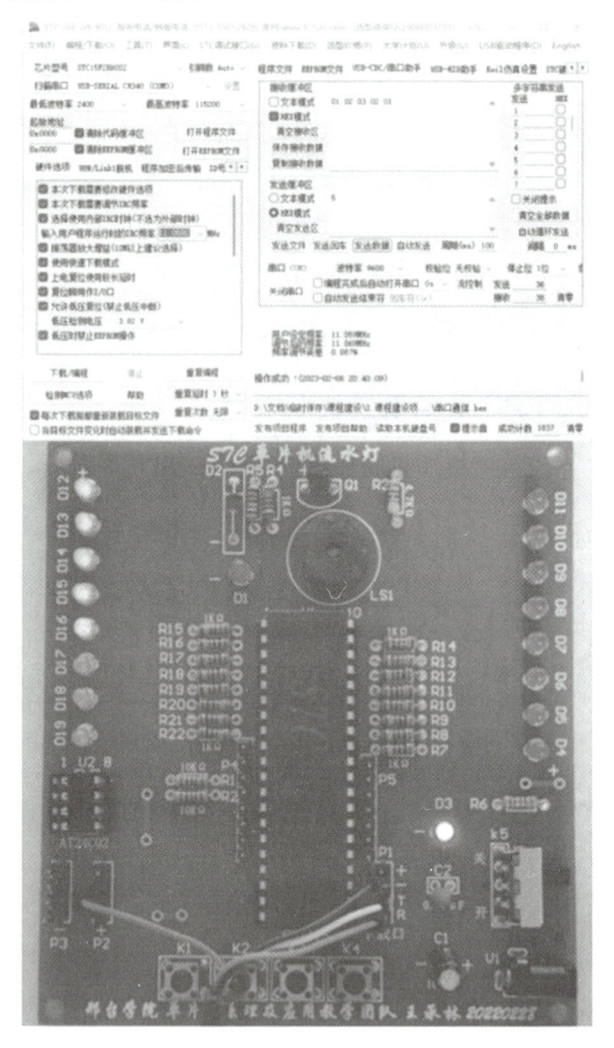

图 14-12　单片机与 PC 通信系统实物测试图

14.6 单片机与 PC 通信系统作业

在单片机与 PC 通信系统项目设计基础上，设计一个串口通信系统。

1. 项目组成框图

单片机串口通信系统，通过按键控制发送不同的数据到串口助手，通过接收串口助手发送的数据来控制 LED 灯的变化，电路组成框图如图 14-13 所示。

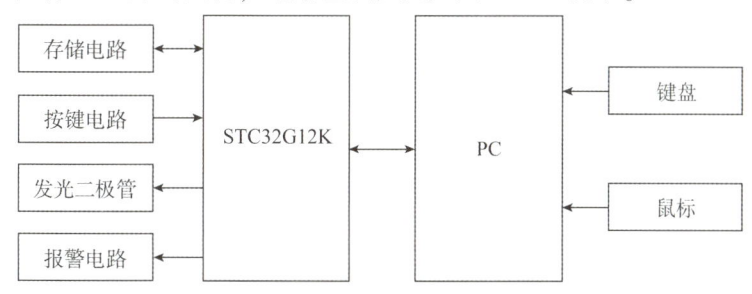

图 14-13 电路组成框图

项目设计包括硬件设计、软件设计、测试调试、总结反思等，从中要学习领悟项目所涉及的基础知识、应用工具、应用软件等内容，同时要注重学习新知识、新应用、新器件、新技术。

2. 项目任务要求

（1）项目功能要求：

①系统上电初始化，关闭蜂鸣器，关闭 8 个 LED 灯和数码管；

②按下按键 K1 发送数据加 1，按下按键 K2 发送数据减 1，数码管显示数据；

③根据接收到的 PC 发送的数据控制 LED 灯亮灭，数码管显示接收到的数据；

④具有存储、参数调节、数据记录等功能；

⑤按下按键 K3，向 PC 发送数据，进行数据记录。

（2）项目性能要求：

①LED 亮度变化中间间隔>0.1 s；

②按键动作响应时间≤0.2 s。

3. 硬件设计要求

①依据项目设计要求，画出电路原理图；

②依据电路原理图，画出 PCB 图及 3D 仿真电路图；

③分析所使用器件的功能作用、器件的测量方法、器件的规格等；

④分析整体电路工作原理；

⑤列出电路所有器件清单。

4. 软件设计要求

①按照项目要求完成程序设计任务分析；

②分析介绍所用到的特殊寄存器，并描述寄存器的工作原理；

③画出主程序流程图、各个分支程序流程图。

5. 调试功能要求

①将编译设计的程序下载到单片机中，进行软硬件调试。

②初始化状态检测：关闭蜂鸣器、继电器、LED 灯和数码管。

③按键功能检测：按下按键 K1，发送数据加 1；按下按键 K2，发送数据减 1。

④记录测试数据。

⑤分析数据，完善项目功能。

6. 科技报告要求

①报告格式、内容要求，按照《科技报告编写规则》要求执行；

②科技报告由课题组成员撰写完成；
③总结反思，提出改进实施方案。

7. 项目设计演示文稿要求

①分析项目设计背景；
②阐述项目设计理念及目标；
③阐述项目设计内容及方法；
④阐述项目设计实施过程及成果；
⑤总结反思及改进完善方案。

第 15 章 万年历系统设计

15.1 万年历系统功能要求

由 STC32G12K 单片机最小系统及外围电路构成万年历系统,通过软件设计实现 LCD1602 显示年月日和时分秒的功能。

15.1.1 万年历系统功能

①用 LCD1602 液晶屏完成第一行日期显示功能;
②用 LCD1602 液晶屏完成第二行时间显示功能;
③K1 按键实现切换调节时间或日期模式;
④K2 按键实现调节数值加 1 功能;
⑤K3 按键实现调节数值减 1 功能;
⑥K4 按键实现保存退出调节模式。

15.1.2 万年历系统设计要求

(1)界面显示要求:上电初始化时,LCD1602 液晶屏显示界面如图 15-1 所示。

Date: 2022/12/18
Time: 18:58:58

图 15-1　LCD1602 液晶屏初始化显示界面

(2)软硬件设计要求:
①绘制电路原理图及 PCB 图;
②使用定时器与中断实现 LCD1602 液晶屏显示指定的内容。

15.2　万年历系统设计教学目标

通过万年历系统设计实现以下知识、能力、素质、思政方面的教学目标，如图 15-2 所示。

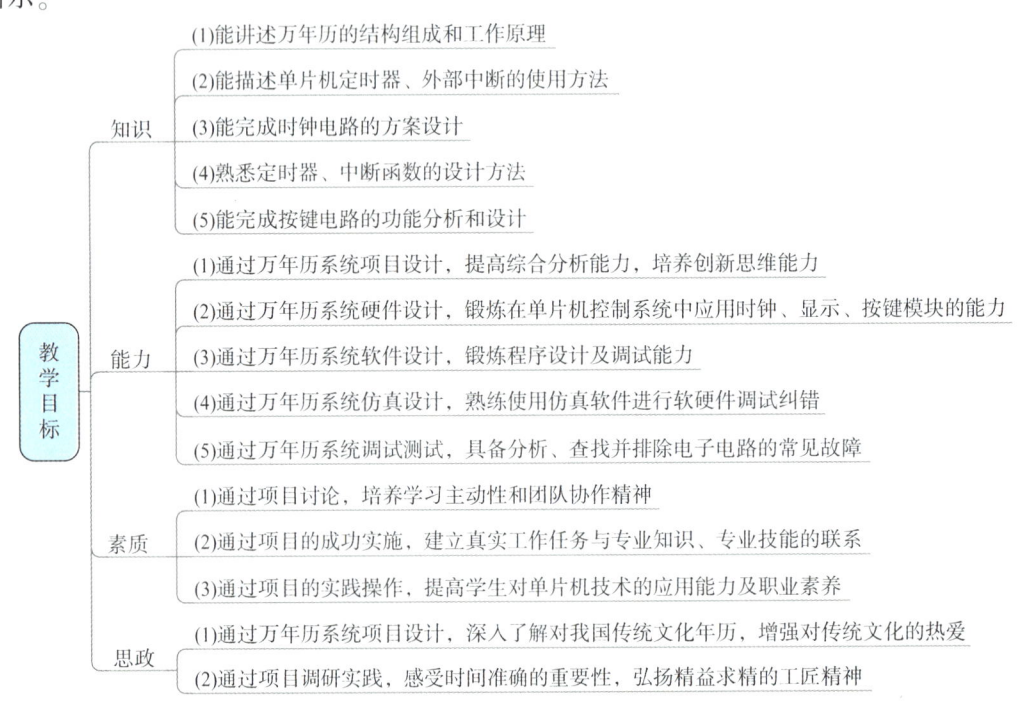

教学目标：

知识
- (1)能讲述万年历的结构组成和工作原理
- (2)能描述单片机定时器、外部中断的使用方法
- (3)能完成时钟电路的方案设计
- (4)熟悉定时器、中断函数的设计方法
- (5)能完成按键电路的功能分析和设计

能力
- (1)通过万年历系统项目设计，提高综合分析能力，培养创新思维能力
- (2)通过万年历系统硬件设计，锻炼在单片机控制系统中应用时钟、显示、按键模块的能力
- (3)通过万年历系统软件设计，锻炼程序设计及调试能力
- (4)通过万年历系统仿真设计，熟练使用仿真软件进行软硬件调试纠错
- (5)通过万年历系统调试测试，具备分析、查找并排除电子电路的常见故障

素质
- (1)通过项目讨论，培养学习主动性和团队协作精神
- (2)通过项目的成功实施，建立真实工作任务与专业知识、专业技能的联系
- (3)通过项目的实践操作，提高学生对单片机技术的应用能力及职业素养

思政
- (1)通过万年历系统项目设计，深入了解对我国传统文化年历，增强对传统文化的热爱
- (2)通过项目调研实践，感受时间准确的重要性，弘扬精益求精的工匠精神

图 15-2　万年历系统设计教学目标

15.3　万年历系统硬件设计

15.3.1　万年历系统电路组成框图

万年历系统电路组成框图如图 15-3 所示。

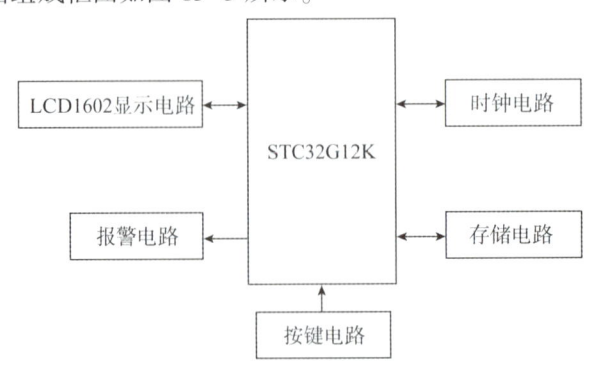

图 15-3　万年历系统电路组成框图

15.3.2 万年历系统电路原理图

万年历系统由 STC32G12K 单片机最小系统、时钟电路、按键电路、LCD1602 显示电路、下载电路、存储电路和报警电路组成。

存储器 AT24C02 与单片机的 P1.4、P1.5 引脚相连。

按键电路与单片机的 P3.2、P3.3、P1.3、P5.4 引脚相连。

下载电路与单片机的 P3.0/RXD、P3.1/TXD 引脚相连，用于给单片机烧写测试程序，同时可以用作串口通信。

报警电路是将音频信号转化为声音信号的发音器件，与单片机的 P4.5 引脚相连。

LCD1602 显示电路数据端口接单片机的 P0 端口，EN、R/W、RS 接单片机的 P4.1、P4.2、P4.4 引脚。

时钟 DS1302 电路引脚与单片机的 P2.0、P2.1、P2.2 引脚相连。时钟 DS1302 电路如图 15-4 所示。万年历系统器件引脚连接清单如表 15-1 所示。

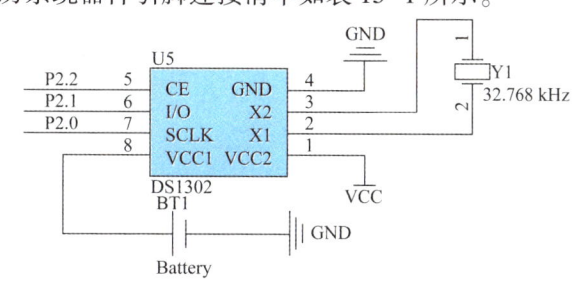

图 15-4　时钟 DS1302 电路图

表 15-1　万年历系统器件引脚连接清单

器件名称	器件标号	器件引脚	连接单片机引脚
下载口	P4	TXD	P3.1/TXD
		RXD	P3.0/RXD
存储器	U2	SCL	P1.4
		SDA	P1.5
LCD1602	U3	RS	P4.4
		R/W	P4.2
		EN	P4.1
		数据端口	P0.0~P0.7
按键	K1	2	P1.3
	K2	2	P5.4
	K3	2	P3.3
	K4	2	P3.2
时钟模块	U5	CE	P2.2
		I/O	P2.1
		SCLK	P2.0
报警电路			P4.5

万年历系统基于STC32G12K单片机完成整体设计，电路原理图如图15-5所示，电路器件清单见附录A。

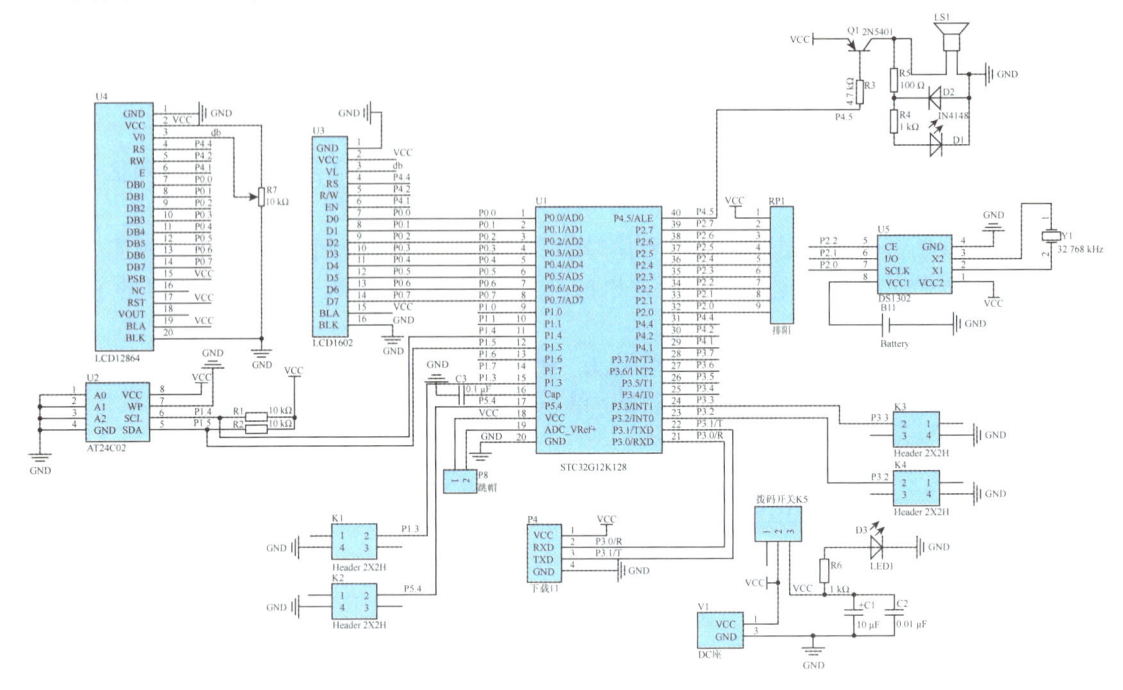

图15-5 万年历系统电路原理图

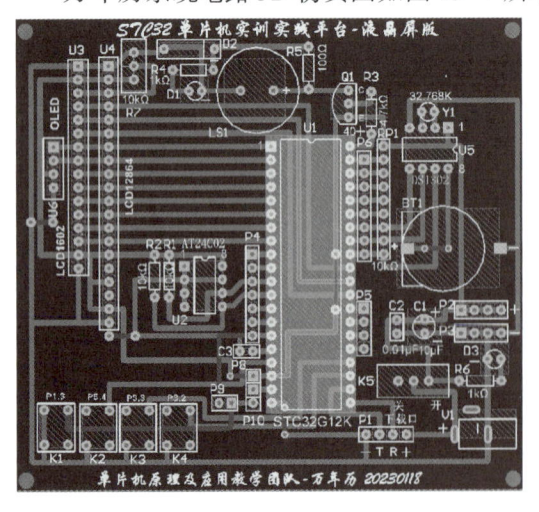

15.3.3 万年历系统PCB图

万年历系统PCB图如图15-6所示。

15.3.4 万年历系统3D仿真电路图

万年历系统电路3D仿真图如图15-7所示。

图15-6 万年历系统PCB图

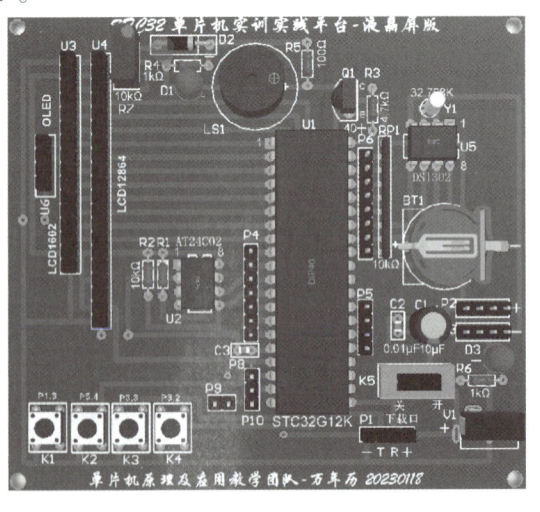

图15-7 万年历系统电路3D仿真图

15.4 万年历系统软件分析

15.4.1 万年历系统程序流程图

按照系统功能要求编写程序，首先初始化，然后对液晶屏初始化。

①判断按键 K1 是否被按下，若被按下，则进入调节模式；否则，保持初始化状态不变。

②判断按键 K2、K3、K4 当中是否有一个被按下，若按键 K3 被按下，则调节数值减 1；若按键 K4 被按下，则保存并退出调节模式后，万年历正常工作；若按键 K2 被按下，则调节数值加 1。

万年历系统程序流程图如图 15-8 所示。

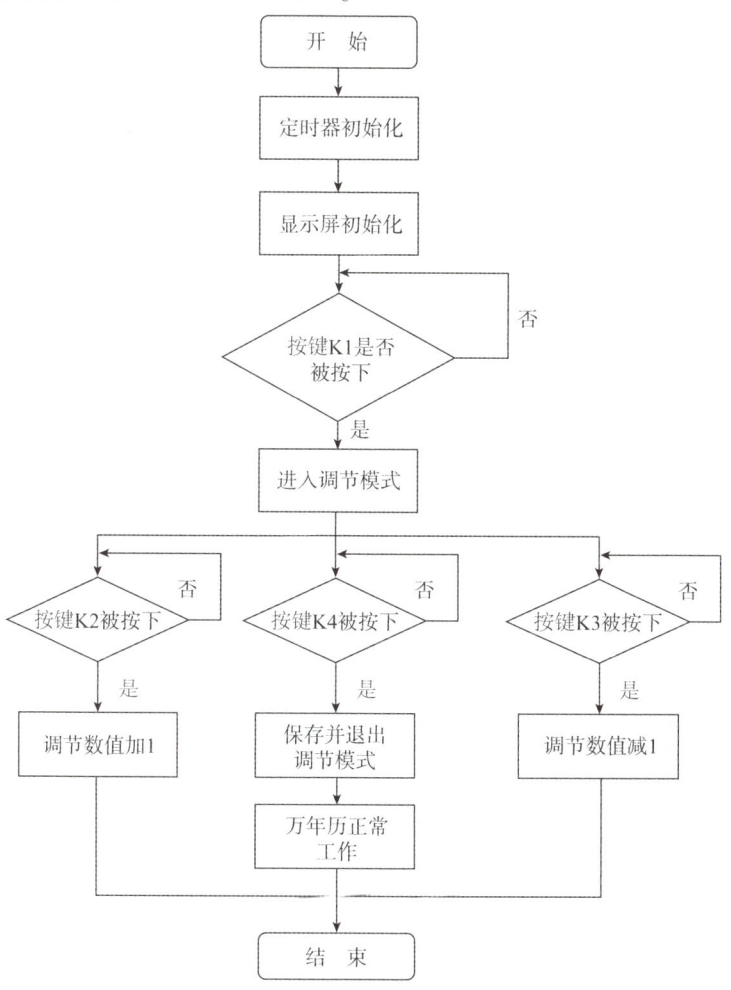

图 15-8 万年历系统程序流程图

15.4.2 万年历系统程序编写进程描述

万年历系统程序编写进程描述如图 15-9 所示。

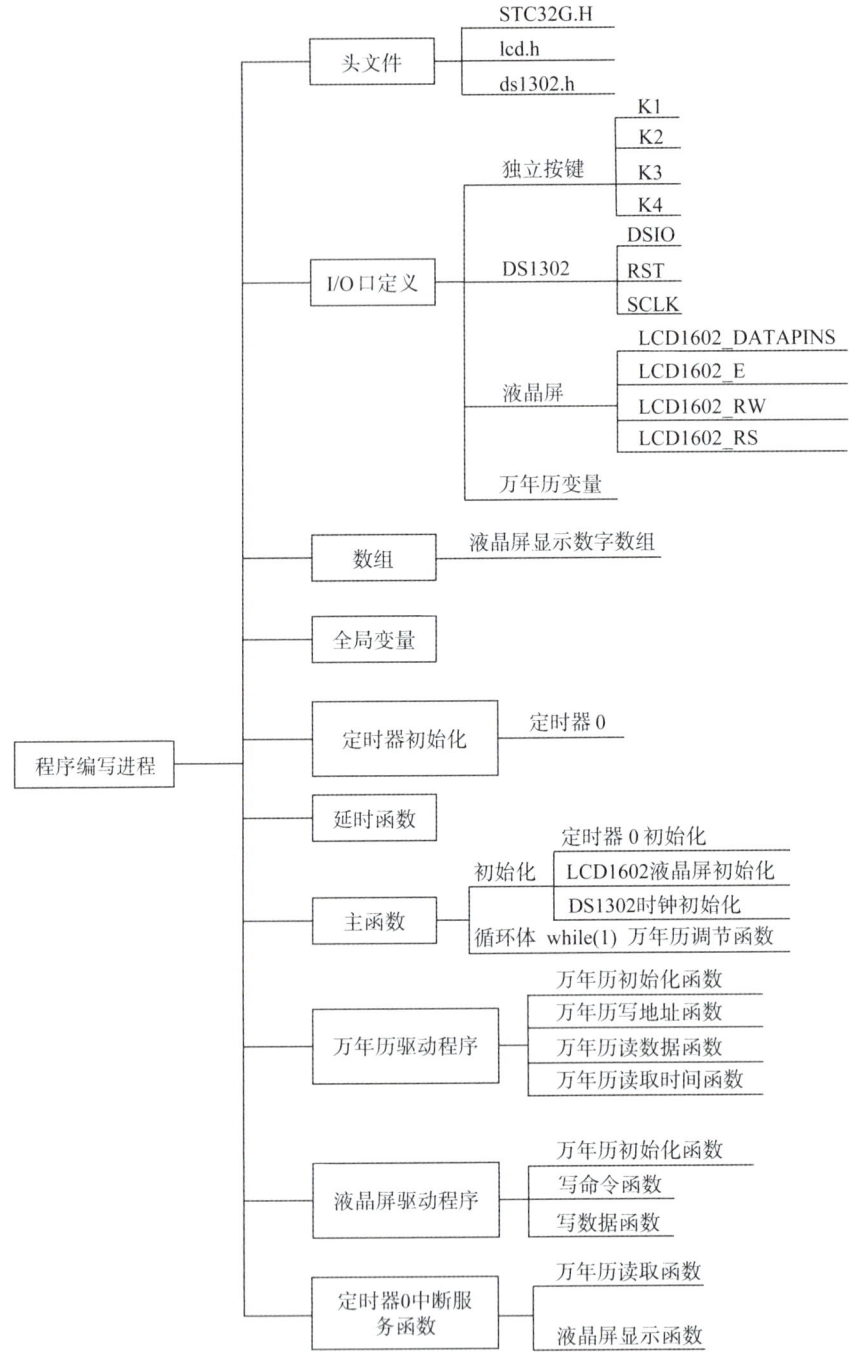

图 15-9　万年历系统程序编写进程描述

15.4.3　万年历系统程序设计

万年历系统程序设计界面如图 15-10 所示。

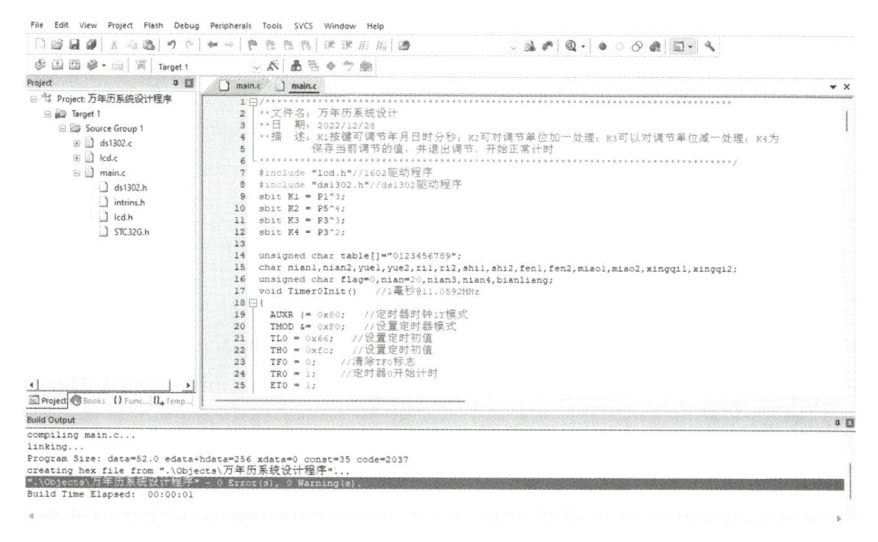

图 15-10　万年历系统程序设计界面

万年历系统参考程序见附录 B。

15.5　万年历系统检测调试

打开烧录软件，选择 STC32G12K128 芯片和对应的串口，找到对应的 Hex 文件，下载运行，上电后，液晶屏第一行显示"Date:2022/12/18"，第二行显示"Time:18:59:13"。

按下 K1 按键后切换为调节时间模式(调节时分秒)，按下 K2 按键后数值加 1，按下 K3 按键后数值减 1，按下 K4 按键后退出调节模式。万年历系统实物测试图如图 15-11 所示。

图 15-11　万年历系统实物测试图

15.6　万年历系统作业

（1）实践项目：
在万年历系统项目设计基础上，设计一个事件记录仪。
（2）项目功能：
①具有存储、参数调整、特殊事件记录等功能；
②按下按键 K1，切换为时间调节模式，同时选择调节位；
③按下按键 K2，数值加 1；
④按下按键 K3，数值减 1；
⑤按下按键 K4，切换为倒计时模式，同时选择调节位；
⑥计时结束时，LCD12864 液晶屏显示内容闪烁 5 s，同时蜂鸣器鸣叫 5 s。
（3）项目要求：
①进行电路设计，要求用 LCD12864 液晶屏显示；
②进行程序设计，要求对程序进行注释说明；
③进行仿真设计调试，要求实现其功能；
④进行实物设计调试，要求实现其功能；
⑤撰写科技报告、演示文稿。

第 16 章 超声波测距系统设计

16.1 超声波测距系统功能要求

由 STC32G12K 单片机最小系统及外围电路构成超声波测距系统，通过软件设计实现 LCD1602 显示当前距离的功能。

16.1.1 超声波测距系统功能

①用 LCD1602 液晶屏完成第一行距离显示功能；
②用 LCD1602 液晶屏完成第二行存储数据显示功能；
③用 K1 按键实现数据存储功能；
④用 K2 按键实现超声波测距功能。

16.1.2 超声波测距系统设计要求

(1) 界面显示要求：
上电初始化时，LCD1602 液晶屏显示内容如图 16-1 所示。

```
US:0.00m
0.00 0.00 0.00 0
```

图 16-1　LCD1602 液晶屏初始化显示界面

(2) 具体功能要求：
①用 LCD1602 完成当前距离的测量和液晶屏显示功能；
②采用定时器 0 和定时器 1 完成超声波测量程序的编写。

16.2 超声波测距系统设计教学目标

通过超声波测距系统设计实现以下知识、能力、素质、思政方面的教学目标，如图 16-2 所示。

STC32位8051单片机原理及应用

教学目标：

知识：
- (1)能讲述超声波测距的应用
- (2)能描述超声波模块测距的原理，以及定时器工作模式和配置方法
- (3)会分析和设计超声波发射、接收及显示电路
- (4)会进行超声波测距的算法分析
- (5)能编写超声波测距主程序和中断程序

能力：
- (1)通过超声波测距系统项目设计，培养综合运用先修知识解决实际问题的能力
- (2)通过超声波测距系统硬件设计，训练单片机外围接口电路的设计技能
- (3)通过超声波测距系统软件设计，训练软件算法分析、数据处理及编程实现能力
- (4)通过超声波测距系统仿真设计，培养学生电路设计及仿真软件的应用能力
- (5)通过超声波测距系统调试测试，提高对较复杂单片机应用电路设计和调试能力

素质：
- (1)通过项目分析讨论，提高查阅文献、沟通和表达的能力
- (2)通过项目的成功实施，培养积极探索、终身学习的意识
- (3)通过项目的实践操作，培养学生对科学研究成果的应用意识

思政：
- (1)通过超声波测距系统项目设计对精度的要求，培育精益求精的工匠精神
- (2)通过项目调研实践，培养探索创造、克服困难、百折不挠的科学精神

图 16-2 超声波测距系统设计教学目标

16.3 超声波测距系统硬件设计

16.3.1 超声波测距系统电路组成框图

超声波测距系统电路组成框图如图 16-3 所示。

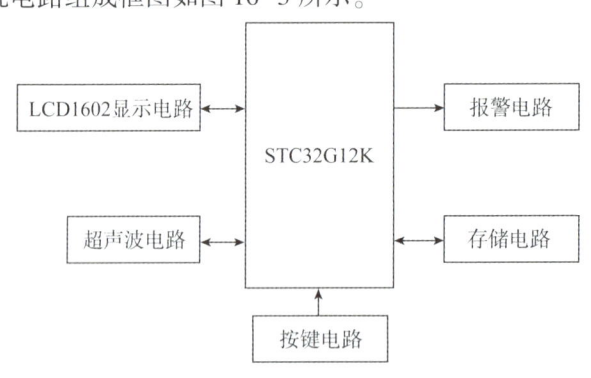

图 16-3 超声波测距系统电路组成框图

16.3.2 超声波测距系统电路原理图

超声波测距系统由 STC32G12K 单片机最小系统、超声波电路、按键电路、LCD1602 显示电路、下载电路、存储电路和报警电路组成。

存储器 AT24C02 与单片机的 P1.4、P1.5 引脚相连。

按键电路与单片机的 P3.2、P3.3、P1.3、P5.4 引脚相连。

下载电路与单片机的 P3.0/RXD、P3.1/TXD 引脚相连，用于给单片机烧写测试程序，同时可以用作串口通信。

报警电路是将音频信号转化为声音信号的发音器件，与单片机的 P4.5 引脚相连。

LCD1602 数据端口接单片机的 P0 口，EN、R/W、RS 接单片机 P4.1、P4.2、P4.4 引脚。

超声波测距模块是用来测量距离的一种产品，通过发送和接收超声波，利用时间差和声音传播速度，计算出模块到前方障碍物的距离。

超声波测距模块正面有 3 个元器件：超声波发射头、超声波接收头、晶振。晶振给模块主控芯片提供精准时钟信号。标有 T 的是超声波发射头，标有 R 的是超声波接收头，标有 TR 的是接收发射一体的。T 和 R 配对使用。无论是接收头还是发射头，里面都有压电晶片。发射头的压电晶片将电信号转化为声音信号，接收头的压电晶片将声音信号转化为电信号。

超声波传感器与单片机的 P3.6、P3.7 引脚相连，其电路连接如图 16-4 所示。超声波测距系统器件引脚连接清单如表 16-1 所示。

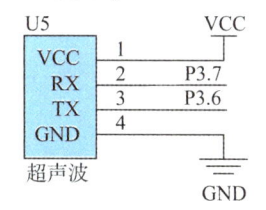

图 16-4　超声波传感器电路连接

表 16-1　超声波测距系统器件引脚连接清单

器件名称	器件标号	器件引脚	连接单片机引脚
下载口	P4	TXD	P3.1/TXD
		RXD	P3.0/RXD
存储器	U2	SCL	P1.4
		SDA	P1.5
LCD1602	U3	RS	P4.4
		R/W	P4.2
		EN	P4.1
		数据端口	P0.0~P0.7
按键	K1	2	P5.4
	K2	2	P1.3
	K3	2	P3.3
	K4	2	P3.2
超声波传感器		TX	P3.6
		RX	P3.7
报警电路			P4.5

超声波测距系统基于 STC32G12K 单片机完成整体设计，电路原理图如图 16-5 所示，

电路器件清单见附录 A。

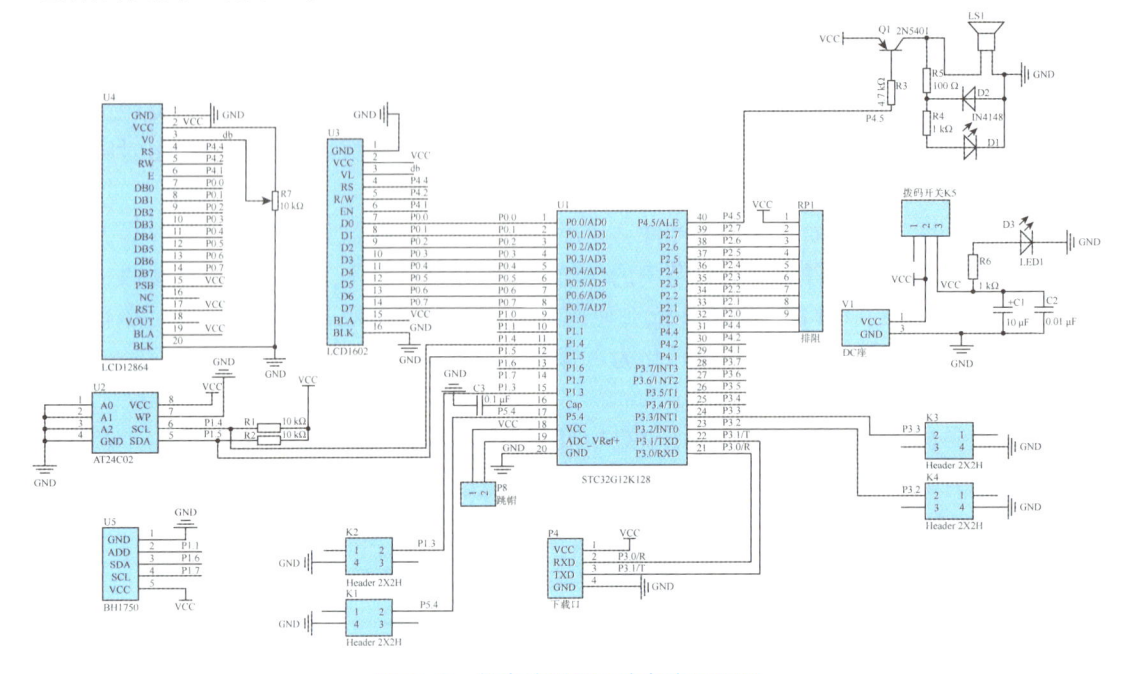

图 16-5　超声波测距系统电路原理图

16.3.3　超声波测距系统 PCB 图

超声波测距系统 PCB 图如图 16-6 所示。

16.3.4　超声波测距系统电路 3D 仿真图

超声波测距系统电路 3D 仿真图直观展示了各元器件的外观及布局，如图 16-7 所示。

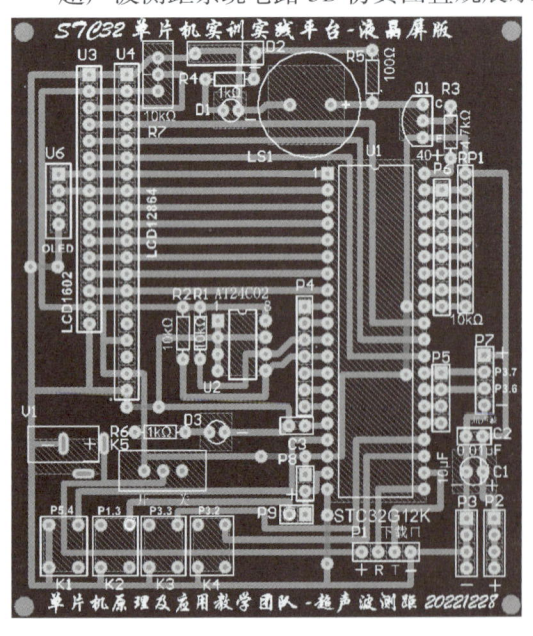

图 16-6　超声波测距系统 PCB 图 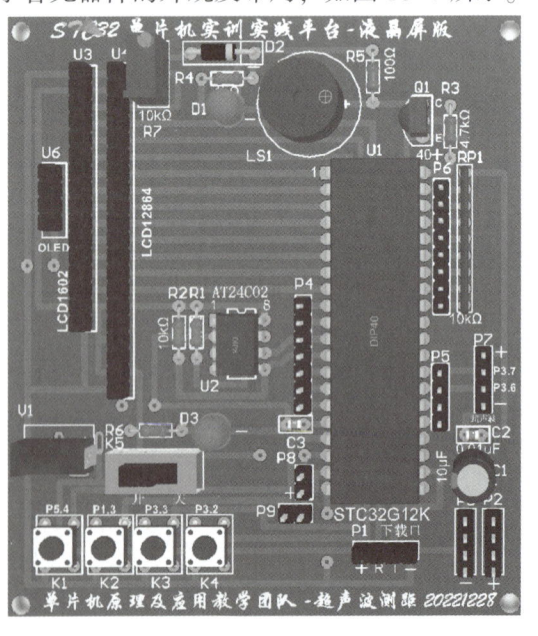　　　　图 16-7　超声波测距系统电路 3D 仿真图

16.4　超声波测距系统软件分析

16.4.1　超声波测距系统程序流程图

超声波测距系统程序流程图如图 16-8 所示。

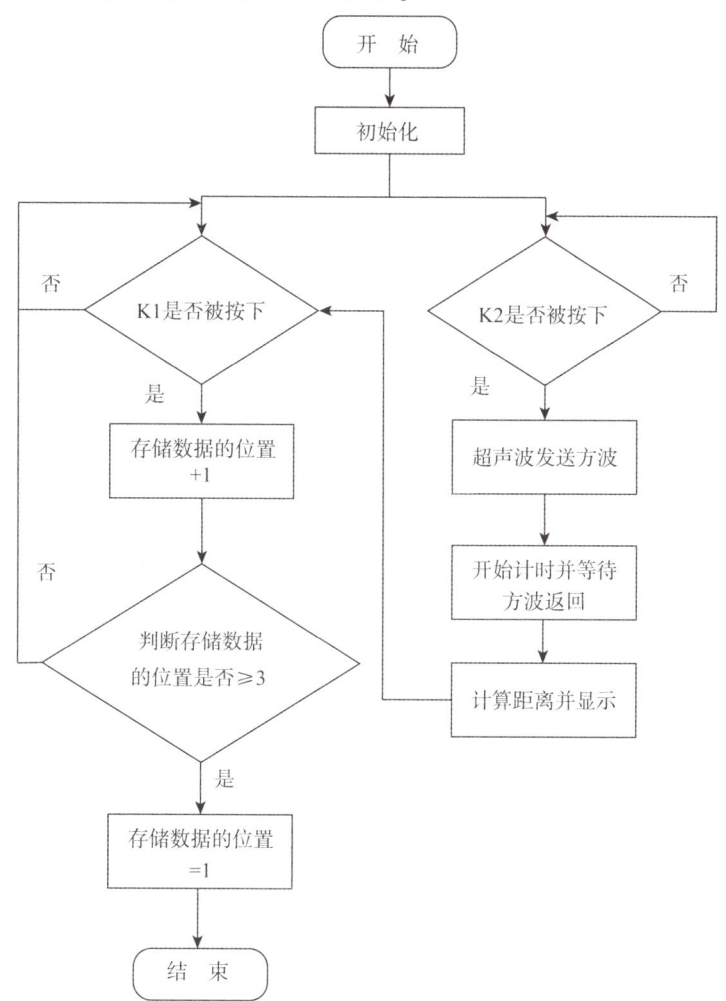

图 16-8　超声波测距系统程序流程图

16.4.2　超声波测距系统程序编写进程描述

超声波测距系统程序编写进程描述如图 16-9 所示。

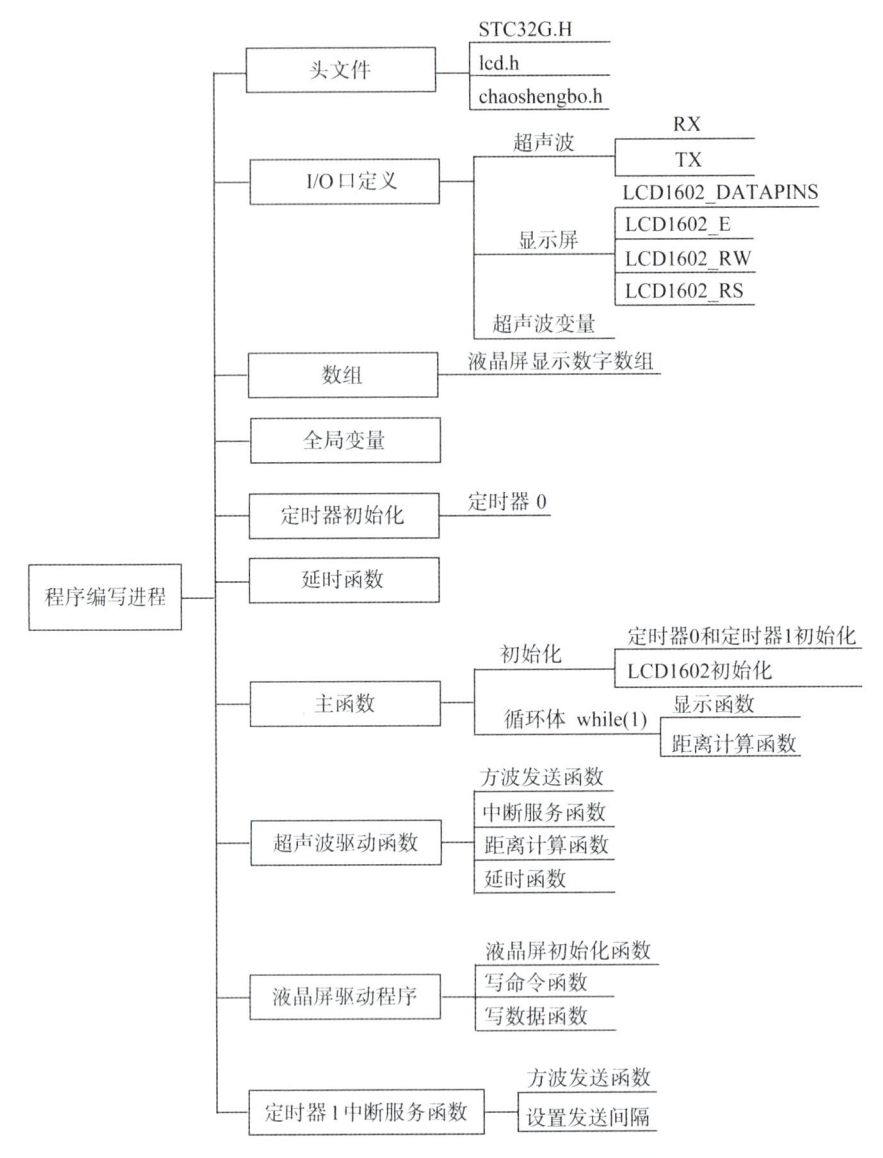

```
程序编写进程 ─┬─ 头文件 ─┬─ STC32G.H
              │          ├─ lcd.h
              │          └─ chaoshengbo.h
              │
              ├─ I/O口定义 ─┬─ 超声波 ─┬─ RX
              │             │         └─ TX
              │             └─ 显示屏 ─┬─ LCD1602_DATAPINS
              │                        ├─ LCD1602_E
              │                        ├─ LCD1602_RW
              │                        └─ LCD1602_RS
              │
              ├─ 数组 ─┬─ 超声波变量
              │        └─ 液晶屏显示数字数组
              │
              ├─ 全局变量
              │
              ├─ 定时器初始化 ── 定时器0
              │
              ├─ 延时函数
              │
              ├─ 主函数 ─┬─ 初始化 ─┬─ 定时器0和定时器1初始化
              │          │          └─ LCD1602初始化
              │          └─ 循环体 while(1) ─┬─ 显示函数
              │                              └─ 距离计算函数
              │
              ├─ 超声波驱动函数 ─┬─ 方波发送函数
              │                  ├─ 中断服务函数
              │                  ├─ 距离计算函数
              │                  └─ 延时函数
              │
              ├─ 液晶屏驱动程序 ─┬─ 液晶屏初始化函数
              │                  ├─ 写命令函数
              │                  └─ 写数据函数
              │
              └─ 定时器1中断服务函数 ─┬─ 方波发送函数
                                       └─ 设置发送间隔
```

图 16-9　超声波测距系统程序编写进程描述

16.4.3　超声波测距系统程序设计

超声波测距系统程序设计界面如图 16-10 所示。

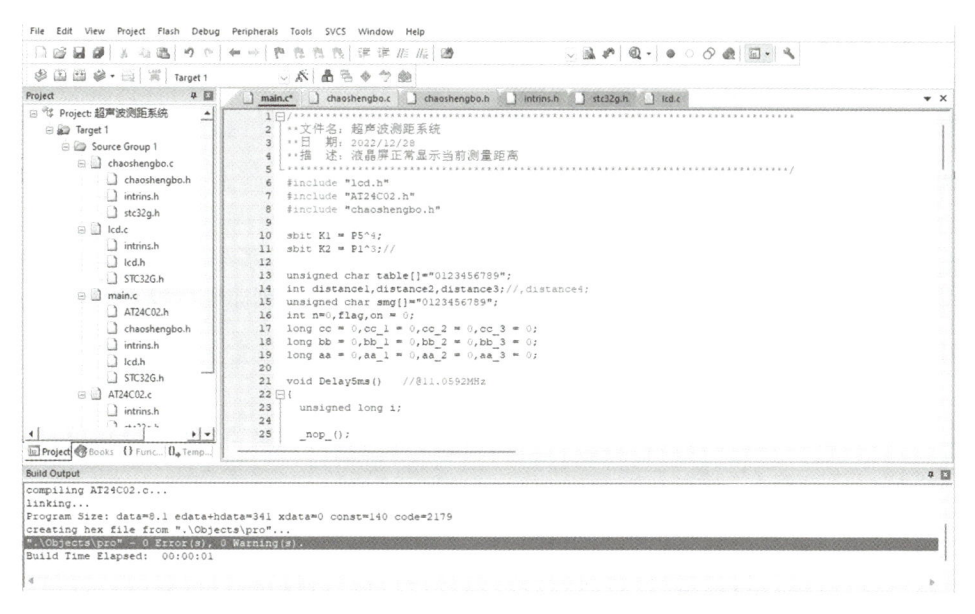

图 16-10 超声波测距系统程序设计界面

超声波测距系统参考程序见附录 B。

16.5 超声波测距系统检测调试

打开烧录软件，选择 STC32G12K128 芯片及对应的串口，找到对应的 Hex 文件，下载运行，测试现象如图 16-11 所示，液晶屏第一行显示"US：0.00m"。改变条件测试，如图 16-12 所示，液晶屏第一行显示测试距离。

图 16-11 超声波测距系统实物初始化图

图 16-12 超声波测距系统实物测试图

16.6　超声波测距系统作业

在超声波测距系统项目设计基础上,设计一个超声波测距报警器。

1. 项目组成框图

由 STC32G12K 单片机最小系统及外围电路构成超声波测距系统,通过软件设计实现 LCD1602 显示屏显示距离数据的功能,通过按键实现对超声波测距报警阈值设置和存储,实现超限报警的功能,如图 16-13 所示。

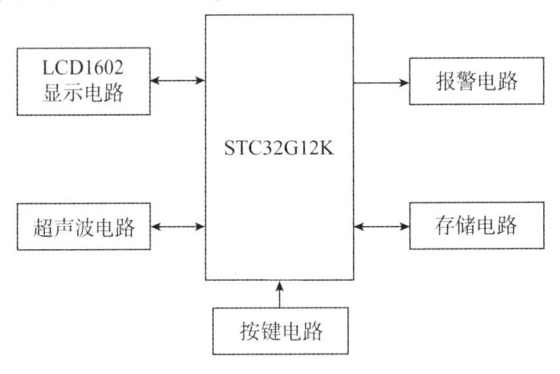

图 16-13　电路组成框图

项目设计包括硬件设计、软件设计、测试调试、总结反思等内容。

2. 项目任务要求

(1)项目功能要求:

①系统上电初始化,LCD1602 液晶屏上电显示界面如图 16-14 所示。

```
US: 0.00m
0.00      0.00      0.00
```

图 16-14　LCD1602 液晶屏上电显示界面

②按下 K2 按键开启超声波进行测距,并且在 LCD1602 液晶屏第一行显示实时距离,如图 16-15 所示。

```
US: 3.62m
0.00      0.00      0.00
```

图 16-15　距离显示界面

按下 K1 按键进入阈值调节界面,按下 K3 按键增加阈值,按下 K4 按键减小阈值,并在 LCD1602 液晶屏第二行显示阈值数据,如图 16-16 所示。

```
US: 3.62m
5.0m      0.00      0.00
```

图 16-16　存储显示界面

(2)项目性能要求:

①LCD1602 液晶屏显示变化中间间隔<0.1 s;

②按键动作响应时间≤0.2 s；

③距离精确到小数点后两位。

3. 硬件设计要求

①依据项目设计要求，画出电路原理图；

②依据电路原理图，画出 PCB 图及电路 3D 仿真图；

③分析所使用器件的功能作用、器件的测量方法、器件的规格等；

④分析整体电路工作原理；

⑤列出电路所有器件清单。

4. 软件设计要求

①按照项目要求完成程序设计任务分析；

②分析介绍所用到的特殊寄存器，并描述寄存器的工作原理；

③画出主程序流程图、各个分支程序流程图。

5. 调试功能要求

①将编译设计的程序下载到单片机中，进行软硬件调试。

②初始化状态检测：关闭蜂鸣器、继电器和 LED 灯，开启 LCD1602 液晶屏。

③按键功能检测：按下 K2 按键开启超声波进行测距，并且在 LCD1602 液晶屏第一行显示实时距离；按下 K1 按键存储数据，在 LCD1602 液晶屏第二行显示存储的数据和存储次数。

④记录测试数据。

⑤分析数据，完善项目功能。

6. 科技报告要求

①报告格式、内容要求，按照《科技报告编写规则》要求执行；

②科技报告由课题组成员撰写完成；

③总结反思，提出改进实施方案。

7. 项目设计演示文稿要求

①分析项目设计背景；

②阐述项目设计理念及目标；

③阐述项目设计内容及方法；

④阐述项目设计实施过程及成果；

⑤总结反思及改进完善方案。

第 17 章 数字电压表系统设计

17.1 数字电压表系统功能要求

用 STC32G12K 单片机最小系统及外围电路构成数字电压表系统,通过软件设计实现电压测量及显示功能。

17.1.1 数字电压表系统功能

①实现 LCD1602 液晶屏第一行显示"The voltage:"功能;
②实现 LCD1602 液晶屏第二行显示"is:0.00 V"功能。

17.1.2 数字电压表系统设计要求

上电初始化时,LCD1602 液晶屏显示界面如图 17-1 所示。

```
The voltage
is:0.00 V
```

图 17-1 LCD1602 液晶屏初始化显示界面

17.2 数字电压表系统设计教学目标

通过数字电压表系统设计实现以下知识、能力、素质、思政方面的教学目标,如图 17-2 所示。

教学目标

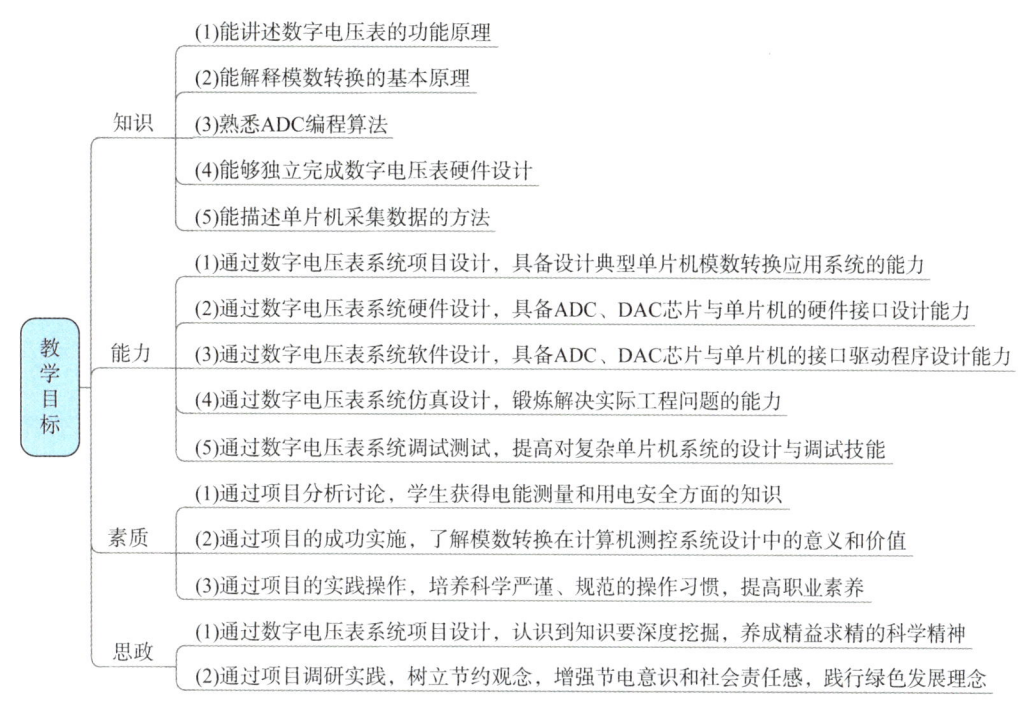

知识
- (1)能讲述数字电压表的功能原理
- (2)能解释模数转换的基本原理
- (3)熟悉ADC编程算法
- (4)能够独立完成数字电压表硬件设计
- (5)能描述单片机采集数据的方法

能力
- (1)通过数字电压表系统项目设计,具备设计典型单片机模数转换应用系统的能力
- (2)通过数字电压表系统硬件设计,具备ADC、DAC芯片与单片机的硬件接口设计能力
- (3)通过数字电压表系统软件设计,具备ADC、DAC芯片与单片机的接口驱动程序设计能力
- (4)通过数字电压表系统仿真设计,锻炼解决实际工程问题的能力
- (5)通过数字电压表系统调试测试,提高对复杂单片机系统的设计与调试技能

素质
- (1)通过项目分析讨论,学生获得电能测量和用电安全方面的知识
- (2)通过项目的成功实施,了解模数转换在计算机测控系统设计中的意义和价值
- (3)通过项目的实践操作,培养科学严谨、规范的操作习惯,提高职业素养

思政
- (1)通过数字电压表系统项目设计,认识到知识要深度挖掘,养成精益求精的科学精神
- (2)通过项目调研实践,树立节约观念,增强节电意识和社会责任感,践行绿色发展理念

图 17-2 数字电压表系统设计教学目标

17.3 数字电压表系统硬件设计

17.3.1 数字电压表系统电路组成框图

数字电压表系统电路组成框图如图 17-3 所示。

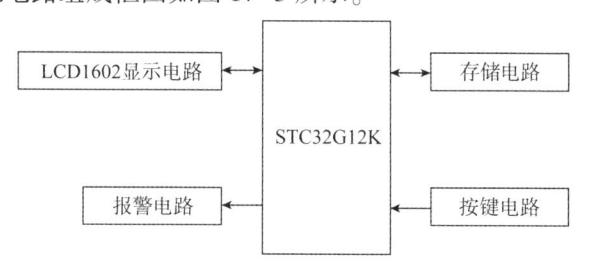

图 17-3 数字电压表系统电路组成框图

17.3.2 数字电压表系统电路原理图

数字电压表系统由 STC32G12K 单片机最小系统、按键电路、LCD1602 显示电路、下载电路、存储电路和报警电路组成。

存储器 AT24C02 与单片机的 P1.4、P1.5 引脚相连。

按键电路与单片机的 P3.2、P3.3、P1.3、P5.4 引脚相连。

下载电路与单片机的 P3.0/RXD、P3.1/TXD 引脚相连,用于给单片机烧写测试程序,同时可以用作串口通信。

报警电路是将音频信号转化为声音信号的发音器件,与单片机的 P4.5 引脚相连。

LCD1602 数据端口接单片机的 P0 口，EN、R/W、RS 接单片机的 P4.1、P4.2、P4.4 引脚。测试点接单片机的 P1.0 引脚。数字电压表系统器件引脚连接清单如表 17-1 所示。

表 17-1　数字电压表系统器件引脚连接清单

器件名称	器件标号	器件引脚	连接单片机引脚
下载口	P4	TXD	P3.1/TXD
		RXD	P3.0/RXD
存储器	U2	SCL	P1.4
		SDA	P1.5
LCD1602	U3	RS	P4.4
		R/W	P4.2
		EN	P4.1
		数据端口	P0.0~P0.7
按键	K1	2	P5.4
	K2	2	P1.3
	K3	2	P3.3
	K4	2	P3.2
报警电路			P4.5
测试点	P9		P1.0

数字电压表系统基于 STC32G12K 单片机完成整体设计，电路原理图如图 17-4 所示，电路器件清单见附录 A。

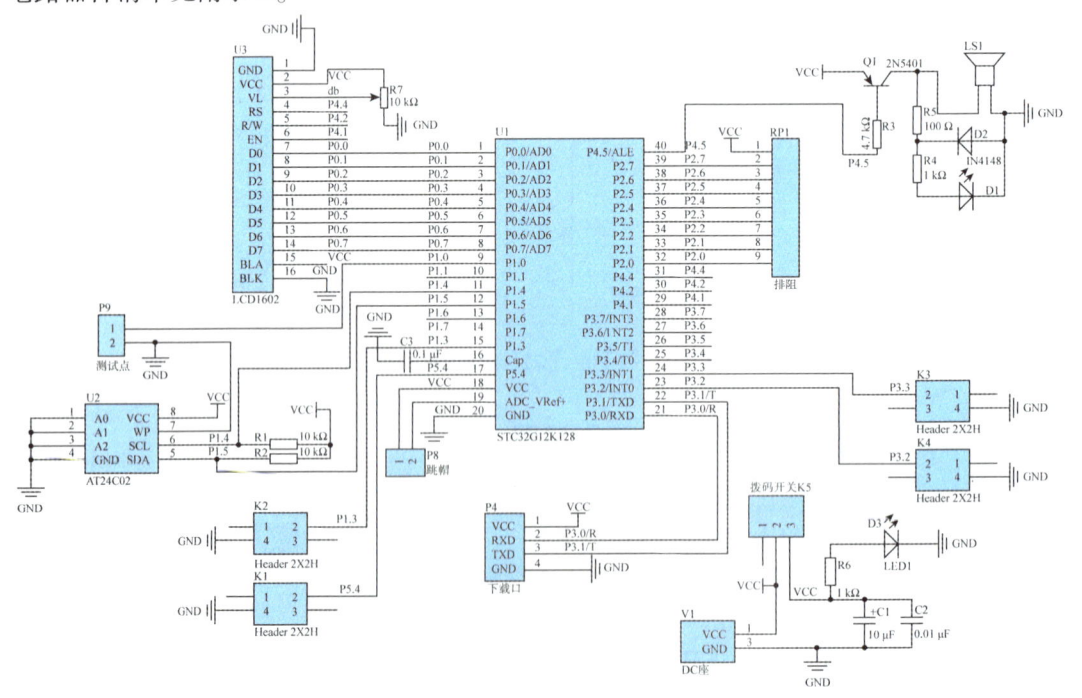

图 17-4　数字电压表系统电路原理图

17.3.3　数字电压表系统 PCB 图

数字电压表系统 PCB 图如图 17-5 所示。

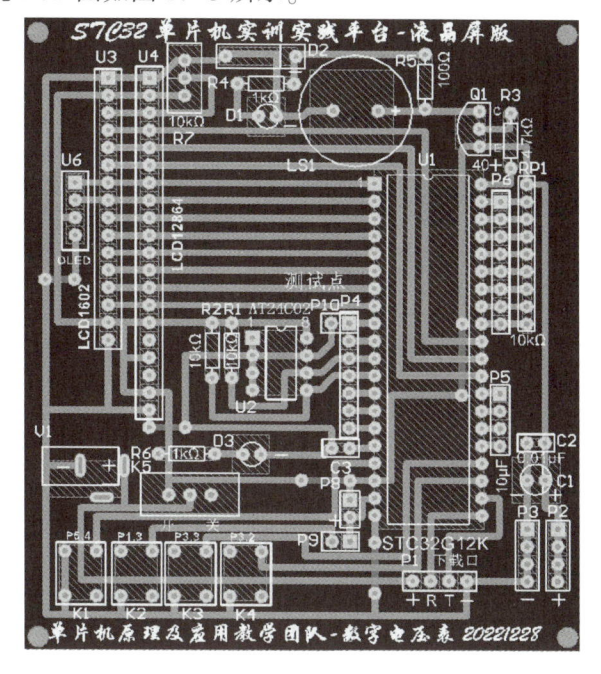

图 17-5　数字电压表系统 PCB 图

17.3.4　数字电压表系统电路 3D 仿真图

数字电压表系统电路 3D 仿真图直观展示了各元器件的外观及布局，如图 17-6 所示。

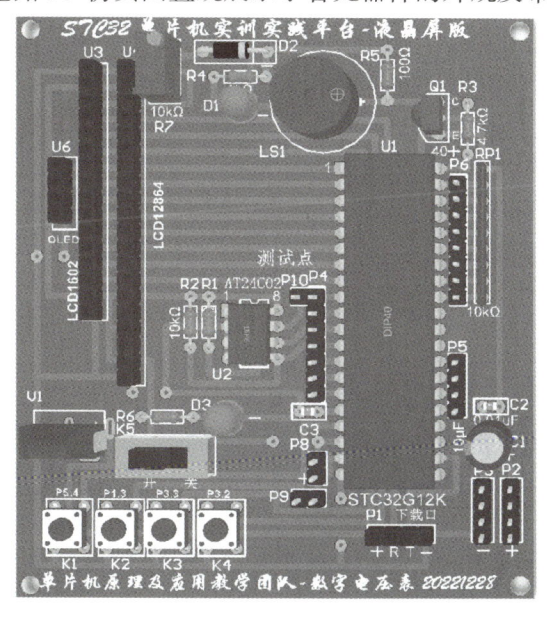

图 17-6　数字电压表系统电路 3D 仿真图

17.4 数字电压表系统软件分析

17.4.1 数字电压表系统程序流程图

数字电压表系统程序流程图如图 17-7 所示。

```
开始
  ↓
设置ADC复用功能
  ↓
LCD1602初始化
  ↓
选择ADC测量通道
  ↓
读取ADC测量数值
  ↓
舍弃第一次读数
  ↓
取16次测量值的平均值
  ↓
把ADC数值转化为十进制数
  ↓
数据显示在LCD1602液晶屏第二行
  ↓
结束
```

图 17-7 数字电压表系统程序流程图

17.4.2 数字电压表系统程序编写进程描述

数字电压表系统程序编写进程描述如图 17-8 所示。

第17章 数字电压表系统设计

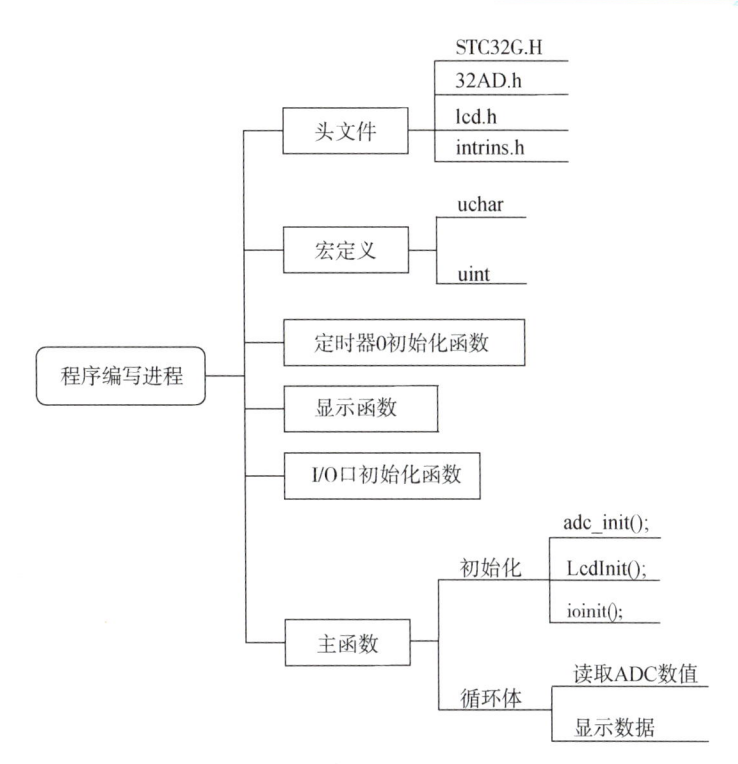

图 17-8 数字电压表系统程序编写进程描述

17.4.3 数字电压表系统程序设计

数字电压表系统程序设计界面如图 17-9 所示。

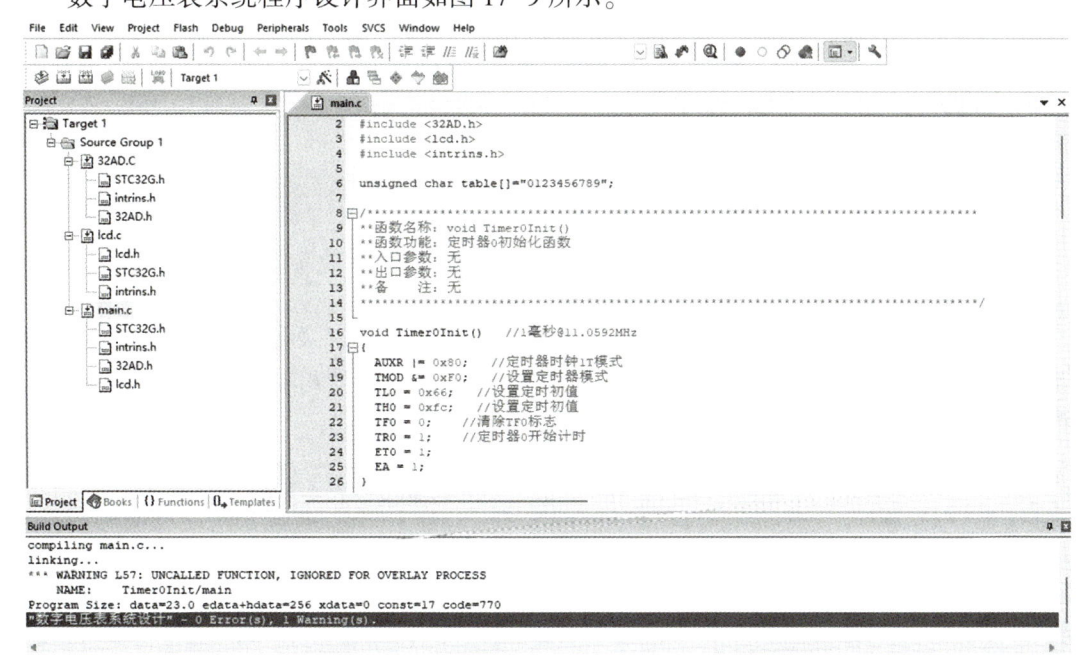

图 17-9 数字电压表系统程序设计界面

数字电压表系统参考程序见附录 B。

225

17.5　数字电压表系统检测调试

打开烧录软件，选择 STC32G12K128 芯片及对应的串口，找到对应的 Hex 文件，下载运行，测试现象如图 17-10 所示。

图 17-10　数字电压表系统实物测试图

17.6　数字电压表系统作业

在数字电压表系统项目设计基础上，设计一个电压检测记录提示仪。

1. 项目组成框图

由 STC32G12K 单片机最小系统及外围电路构成电压检测记录提示仪系统，通过软件设计实现 LCD1602 液晶屏显示当前电压的功能，通过按键实现对电压表开关的控制和存储电压数据的功能，如图 17-11 所示。

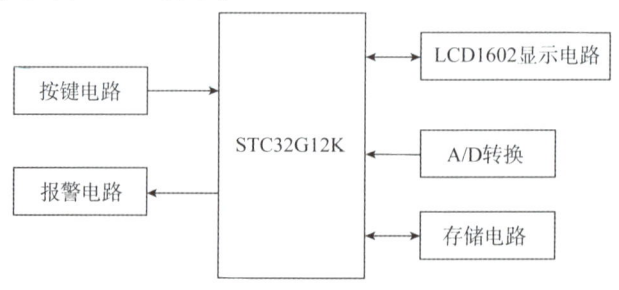

图 17-11　电路组成框图

项目设计包括硬件设计、软件设计、测试调试、总结反思等内容。

2. 项目任务要求

（1）项目功能要求：

①系统上电初始化，LCD1602 液晶屏显示界面如图 17-12 所示。

```
U:0V
U:0V
```

图 17-12　LCD1602 液晶屏初始化显示界面

②按下 K1 按键开启 ADC，在 LCD1602 液晶屏第一行显示电压数据，如图 17-13 所示。

```
U:3V
U:0V
```

图 17-13　LCD1602 读取电压显示

③按下 K2 按键，存储电压数据并将存储的电压数据在 LCD1602 液晶屏第二行显示。

④具有存储功能，当电压高于或低于阈值时报警，按键可以调节阈值。

（2）项目性能要求：

①LCD1602 液晶屏亮度变化中间间隔>0.1 s；

②按键动作响应时间≤0.2 s。

3. 硬件设计要求

①依据项目设计要求，画出电路原理图；

②依据电路原理图，画出 PCB 图及电路 3D 仿真图；

③分析所使用器件的功能作用、器件的测量方法、器件的规格等；

④分析整体电路工作原理；

⑤列出电路所有器件清单。

4. 软件设计要求

①按照项目要求完成程序设计任务分析；

②分析介绍所用到的特殊寄存器，并描述寄存器的工作原理；

③画出主程序流程图、各个分支程序流程图。

5. 调试功能要求

①将编译设计的程序下载到单片机中，进行软硬件调试。

②初始化状态检测：关闭蜂鸣器、继电器、LED 灯和 ADC，开启 LCD1602 液晶屏。

③按键功能检测：按下 K1 按键，开启 ADC 获取电压数据并将电压数据在 LCD1602 液晶屏第一行显示；按下 K2 按键，控制电压数据的存储并将存储的电压数据在 LCD1602 液晶屏第二行显示。

④记录测试数据。

⑤分析数据，完善项目功能。

6. 科技报告要求

①报告格式、内容要求，按照《科技报告编写规则》要求执行；

②科技报告由课题组成员撰写完成；

③总结反思，提出改进实施方案。

7. 项目设计演示文稿要求

①分析项目设计背景；
②阐述项目设计理念及目标；
③阐述项目设计内容及方法；
④阐述项目设计实施过程及成果；
⑤总结反思及改进完善方案。

第 18 章　光照强度检测系统设计

18.1　光照强度检测系统功能要求

由 STC32G12K 单片机最小系统及外围电路构成光照强度检测系统，通过软件设计实现 LCD12864 液晶屏显示光照强度等功能。

18.1.1　光照强度检测系统功能

①实现 LCD12864 液晶屏第一行显示"光照强度为："功能；
②实现 LCD12864 液晶屏第二行显示"00002 lx"（光照强度）功能；
③用 K1 按键实现存储数据功能。

18.1.2　光照强度检测系统设计要求

（1）界面显示要求：
上电初始化时，LCD12864 液晶屏显示界面如图 18-1 所示。

```
光照强度为：
00002 lx
存储：000001x
（按 K1 键存储）
```

图 18-1　LCD12864 液晶屏初始化显示界面

（2）软硬件设计要求：
①绘制电路原理图、PCB 图及电路 3D 仿真图；
②按项目要求进行设计调试，完成其功能。

18.2　光照强度检测系统设计教学目标

通过光照强度检测系统设计实现以下知识、能力、素质、思政方面的教学目标，如图 18-2 所示。

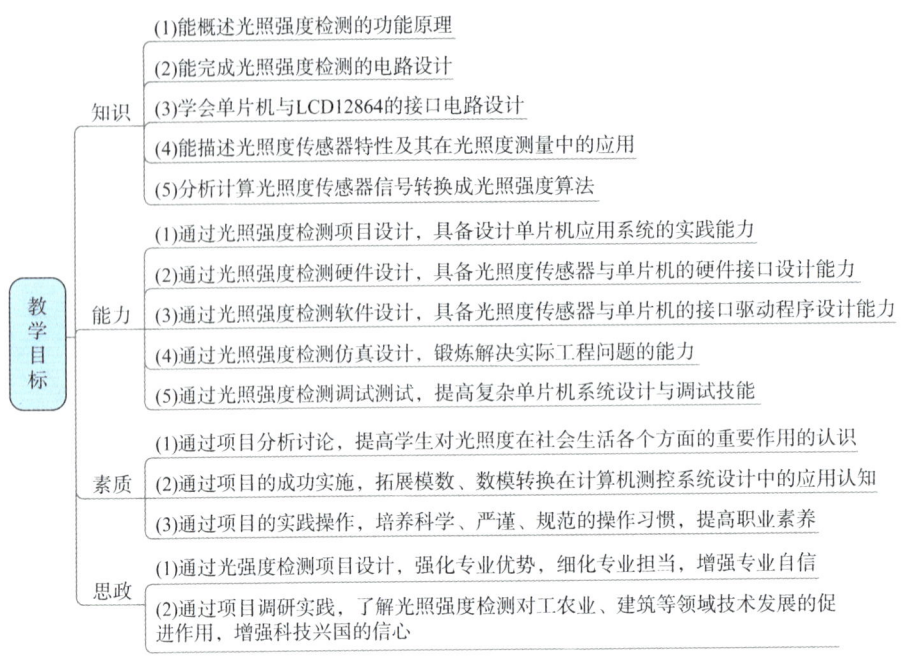

```
                    ┌ (1)能概述光照强度检测的功能原理
                    │ (2)能完成光照强度检测的电路设计
              知识 ─┤ (3)学会单片机与LCD12864的接口电路设计
                    │ (4)能描述光照度传感器特性及其在光照度测量中的应用
                    └ (5)分析计算光照度传感器信号转换成光照强度算法

                    ┌ (1)通过光照强度检测项目设计，具备设计单片机应用系统的实践能力
                    │ (2)通过光照强度检测硬件设计，具备光照度传感器与单片机的硬件接口设计能力
教学目标 ─── 能力 ─┤ (3)通过光照强度检测软件设计，具备光照度传感器与单片机的接口驱动程序设计能力
                    │ (4)通过光照强度检测仿真设计，锻炼解决实际工程问题的能力
                    └ (5)通过光照强度检测调试测试，提高复杂单片机系统设计与调试技能

                    ┌ (1)通过项目分析讨论，提高学生对光照度在社会生活各个方面的重要作用的认识
              素质 ─┤ (2)通过项目的成功实施，拓展模数、数模转换在计算机测控系统设计中的应用认知
                    └ (3)通过项目的实践操作，培养科学、严谨、规范的操作习惯，提高职业素养

                    ┌ (1)通过光强度检测项目设计，强化专业优势，细化专业担当，增强专业自信
              思政 ─┤ (2)通过项目调研实践，了解光照强度检测对工农业、建筑等领域技术发展的促
                    └   进作用，增强科技兴国的信心
```

图 18-2 光照强度检测系统设计教学目标

18.3 光照强度检测系统硬件设计

18.3.1 光照强度检测系统电路组成框图

光照强度检测系统电路组成框图如图 18-3 所示。

```
  LCD12864
  显示电路  ←─────→ ┐              ┌──→ 光照度传感器
                     │              │
  报警电路  ←─────→ ┤  STC32G12K  ├
                     │              │
  按键电路  ←─────→ ┘              └──→ 存储电路
```

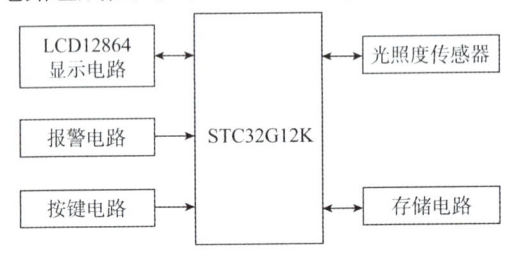

图 18-3 光照强度检测系统电路组成框图

18.3.2 光照强度检测系统电路原理图

光照强度检测系统由 STC32G12K 单片机最小系统、光照度传感器、按键电路、LCD12864 显示电路、下载电路、存储电路和报警电路组成。

存储器 AT24C02 与单片机的 P1.4、P1.5 引脚相连。

按键电路与单片机的 P3.2、P3.3、P1.3、P5.4 引脚相连。

下载电路与单片机的 P3.0/RXD、P3.1/TXD 引脚相连，用于给单片机烧写测试程序，同时可以用作串口通信。

报警电路是将音频信号转化为声音信号的发音器件，与单片机的 P4.5 引脚相连。

LCD12864 数据端口接单片机的 P0.0~P0.7 引脚，E、R/W、RS 接单片机 P4.1、

P4.2、P4.4 引脚。

光照传感器 BH1750 与单片机的 P1.1、P1.6、P1.7 引脚相连。光照强度检测系统器件引脚连接清单如表 18-1 所示。

表 18-1 光照强度检测系统器件引脚连接清单

器件名称	器件标号	器件引脚	连接单片机引脚
下载口	P4	TXD	P3.1/TXD
		RXD	P3.0/RXD
存储器	U2	SCL	P1.4
		SDA	P1.5
LCD12864	U4	RS	P4.4
		R/W	P4.2
		E	P4.1
		数据端口	P0.0~P0.7
按键	K1	2	P5.4
	K2	2	P1.3
	K3	2	P3.3
	K4	2	P3.2
光照度模块	U5	ADD	P1.1
		SDA	P1.6
		SCL	P1.7
报警电路			P4.5

光照强度检测系统基于 STC32G12K 单片机完成整体设计，电路原理图如图 18-4 所示，电路器件清单见附录 A。

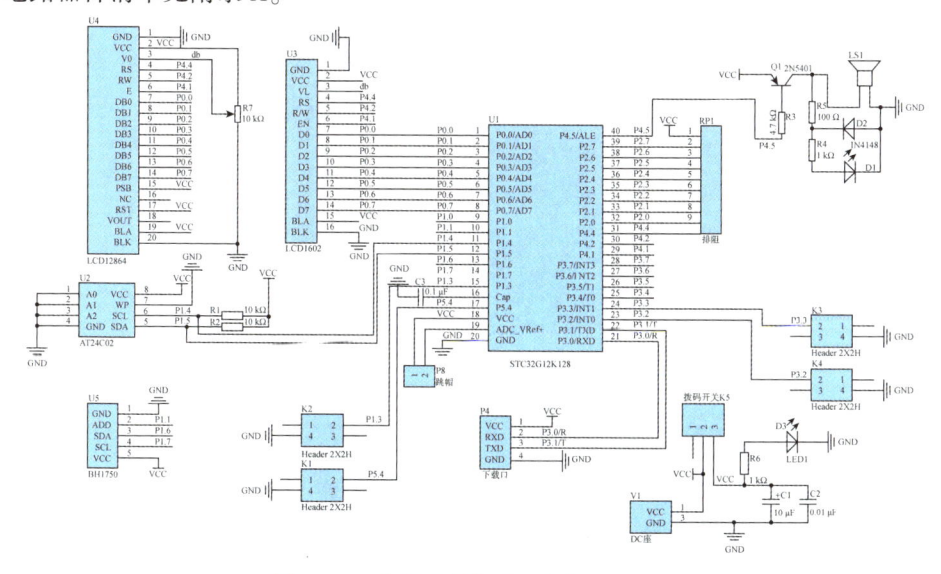

图 18-4 光照强度检测系统电路原理图

18.3.3　光照强度检测系统 PCB 图

光照强度检测系统 PCB 图如图 18-5 所示。

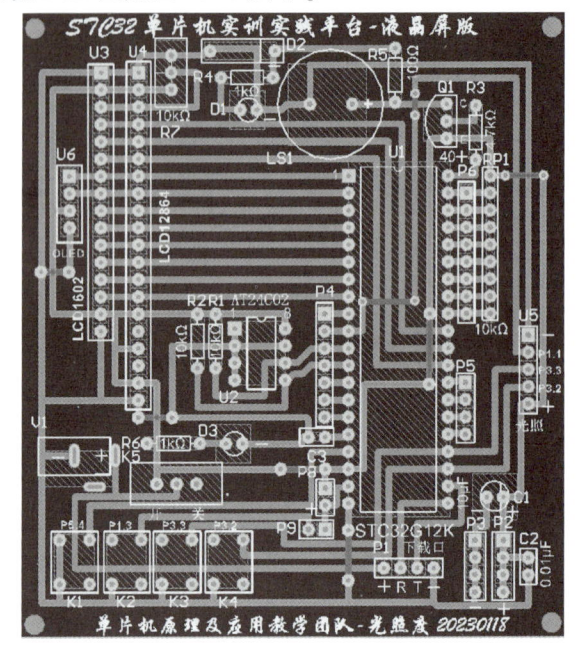

图 18-5　光照强度检测系统 PCB 图

18.3.4　光照强度检测系统电路 3D 仿真图

光照强度检测系统电路 3D 仿真图直观展示了各元器件的外观及布局，如图 18-6 所示。

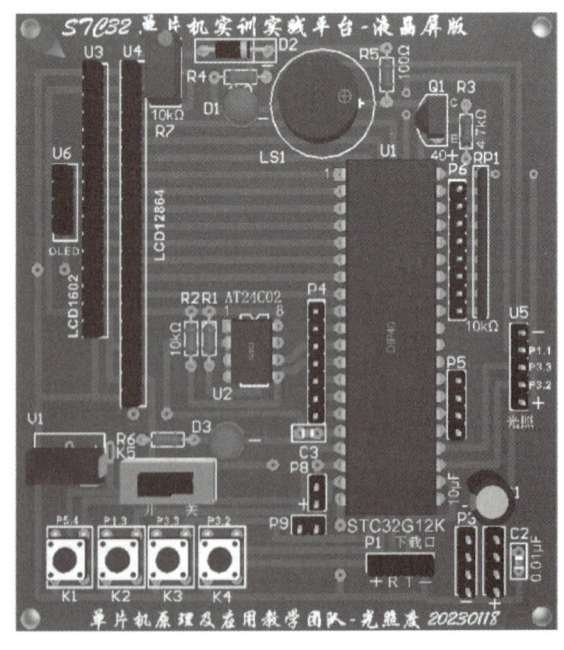

图 18-6　光照强度检测系统电路 3D 仿真图

18.4　光照强度检测系统软件分析

18.4.1　光照强度检测系统程序流程图

光照强度检测系统程序流程图如图 18-7 所示。

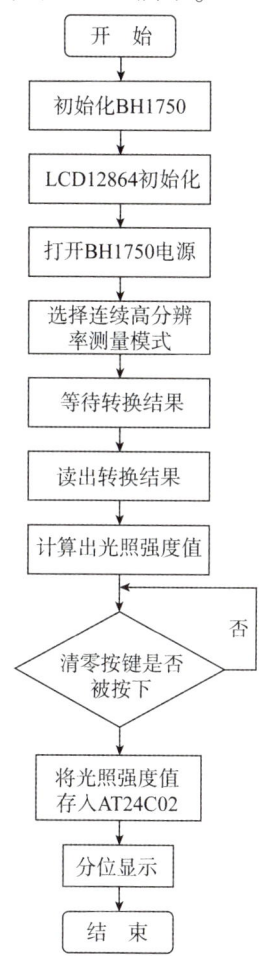

图 18-7　光照强度检测系统程序流程图

18.4.2　光照强度检测系统程序编写进程描述

光照强度检测系统程序编写进程描述如图 18-8 所示。

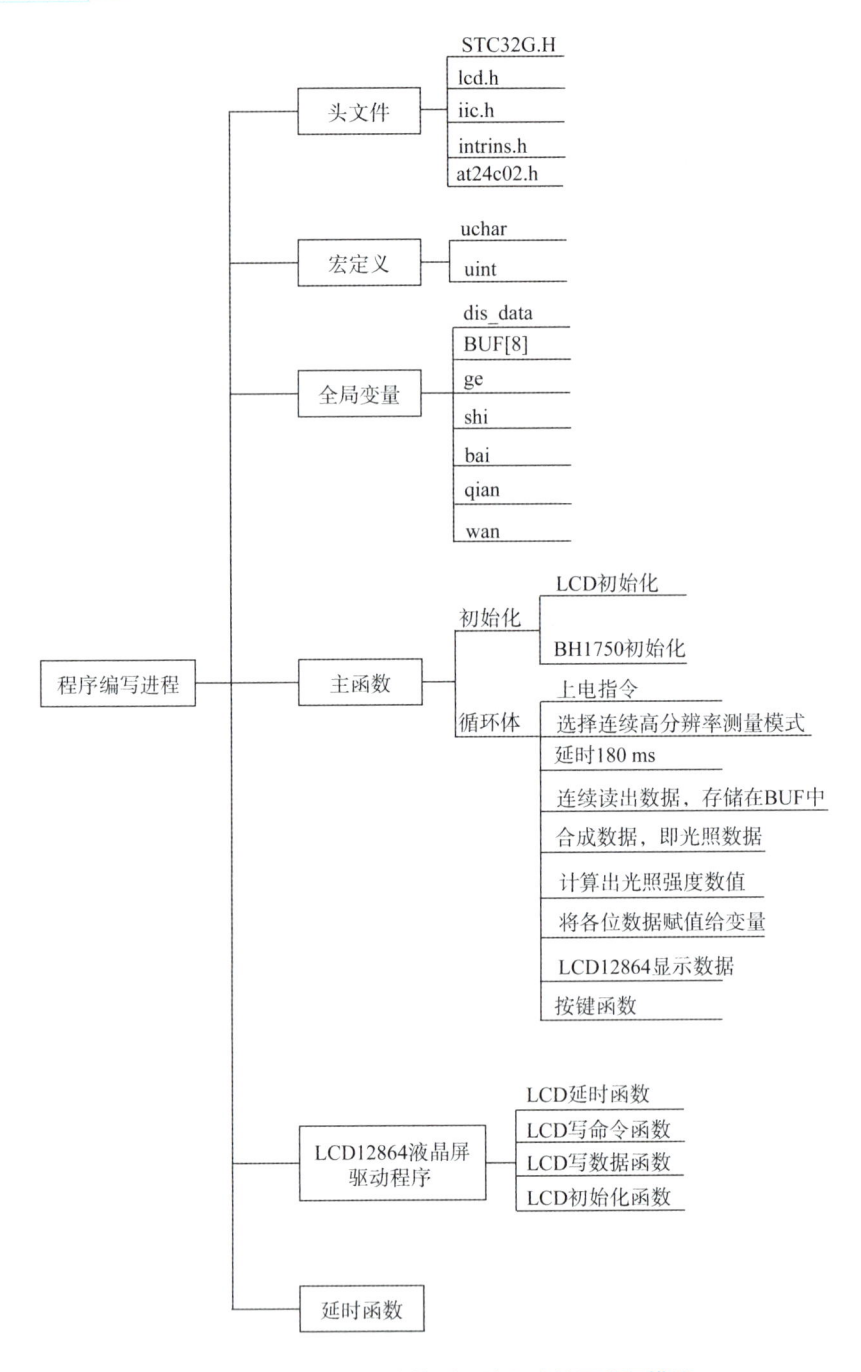

```
程序编写进程 ──┬── 头文件 ──┬── STC32G.H
              │            ├── lcd.h
              │            ├── iic.h
              │            ├── intrins.h
              │            └── at24c02.h
              │
              ├── 宏定义 ──┬── uchar
              │            └── uint
              │
              ├── 全局变量 ──┬── dis_data
              │              ├── BUF[8]
              │              ├── ge
              │              ├── shi
              │              ├── bai
              │              ├── qian
              │              └── wan
              │
              ├── 主函数 ──┬── 初始化 ──┬── LCD初始化
              │            │            └── BH1750初始化
              │            └── 循环体 ──┬── 上电指令
              │                         ├── 选择连续高分辨率测量模式
              │                         ├── 延时180 ms
              │                         ├── 连续读出数据，存储在BUF中
              │                         ├── 合成数据，即光照数据
              │                         ├── 计算出光照强度数值
              │                         ├── 将各位数据赋值给变量
              │                         ├── LCD12864显示数据
              │                         └── 按键函数
              │
              ├── LCD12864液晶屏驱动程序 ──┬── LCD延时函数
              │                            ├── LCD写命令函数
              │                            ├── LCD写数据函数
              │                            └── LCD初始化函数
              │
              └── 延时函数
```

图 18-8　光照强度检测系统程序编写进程描述

18.4.3　光照强度检测系统程序设计

光照强度检测系统程序设计界面如图 18-9 所示。

图 18-9　光照强度检测系统程序设计界面

光照强度检测系统参考程序见附录 B

18.5　光照强度检测系统检测调试

打开烧录软件，选择 STC32G12K128 芯片及对应的串口，找到对应的 Hex 文件，下载运行，测试现象如图 18-10 所示。

图 18-10　光照强度检测系统实物测试图

18.6 光照强度检测系统作业

在光照强度检测系统基础上，设计一个光照强度报警器，当光照强度超过或低于当前阈值时，进行报警。

1. 项目组成框图

由 STC32G12K 单片机最小系统及外围电路构成的光照度记录仪系统，通过光敏电阻实时采集环境光照值，OLED 液晶屏显示当前光照值，当光照强度超过设定值时报警。电路组成框图如图 18-11 所示。

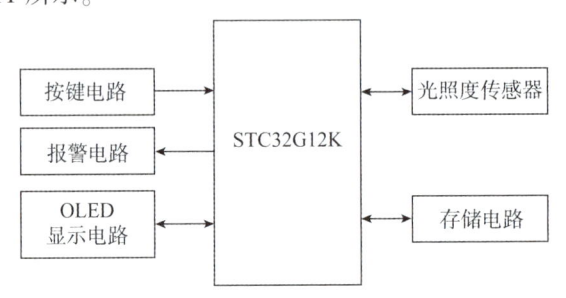

图 18-11　电路组成框图

项目设计包括硬件设计、软件设计、测试调试、总结反思等内容。

2. 项目任务要求

（1）项目功能要求：

①系统上电初始化，进入测量模式，即测量环境光照值，光敏电阻采集环境光照值，OLED 液晶屏显示光照值，如图 18-12 所示。

当前光照值为：xx.x

图 18-12　光照强度初始化界面

②按下 K1 按键，进入存储模式，即存储当前光照值。

③按下 K2 按键，进入光照强度阈值设置模式，按下 K3 按键增加光照强度阈值，按下 K4 按键减少光照强度阈值，并在 OLED 液晶屏上显示，如图 18-13 所示。

光照强度阈值为：xx.x

图 18-13　光照强度界面

④再次按下 K2 按键，返回测量模式。

⑤当光照强度超过或低于当前阈值时，报警器进行报警。

（2）项目性能要求：

①OLED 液晶屏显示变化中间间隔>0.1 s；

②按键动作响应时间≤0.2 s；

③OLED 液晶屏显示当前光照值范围须在 00.0～100.0。

3. 硬件设计要求

①依据项目设计要求，画出电路原理图；

②依据电路原理图，画出 PCB 图及电路 3D 仿真图；
③分析所使用器件的功能作用、器件的测量方法、器件的规格等；
④分析整体电路工作原理；
⑤列出电路所有器件清单。

4. 软件设计要求

①按照项目要求完成程序设计任务分析；
②分析介绍所用到的特殊寄存器，并描述寄存器的工作原理；
③画出主程序流程图、各个分支程序流程图。

5. 调试功能要求

①将编译设计的程序下载到单片机中，进行软硬件调试。
②初始化状态检测：测量环境光照值，光敏电阻采集环境光照值，OLED 液晶屏显示光照值。
③按键功能检测：按下 K1 按键，存储当前光照值，OLED 液晶屏继续显示实时环境光照值；按下 K2 按键，进入光照强度阈值设置模式，按下 K3 按键增加光照强度阈值，按下 K4 按键减少光照强度阈值，再次按下 K2 按键，返回测量模式。
④记录测试数据。
⑤分析数据，完善项目功能。

6. 科技报告要求

①报告格式、内容要求，按照《科技报告编写规则》要求执行；
②科技报告由课题组成员撰写完成；
③总结反思，提出改进实施方案。

7. 项目设计演示文稿要求

①分析项目设计背景；
②阐述项目设计理念及目标；
③阐述项目设计内容及方法；
④阐述项目设计实施过程及成果；
⑤总结反思及改进完善方案。

第 19 章 天然气检测系统设计

19.1 天然气检测系统功能要求

由 STC32G12K 单片机最小系统及外围电路构成天然气检测系统，通过软件设计实现 OLED 液晶屏显示天然气浓度的功能。

19.1.1 天然气检测系统功能

①用 OLED 液晶屏显示天然气浓度；
②有预热计时，开始测量控制。

19.1.2 天然气检测系统设计要求

（1）界面显示要求：
上电初始化，OLED 液晶屏显示界面如图 19-1 所示。
①OLED 液晶屏第一行显示"天然气浓度：××%"功能（××%为测量的天然气浓度）；
②OLED 液晶屏第二行：预热倒计时 30 s。
③OLED 液晶屏第三行：按 K1 键进行测试，显示当前测得的天然气浓度值。

> 天然气浓度：08%
> 预热倒计时：30s
> 按 K1 键开始测量

图 19-1 OLED 液晶屏初始化显示界面

（2）软硬件设计要求：
①绘制电路原理图及 PCB 图；
②使用 IIC 总线协议完成 OLED 液晶屏显示功能。

19.2 天然气检测系统设计教学目标

通过天然气检测系统设计实现以下知识、能力、素质、思政方面的教学目标，如图

19-2 所示。

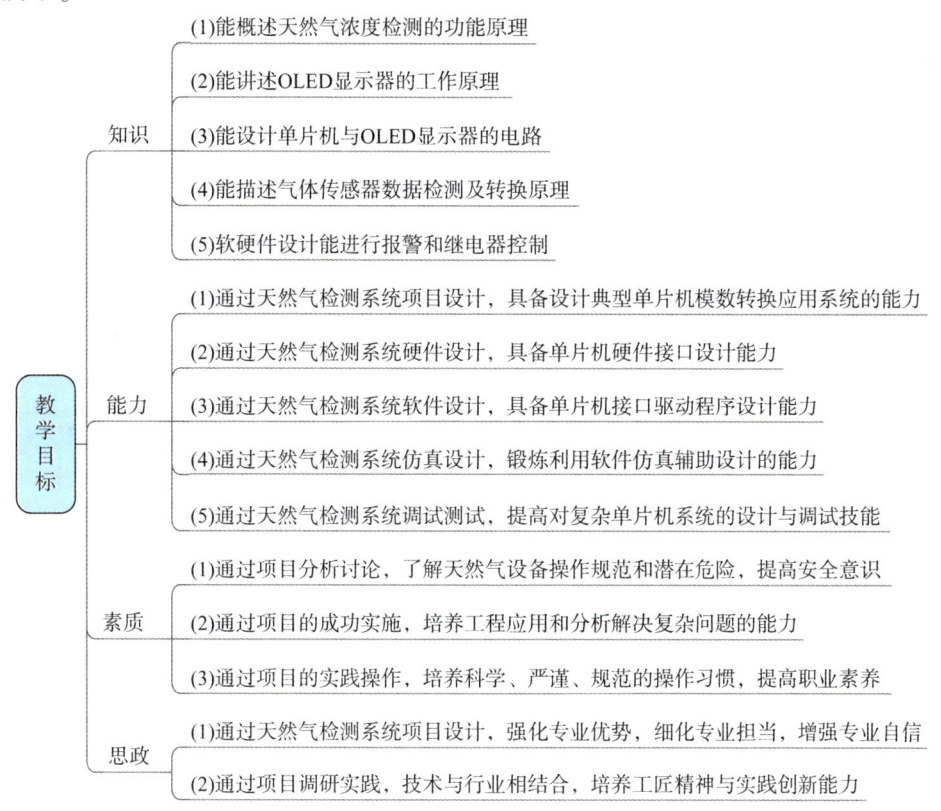

```
教学目标
├─ 知识
│   ├─ (1)能概述天然气浓度检测的功能原理
│   ├─ (2)能讲述OLED显示器的工作原理
│   ├─ (3)能设计单片机与OLED显示器的电路
│   ├─ (4)能描述气体传感器数据检测及转换原理
│   └─ (5)软硬件设计能进行报警和继电器控制
├─ 能力
│   ├─ (1)通过天然气检测系统项目设计，具备设计典型单片机模数转换应用系统的能力
│   ├─ (2)通过天然气检测系统硬件设计，具备单片机硬件接口设计能力
│   ├─ (3)通过天然气检测系统软件设计，具备单片机接口驱动程序设计能力
│   ├─ (4)通过天然气检测系统仿真设计，锻炼利用软件仿真辅助设计的能力
│   └─ (5)通过天然气检测系统调试测试，提高对复杂单片机系统的设计与调试技能
├─ 素质
│   ├─ (1)通过项目分析讨论，了解天然气设备操作规范和潜在危险，提高安全意识
│   ├─ (2)通过项目的成功实施，培养工程应用和分析解决复杂问题的能力
│   └─ (3)通过项目的实践操作，培养科学、严谨、规范的操作习惯，提高职业素养
└─ 思政
    ├─ (1)通过天然气检测系统项目设计，强化专业优势，细化专业担当，增强专业自信
    └─ (2)通过项目调研实践，技术与行业相结合，培养工匠精神与实践创新能力
```

图 19-2　天然气检测系统设计教学目标

19.3　天然气检测系统硬件设计

19.3.1　天然气检测系统电路组成框图

天然气检测系统电路组成框图如图 19-3 所示。

```
天然气传感器 ──→ ┐
OLED显示电路 ──→ ├─ STC32G12K ←──→ 按键电路
报警电路 ────→ ┘              ←──→ 存储电路
```

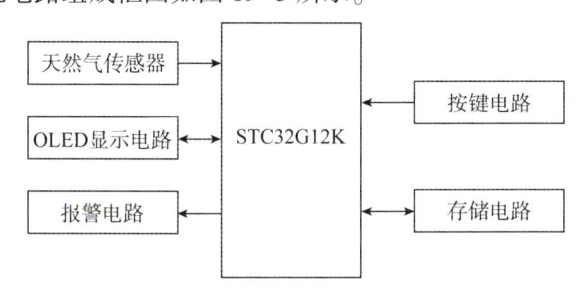

图 19-3　天然气检测系统电路组成框图

19.3.2　天然气检测系统电路原理图

天然气检测系统由 STC32G12K 单片机最小系统、天然气传感器、按键电路、OLED 显

示电路、下载电路、存储电路和报警电路组成。

存储器 AT24C02 与单片机的 P1.4、P1.5 引脚相连。

按键电路与单片机的 P3.2、P3.3、P1.3、P5.4 引脚相连。

下载电路与单片机的 P3.0/RXD、P3.1/TXD 引脚相连,用于给单片机烧写测试程序,同时可以用作串口通信。

报警电路是将音频信号转化为声音信号的发音器件,与单片机的 P4.5 引脚相连。

天然气传感器 MQ-5 与单片机的 P1.7 引脚相连。

OLED 显示器与单片机的 P0.0、P0.1 引脚相连。天然气检测系统器件引脚连接清单,如表 19-1 所示。

表 19-1 天然气检测系统器件引脚连接清单

器件名称	器件标号	器件引脚	连接单片机引脚
下载口	P4	TXD	P3.1/TXD
		RXD	P3.0/RXD
存储器	U2	SCL	P1.4
		SDA	P1.5
LCD1602	U3	RS	P4.4
		R/W	P4.2
		EN	P4.1
		数据端口	P0.0~P0.7
OLED	U6	SDA	P0.0
		SCL	P0.1
时钟模块	U5	CE	P2.2
		I/O	P2.1
		SCLK	P2.0
按键	K1	2	P1.3
	K2	2	P5.4
	K3	2	P3.3
	K4	2	P3.2
天然气传感器	MQ-5		P1.7
报警电路			P4.5

天然气检测系统基于 STC32G12K 单片机完成整体设计,电路原理图如图 19-4 所示,电路器件清单见附录 A。

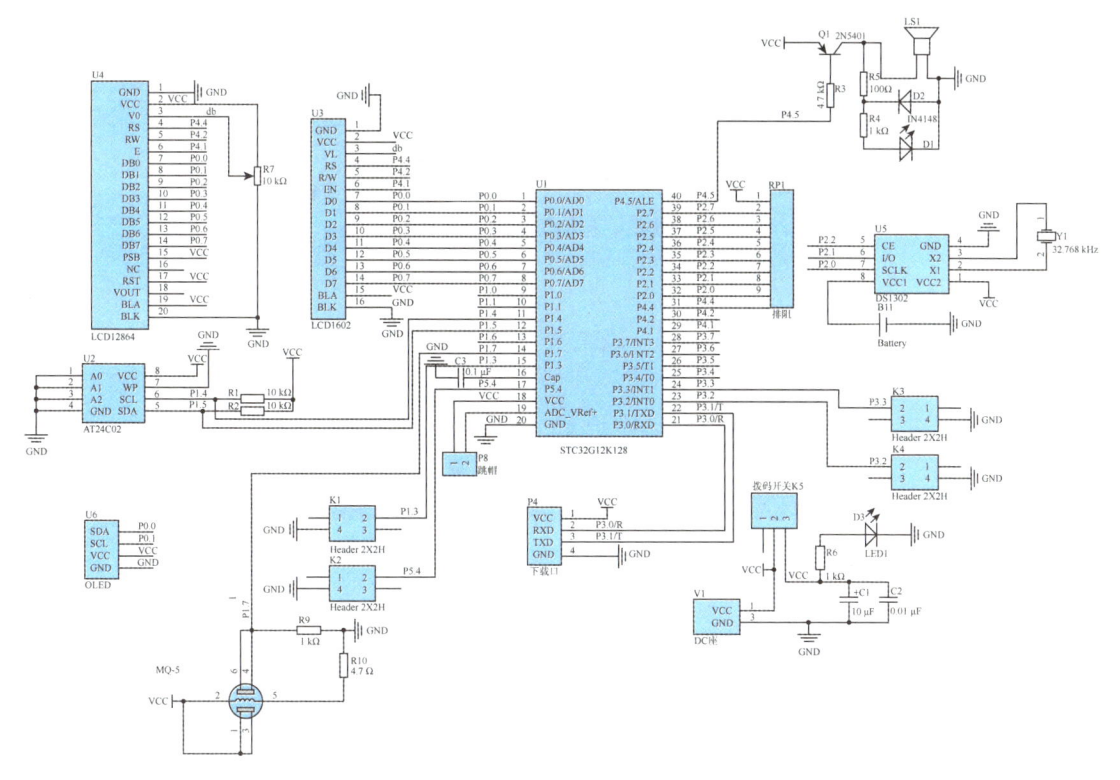

图 19-4 天然气检测系统电路原理图

19.3.3 天然气检测系统 PCB 图

天然气检测系统 PCB 图如图 19-5 所示。

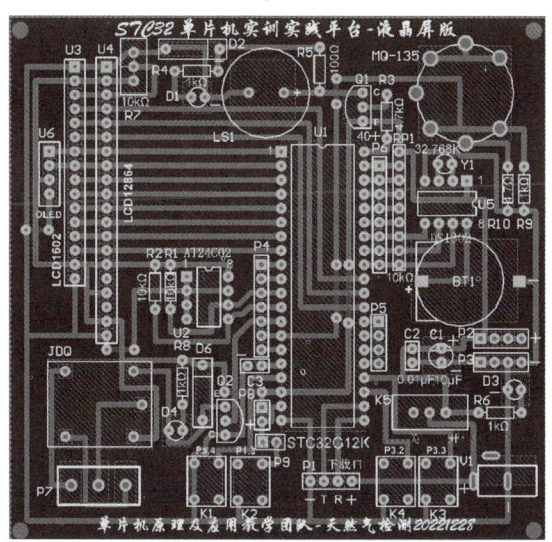

图 19-5 天然气检测系统 PCB 图

19.3.4 天然气检测系统电路 3D 仿真图

天然气检测系统电路 3D 仿真图直观展示了各元器件的外观及布局，如图 19-6 所示。

图 19-6　天然气检测系统电路 3D 仿真图

19.4　天然气检测系统软件分析

19.4.1　天然气检测系统程序流程图

天然气检测系统程序流程图如图 19-7 所示。

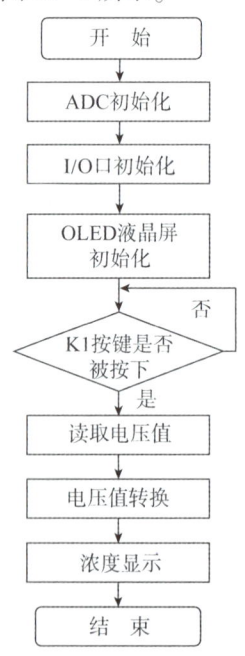

图 19-7　天然气检测系统程序流程图

19.4.2　天然气检测系统程序编写进程描述

天然气检测系统程序编写进程描述如图 19-8 所示。

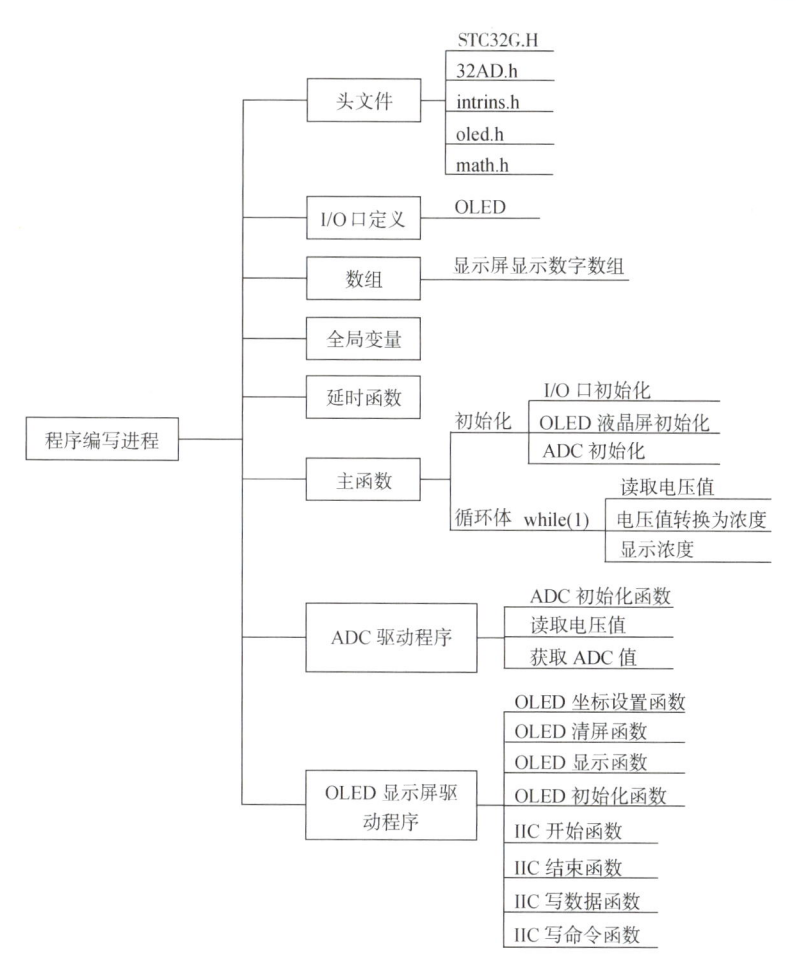

```
                                    ┌ STC32G.H
                                    │ 32AD.h
                         ┌ 头文件 ──┤ intrins.h
                         │          │ oled.h
                         │          └ math.h
                         │
                         ├ I/O 口定义 ── OLED
                         │
                         ├ 数组 ── 显示屏显示数字数组
                         │
                         ├ 全局变量
                         │
                         ├ 延时函数
                         │                  ┌ I/O 口初始化
                         │          ┌ 初始化┤ OLED 液晶屏初始化
                         │          │       └ ADC 初始化
程序编写进程 ────────────┼ 主函数 ──┤
                         │          │                   ┌ 读取电压值
                         │          └ 循环体 while(1) ──┤ 电压值转换为浓度
                         │                              └ 显示浓度
                         │                  ┌ ADC 初始化函数
                         ├ ADC 驱动程序 ───┤ 读取电压值
                         │                  └ 获取 ADC 值
                         │                   ┌ OLED 坐标设置函数
                         │                   │ OLED 清屏函数
                         │                   │ OLED 显示函数
                         │                   │ OLED 初始化函数
                         └ OLED 显示屏驱 ───┤ IIC 开始函数
                           动程序            │ IIC 结束函数
                                             │ IIC 写数据函数
                                             └ IIC 写命令函数
```

图 19-8　天然气检测系统程序编写进程描述

19.4.3　天然气检测系统程序设计

天然气检测系统程序设计界面如图 19-9 所示。

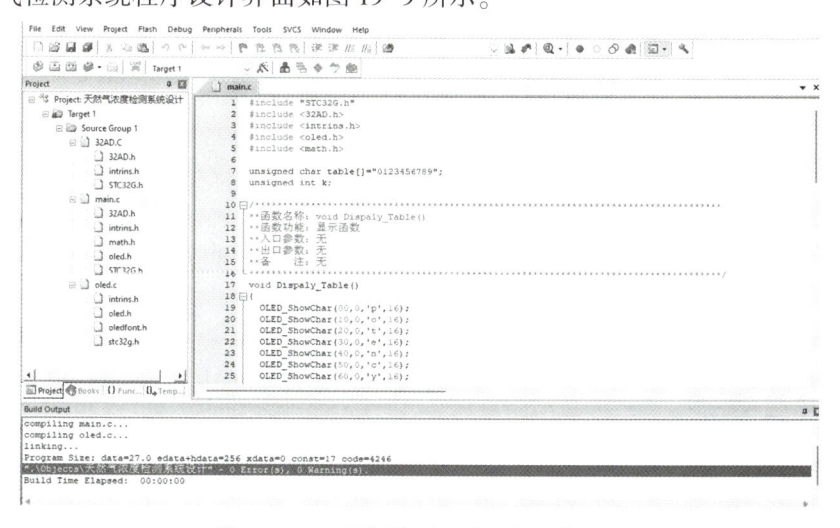

图 19-9　天然气检测系统程序设计界面

天然气检测系统参考程序见附录 B。

19.5 天然气检测系统检测调试

打开烧录软件，选择 STC32G12K128 芯片及对应的串口，找到对应的 Hex 文件，下载运行，测试现象如图 19-10 所示，显示内容：天然气浓度：08%，等待传感器预热 30 s，传感器预热完成后，按 K1 键，OLED 液晶屏显示当前测得的天然气浓度值。

测试数据：OLED 上电液晶屏显示"天然气浓度：08%"。

实物测试分析：

①测试数据与实际数据有一定差距，但总体符合实验规律。

②产生原因：系统误差、数据转换误差、传感器电压过低等。

③解决办法：优化程序中的数据转换算法，增加系统稳定性。

图 19-10 天然气检测系统实物测试图

19.6 天然气检测系统作业

在天然气检测系统项目基础上，设计一个煤气检测报警器。

1. 项目组成框图

由 STC32G12K 单片机最小系统及外围电路构成的煤气检测报警系统，通过气体传感器检测气体含量，经过 ADC 将气体浓度转换为电信号，然后通过 OLED 液晶屏显示数据，由蜂鸣器进行报警，如图 19-11 所示。

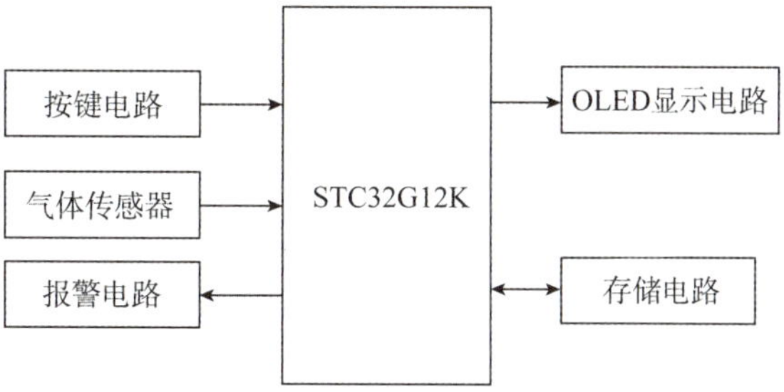

图 19-11　电路组成框图

项目设计包括硬件设计、软件设计、测试调试、总结反思等内容。

2. 项目任务要求

（1）项目功能要求：

①有多种工作模式，OLED 液晶屏能显示时间、气体浓度等。

②能够存储设置的参量，保存测试数据；使用 OLED 液晶屏显示煤气浓度。

③按下按键 K1，开始检测煤气浓度。

④按下按键 K2，停止检测煤气浓度。

⑤按下按键 K3，查询存储的煤气浓度数据。

⑥当煤气浓度≥5%时，蜂鸣器发出警报。

OLED 液晶屏显示界面如图 19-12 所示。

煤气浓度：8%

图 19-12　OLED 液晶屏显示界面

当显示数据≥5%时，蜂鸣器发出警报。

（2）项目性能要求：

①OLED 液晶屏显示变化中间间隔>0.1 s；

②显示浓度精确到整数位。

3. 硬件设计要求

①依据项目设计要求，画出电路原理图；

②依据电路原理图，画出 PCB 图及电路 3D 仿真图；

③分析所使用器件的功能作用、器件的测量方法、器件的规格等；

④分析整体电路工作原理；

⑤列出电路所有器件清单。

4. 软件设计要求

①按照项目要求完成程序设计任务分析；

②分析介绍所用到的特殊寄存器，并描述寄存器的工作原理；

③画出主程序流程图、各个分支程序流程图。

5. 调试功能要求

①将编译设计的程序下载到单片机中，进行软硬件调试。

②初始化状态检测：开启气体传感器，OLED 液晶屏显示煤气浓度。

③记录测试数据。

④分析数据，完善项目功能。

6. 科技报告要求

①报告格式、内容要求，按照《科技报告编写规则》要求执行；
②科技报告由课题组成员撰写完成；
③总结反思，提出改进实施方案。

7. 项目设计演示文稿要求

①分析项目设计背景；
②阐述项目设计理念及目标；
③阐述项目设计内容及方法；
④阐述项目设计实施过程及成果；
⑤总结反思及改进完善方案。

第 20 章 心率检测系统设计

20.1 心率检测系统功能要求

由 STC32G12K 单片机最小系统及外围电路构成心率检测系统，通过软件设计及心率传感器实现心率检测和显示要求，实现其功能。

20.1.1 心率检测系统功能

①实现 LCD1602 液晶屏第一行显示电压和时间功能；
②实现 LCD1602 液晶屏第二行显示心率功能；
③用 K1 按键实现 1 min 精准测量心率功能；
④用 K4 按键实现 10 s 粗略测量心率功能。

20.1.2 心率检测系统设计要求

(1) 上电初始化时，LCD1602 液晶屏显示界面如图 20-1 所示。

```
U:0.00V      Time:00
HR:000/min
```

图 20-1 LCD1602 液晶屏初始化显示界面

(2) 软硬件设计要求：
①绘制电路原理图及 PCB 图；
②使用定时器、中断方式，实现 LCD1602 液晶屏显示指定内容的功能。

20.2 心率检测系统设计教学目标

通过心率检测系统设计实现以下知识、能力、素质、思政方面的教学目标，如图 20-2 所示。

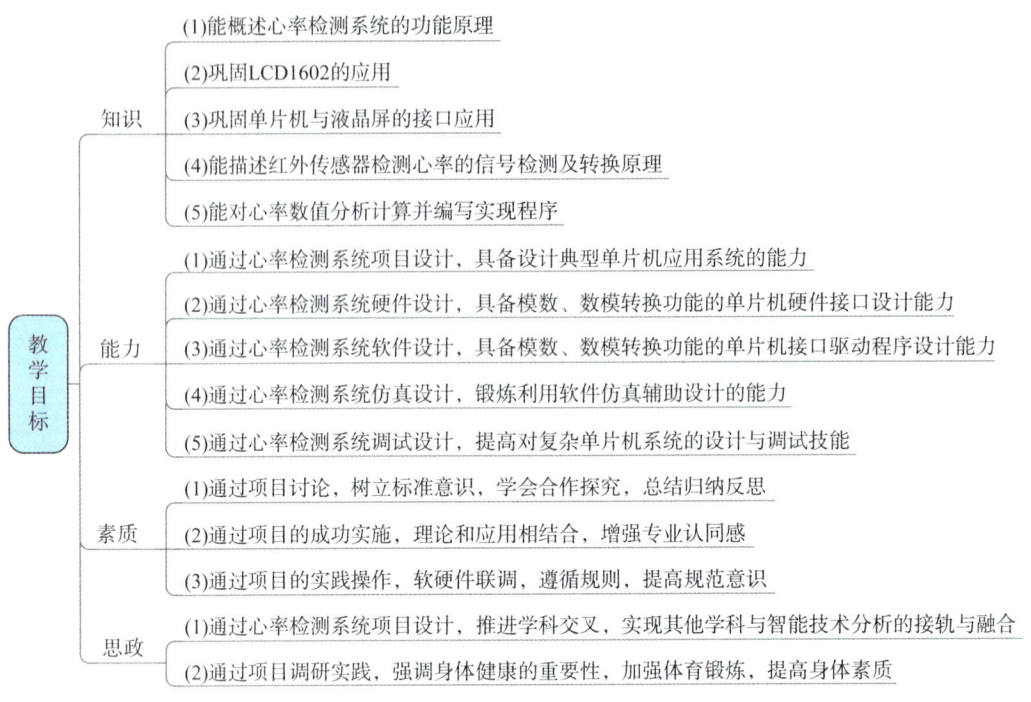

教学目标
- 知识
  - (1)能概述心率检测系统的功能原理
  - (2)巩固LCD1602的应用
  - (3)巩固单片机与液晶屏的接口应用
  - (4)能描述红外传感器检测心率的信号检测及转换原理
  - (5)能对心率数值分析计算并编写实现程序
- 能力
  - (1)通过心率检测系统项目设计，具备设计典型单片机应用系统的能力
  - (2)通过心率检测系统硬件设计，具备模数、数模转换功能的单片机硬件接口设计能力
  - (3)通过心率检测系统软件设计，具备模数、数模转换功能的单片机接口驱动程序设计能力
  - (4)通过心率检测系统仿真设计，锻炼利用软件仿真辅助设计的能力
  - (5)通过心率检测系统调试设计，提高对复杂单片机系统的设计与调试技能
- 素质
  - (1)通过项目讨论，树立标准意识，学会合作探究，总结归纳反思
  - (2)通过项目的成功实施，理论和应用相结合，增强专业认同感
  - (3)通过项目的实践操作，软硬件联调，遵循规则，提高规范意识
- 思政
  - (1)通过心率检测系统项目设计，推进学科交叉，实现其他学科与智能技术分析的接轨与融合
  - (2)通过项目调研实践，强调身体健康的重要性，加强体育锻炼，提高身体素质

图 20-2　心率检测系统设计教学目标

20.3　心率检测系统硬件设计

20.3.1　心率检测系统电路组成框图

心率检测系统电路组成框图如图 20-3 所示。

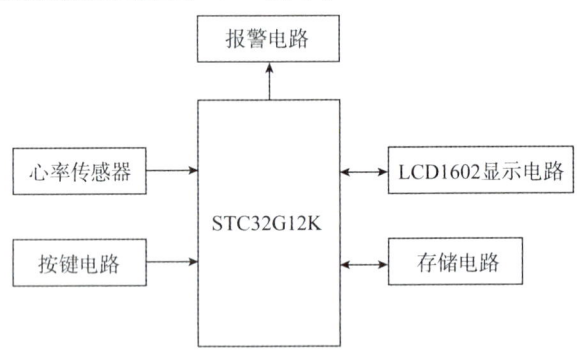

图 20-3　心率检测系统电路组成框图

20.3.2　心率检测系统电路原理图

心率检测系统由 STC32G12K 单片机最小系统、按键电路、LCD1602 显示电路、下载电路、存储电路、报警电路和心率传感器组成。

存储器 AT24C02 与单片机的 P1.4、P1.5 引脚相连。

按键电路与单片机的 P3.2、P3.3、P1.3、P5.4 引脚相连。

下载电路与单片机的 P3.0/RXD、P3.1/TXD 引脚相连，用于给单片机烧写测试程序，

第20章 心率检测系统设计

同时可以用作串口通信。

报警电路是将音频信号转化为声音信号的发音器件，与单片机的P4.5引脚相连。LCD1602数据端口接单片机的P0口，EN、R/W、RS接单片机的P4.1、P4.2、P4.4引脚。心率传感器与单片机的P1.0引脚相连。

心率检测系统器件引脚连接清单如表20-1所示。

表20-1 心率检测系统器件引脚连接清单

器件名称	器件标号	器件引脚	连接单片机引脚
下载口	P4	TXD	P3.1/TXD
		RXD	P3.0/RXD
存储器	U2	SCL	P1.4
		SDA	P1.5
LCD1602	U3	RS	P4.4
		R/W	P4.2
		EN	P4.1
		数据端口	P0.0~P0.7
按键	K1	2	P5.4
	K2	2	P1.3
	K3	2	P3.3
	K4	2	P3.2
心率传感器	P2	3	P1.0
报警电路			P4.5

心率检测系统基于STC32G12K单片机完成整体设计，电路原理图如图20-4所示，电路器件清单见附录A。

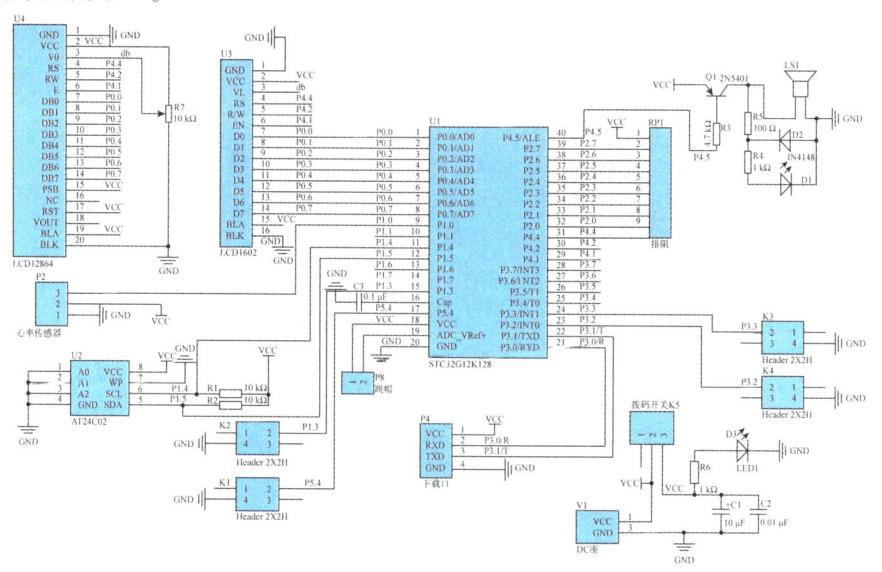

图20-4 心率检测系统电路原理图

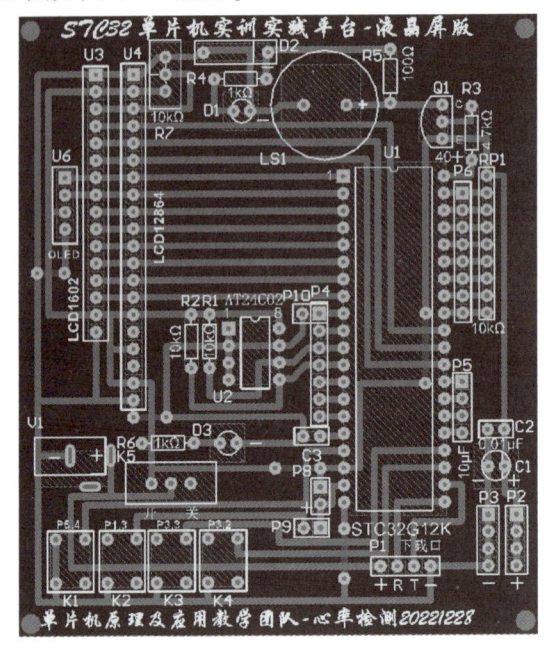

20.3.3　心率检测系统 PCB 图

心率检测系统 PCB 图如图 20-5 所示。

图 20-5　心率检测系统 PCB 图

20.3.4　心率检测系统电路 3D 仿真图

心率检测系统电路 3D 仿真图直观展示了各元器件的外观及布局，如图 20-6 所示。

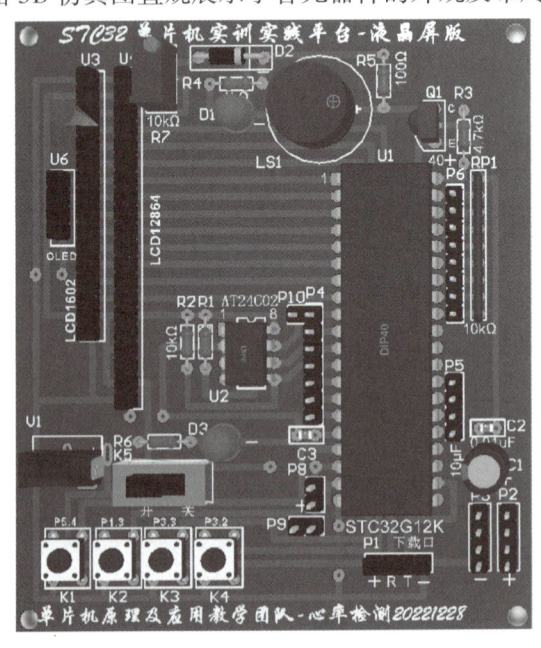

图 20-6　心率检测系统电路 3D 仿真图

20.4 心率检测系统软件分析

20.4.1 心率检测系统程序流程图

通过任务要求编写程序，首先初始化，然后判断按键是否被按下，如果没有按键被按下，则等待；如果有按键被按下，则根据不同的按键，执行不同的子程序。心率检测系统程序流程图如图 20-7 所示。

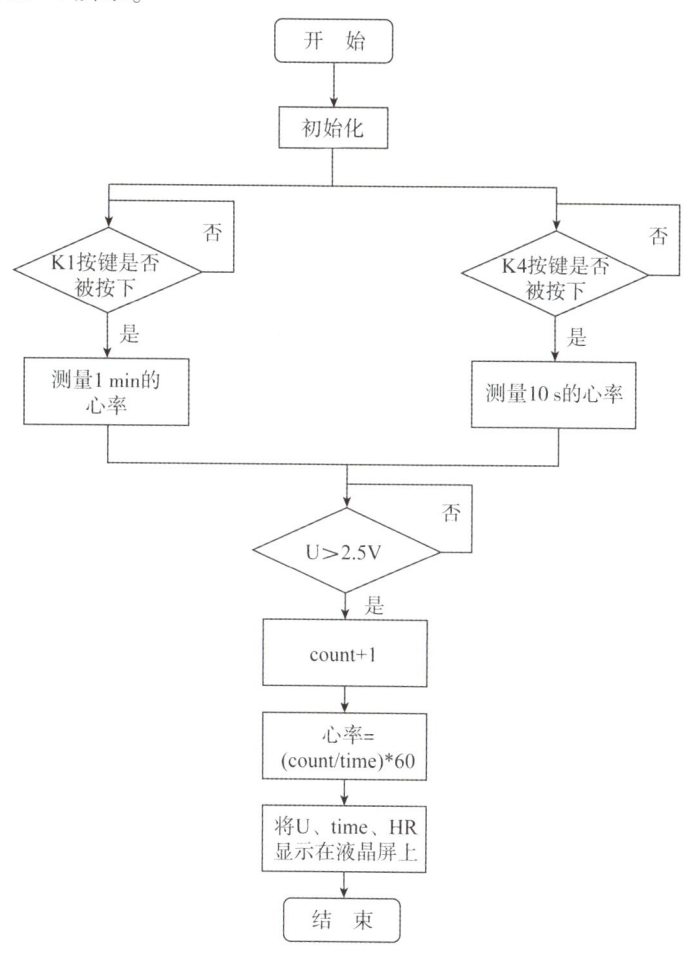

图 20-7 心率检测系统程序流程图

20.4.2 心率检测系统程序编写进程描述

心率检测系统程序编写进程描述如图 20-8 所示。

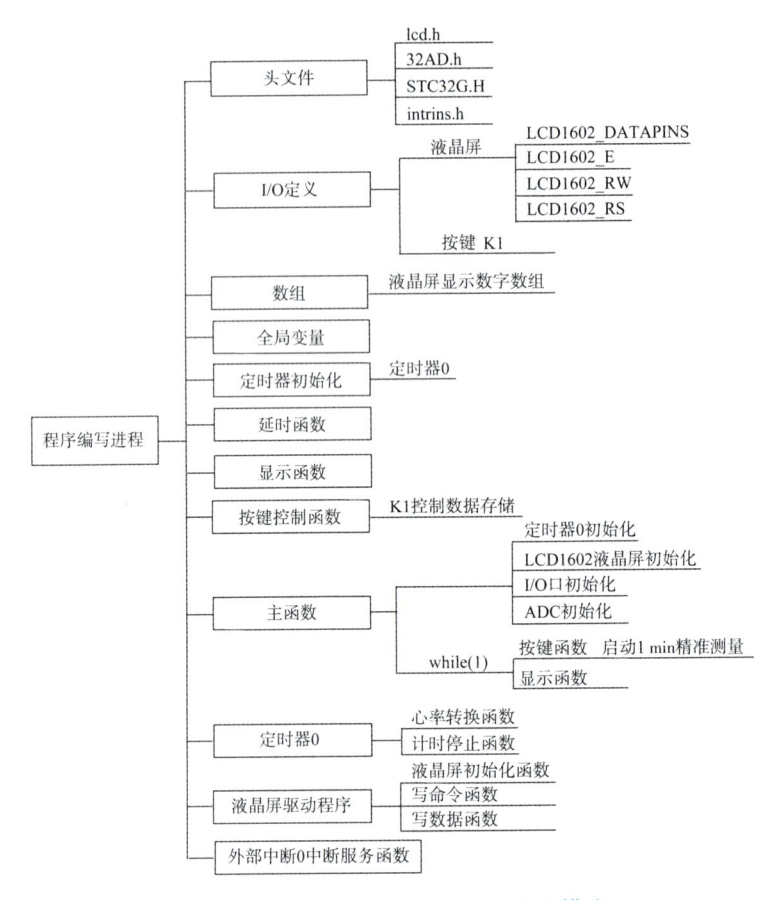

```
程序编写进程 ─┬─ 头文件 ─── lcd.h
              │           32AD.h
              │           STC32G.H
              │           intrins.h
              ├─ I/O定义 ─┬─ 液晶屏 ── LCD1602_DATAPINS
              │           │            LCD1602_E
              │           │            LCD1602_RW
              │           │            LCD1602_RS
              │           └─ 按键 K1
              ├─ 数组 ─── 液晶屏显示数字数组
              ├─ 全局变量
              ├─ 定时器初始化 ── 定时器0
              ├─ 延时函数
              ├─ 显示函数
              ├─ 按键控制函数 ── K1控制数据存储
              ├─ 主函数 ─┬─ 定时器0初始化
              │          ├─ LCD1602液晶屏初始化
              │          ├─ I/O口初始化
              │          ├─ ADC初始化
              │          └─ while(1) ─┬─ 按键函数 ── 启动1 min精准测量
              │                        └─ 显示函数
              ├─ 定时器0 ─┬─ 心率转换函数
              │           └─ 计时停止函数
              ├─ 液晶屏驱动程序 ─┬─ 液晶屏初始化函数
              │                   ├─ 写命令函数
              │                   └─ 写数据函数
              └─ 外部中断0中断服务函数
```

图 20-8　心率检测系统程序编写进程描述

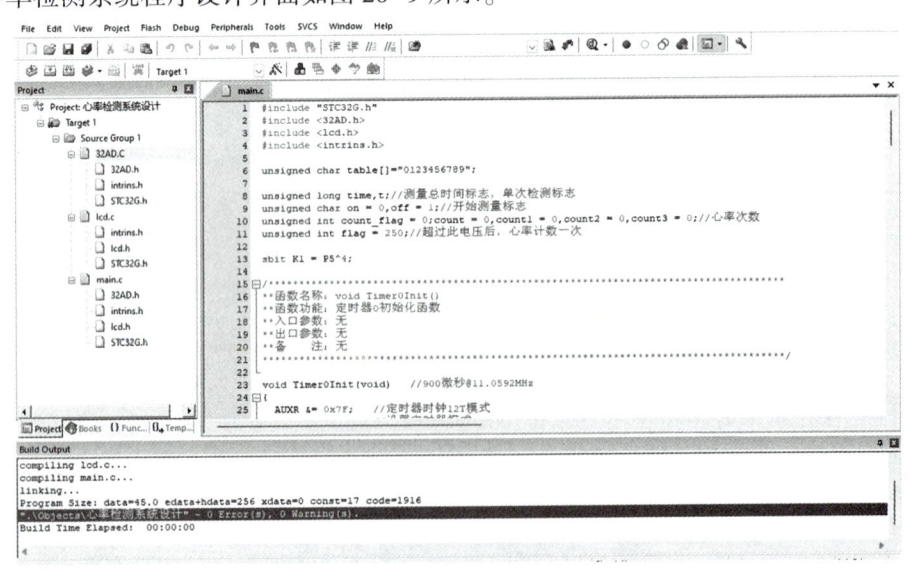

20.4.3　心率检测系统程序设计

心率检测系统程序设计界面如图 20-9 所示。

图 20-9　心率检测系统程序设计界面

心率检测系统参考程序见附录 B。

20.5　心率检测系统检测调试

打开烧录软件，选择 STC32G12K128 芯片及对应的串口，找到对应的 Hex 文件，下载运行，按下按键 K1 或 K4(外部中断 0 触发)，则开始测量心率。心率检测系统实物测试图如图 20-10 所示。

图 20-10　心率检测系统实物测试图

20.6　心率检测系统作业

在心率检测系统项目基础上，设计一个心率血氧检测系统。
1. 项目组成框图

心率血氧检测系统，通过按键控制不同的测量模式，来控制心率测量的时间，电路组成框图如图 20-11 所示。

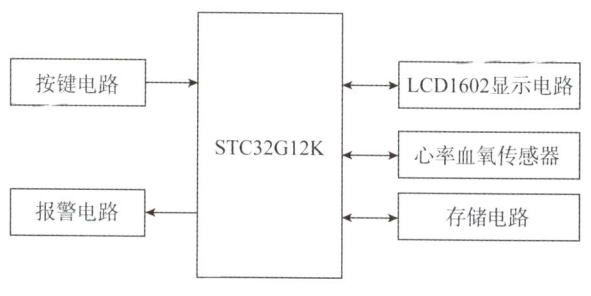

图 20-11　电路组成框图

项目设计包括硬件设计、软件设计、测试调试、总结反思等内容。

2. 项目任务要求
（1）项目功能要求：

①系统上电初始化，LCD1602 液晶屏显示界面如图 20-12 所示。

```
%SPQ2
HR:000/min
```

图 20-12 LCD1602 液晶屏初始化显示界面

②心率血氧测量有两种模式，模式一是 1 min 的精准测量，模式二是 10 s 钟的粗略测量。

③按下 K1 按键，启动精准测量模式，1 min 后自动停止。

④触发外部中断 0，启动粗略测量模式，10 s 钟后自动停止。

（2）项目性能要求：

①具有存储功能；

②按键动作响应时间≤0.2 s；

③测试时间为 5 s。

3. 硬件设计要求
①依据项目设计要求，画出电路原理图；

②依据电路原理图，画出 PCB 图及电路 3D 仿真图；

③分析所使用器件的功能作用、器件的测量方法、器件的规格等；

④分析整体电路工作原理；

⑤列出电路所有器件清单。

4. 软件设计要求
①按照项目要求完成程序设计任务分析；

②分析介绍所用到的特殊寄存器，并描述寄存器的工作原理；

③画出主程序流程图、各个分支程序流程图。

5. 调试功能要求
①将编译设计的程序下载到单片机中，进行软硬件调试：按下 K1 按键，启动精准测量模式，1 min 后自动停止；触发外部中断 0，启动粗略测量模式，10 s 后自动停止。

②记录测试数据。

③分析数据，完善项目功能。

6. 科技报告要求
①报告格式、内容要求，按照《科技报告编写规则》要求执行；

②科技报告由课题组成员撰写完成；

③总结反思，提出改进实施方案。

7. 项目设计演示文稿要求
①分析项目设计背景；

②阐述项目设计理念及目标；

③阐述项目设计内容及方法；

④阐述项目设计实施过程及成果；

⑤总结反思及改进完善方案。

第 21 章 密码门禁系统设计

21.1 密码门禁系统功能要求

由 STC32G12K 单片机最小系统及外围电路构成密码门禁系统，通过软件设计实现 LCD1602 液晶屏显示输入密码的功能。

21.1.1 密码门禁系统功能

①利用 LCD1602 液晶屏实现密码显示功能；
②利用矩阵按键 S1~S10 实现密码输入功能；
③如果密码输入正确，则打开继电器，LCD1602 液晶屏第二行显示"right"；
④如果密码输入错误，则 LCD1602 液晶屏第二行显示"close"，输入错误次数超过 3 次后，密码不再计入，等待一段时间后才可继续输入。

21.1.2 密码门禁系统设计要求

（1）界面显示要求：
上电初始化时，LCD1602 液晶屏上电显示界面如图 21-1 所示。

```
input:
```

图 21-1　LCD1602 液晶屏上电显示界面

密码输入错误，LCD1602 液晶屏显示界面如图 21-2 所示。

```
input:
close
```

图 21-2　密码输入错误

密码输入正确，LCD1602 液晶屏显示界面如图 21-3 所示。

```
input:
right
```

图 21-3　密码输入正确

（2）软硬件设计要求：
①绘制电路原理图及 PCB 图；
②使用定时器、中断方式，实现 LCD1602 液晶屏的内容显示功能。

21.2 密码门禁系统设计教学目标

通过密码门禁系统设计实现以下知识、能力、素质、思政方面的教学目标，如图 21-4 所示。

教学目标
- 知识
  - (1)能概述密码锁门禁的功能原理
  - (2)能描述矩阵式键盘的结构与特点
  - (3)能解释单片机与矩阵键盘的接口电路设计方法
  - (4)能说明键盘扫描及处理程序的编程方法和调试方式
  - (5)会分析键盘去抖原理及处理方法
- 能力
  - (1)通过密码门禁系统项目设计，能够完成单片机与键盘接口典型应用系统的设计
  - (2)通过密码门禁系统硬件设计，熟悉矩阵键盘电路及显示的设计及控制方案
  - (3)通过密码门禁系统软件设计，具备规范程序编写、优化程序设计的能力
  - (4)通过密码门禁系统仿真设计，提高 Keil C251 软件与 Proteus 软件联合仿真调试能力
  - (5)通过密码门禁系统调试测试，提高学生用理论知识指导实践并不断创新的能力
- 素质
  - (1)通过项目讨论，提高责任意识、团队交流协作意识
  - (2)通过项目的成功实施，养成自主学习、敢于实践的学习习惯，提高科技创新意识
  - (3)通过项目的实践操作，遵守操作规范，培养细致严谨的工作作风
- 思政
  - (1)通过密码门禁系统项目设计，培养严谨的科学态度、良好的职业素养、精益求精的工匠精神
  - (2)通过项目调研实践，增加对密码门禁系统的应用认识，提高学生的财产安全、信息安全意识

图 21-4 密码门禁系统设计教学目标

21.3 密码门禁系统硬件设计

21.3.1 密码门禁系统电路组成框图

密码门禁系统电路组成框图如图 21-5 所示。

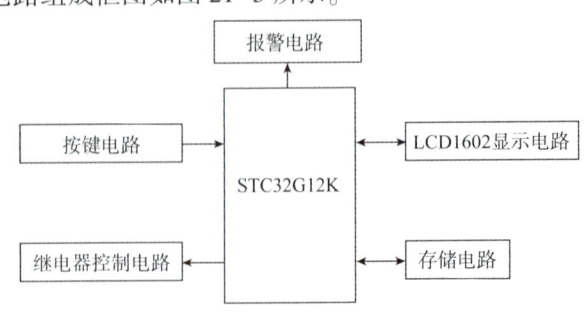

图 21-5 密码门禁系统电路组成框图

21.3.2　密码门禁系统电路原理图

密码门禁系统由 STC32G12K 单片机最小系统、按键电路、继电器控制电路、LCD1602 显示电路、下载电路、存储电路和报警电路组成。

存储器 AT24C02 与单片机的 P1.4、P1.5 引脚相连。

按键电路与单片机的 P3.2、P3.3、P1.3、P5.4 引脚相连。

下载电路与单片机的 P3.0/RXD、P3.1/TXD 引脚相连，用于给单片机烧写测试程序，同时可以用作串口通信。

报警电路是将音频信号转化为声音信号的发音器件，与单片机的 P1.7 引脚相连。

LCD1602 数据端口接单片机的 P0 口，EN、R/W、RS 接单片机的 P4.1、P4.2、P4.4 引脚。

继电器控制电路控制端与单片机 P1.6 引脚相连。

矩阵键盘与单片机的 P2 口相连。

密码门禁系统器件引脚连接清单如表 21-1 所示。

表 21-1　密码门禁系统器件引脚连接清单

器件名称	器件标号	器件引脚	连接单片机引脚
下载口	P1	TXD	P3.1/TXD
		RXD	P3.0/RXD
存储器	U2	SCL	P1.4
		SDA	P1.5
LCD1602	U3	RS	P4.4
		R/W	P4.2
		EN	P4.1
		数据端口	P0.0~P0.7
继电器		控制端	P1.6
按键	K1	1	P5.4
	K2	1	P1.3
	K3	3	P3.3
	K4	3	P3.2
矩阵键盘			P2.0~P2.7
报警电路			P1.7

密码门禁系统基于 STC32G12K 单片机完成整体设计，电路原理图如图 21-6 所示，电路器件清单见附录 A。

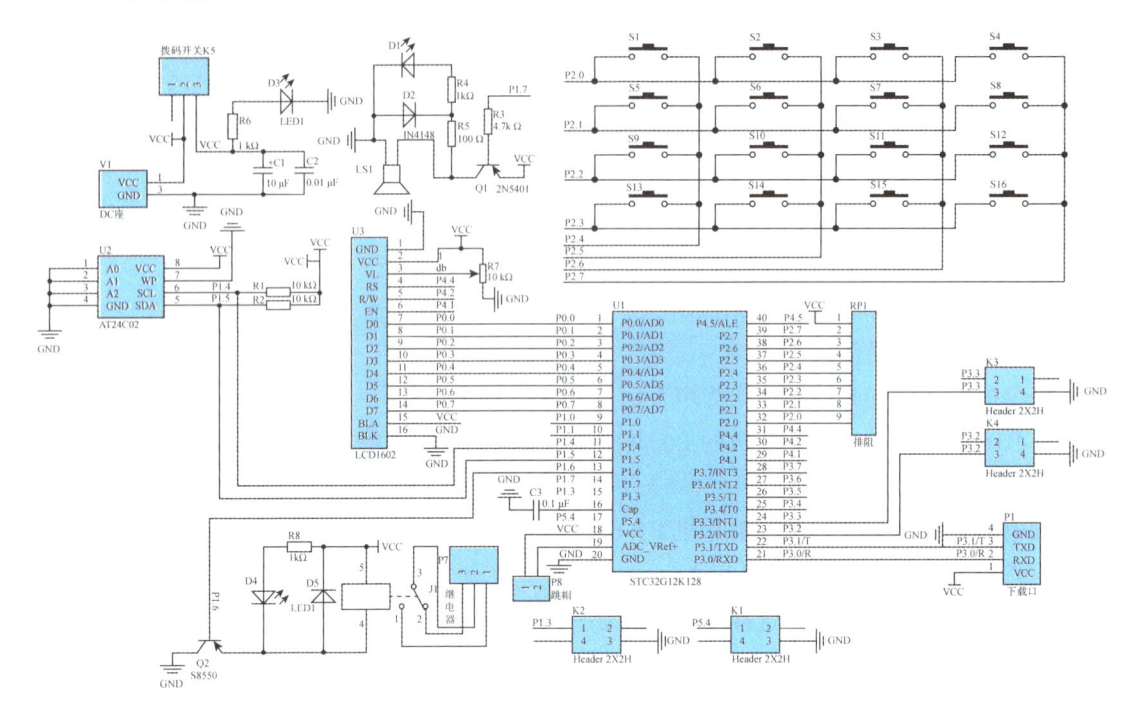

图 21-6 密码门禁系统电路原理图

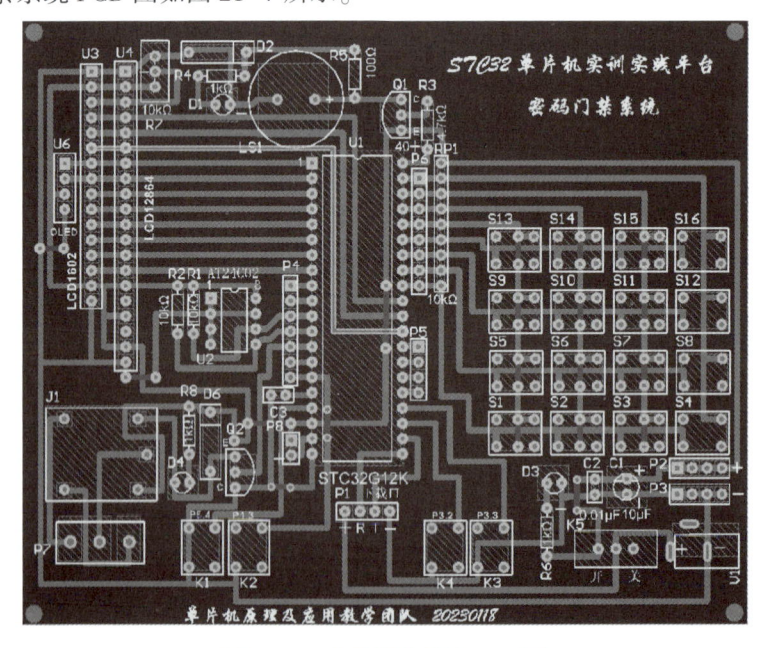

21.3.3 密码门禁系统 PCB 图

密码门禁系统 PCB 图如图 21-7 所示。

图 21-7 密码门禁系统 PCB 图

21.3.4 密码门禁系统电路 3D 仿真图

密码门禁系统电路 3D 仿真图直观展示了各元器件的外观及布局，如图 21-8 所示。

第 21 章 密码门禁系统设计

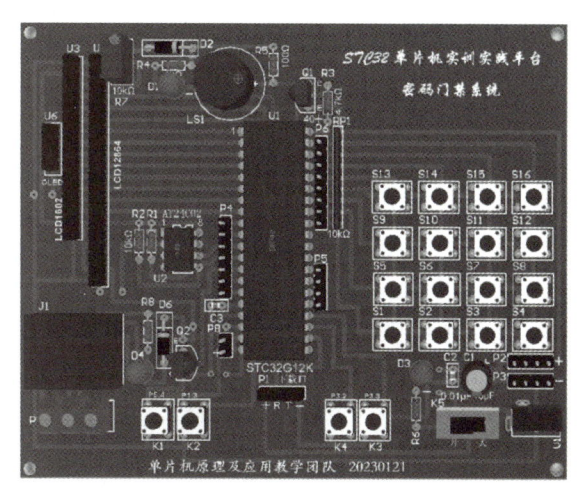

图 21-8 密码门禁系统电路 3D 仿真图

21.4 密码门禁系统软件分析

21.4.1 密码门禁系统程序流程图

密码门禁系统程序流程图如图 21-9 所示。

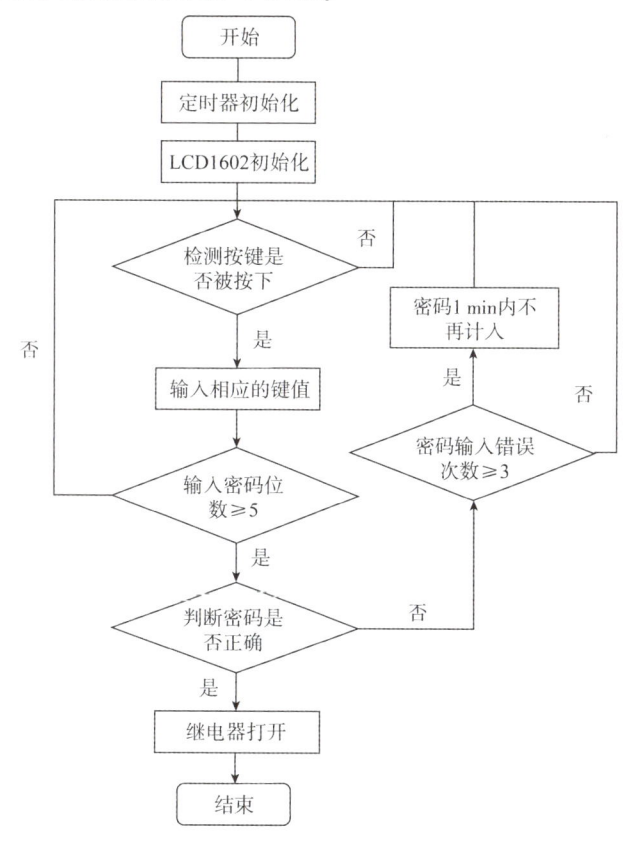

图 21-9 密码门禁系统程序流程图

259

21.4.2 密码门禁系统程序编写进程描述

密码门禁系统程序编写进程描述如图21-10所示。

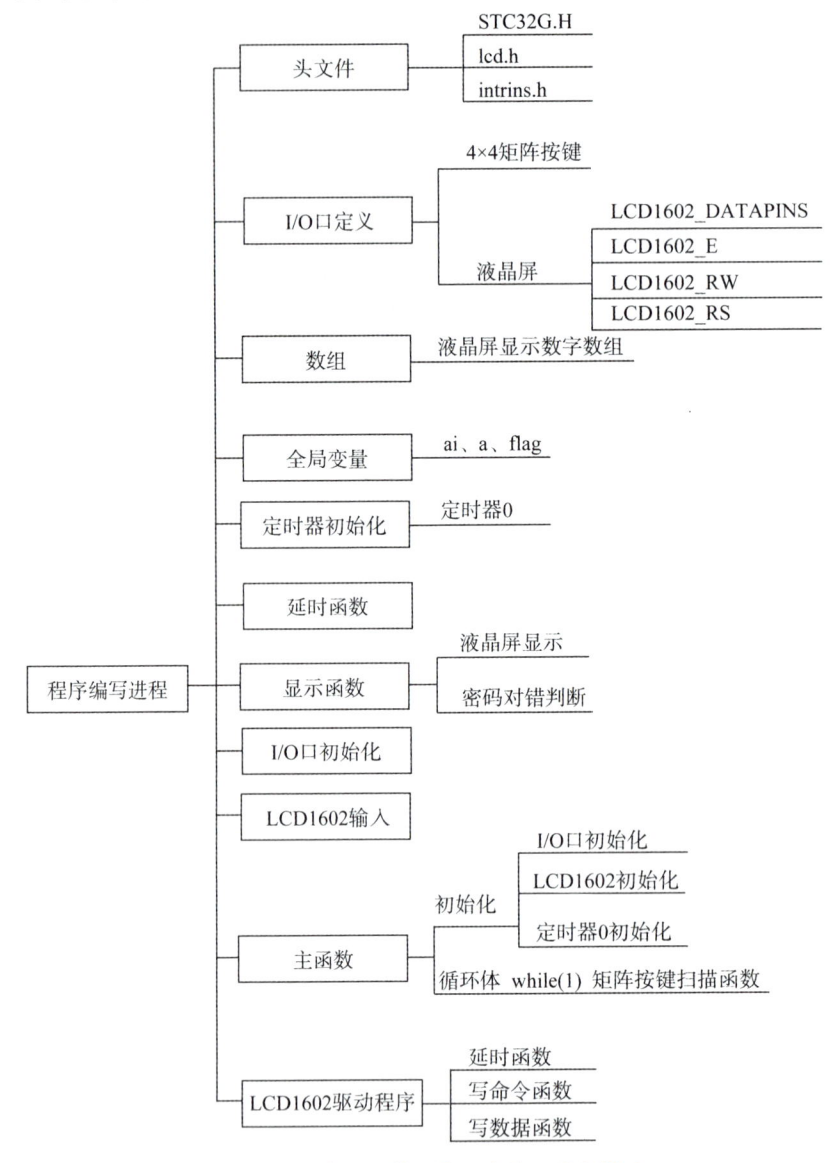

```
程序编写进程 ┬─ 头文件 ──┬─ STC32G.H
            │           ├─ lcd.h
            │           └─ intrins.h
            │
            ├─ I/O口定义 ┬─ 4×4矩阵按键
            │           └─ 液晶屏 ┬─ LCD1602_DATAPINS
            │                    ├─ LCD1602_E
            │                    ├─ LCD1602_RW
            │                    └─ LCD1602_RS
            │
            ├─ 数组 ─── 液晶屏显示数字数组
            │
            ├─ 全局变量 ─── ai、a、flag
            │
            ├─ 定时器初始化 ─── 定时器0
            │
            ├─ 延时函数
            │
            ├─ 显示函数 ┬─ 液晶屏显示
            │         └─ 密码对错判断
            │
            ├─ I/O口初始化
            │
            ├─ LCD1602输入
            │
            ├─ 主函数 ┬─ 初始化 ┬─ I/O口初始化
            │       │        ├─ LCD1602初始化
            │       │        └─ 定时器0初始化
            │       └─ 循环体 while(1) 矩阵按键扫描函数
            │
            └─ LCD1602驱动程序 ┬─ 延时函数
                              ├─ 写命令函数
                              └─ 写数据函数
```

图 21-10 密码门禁系统程序编写进程描述

21.4.3 密码门禁系统程序设计

密码门禁系统程序设计界面如图21-11所示。

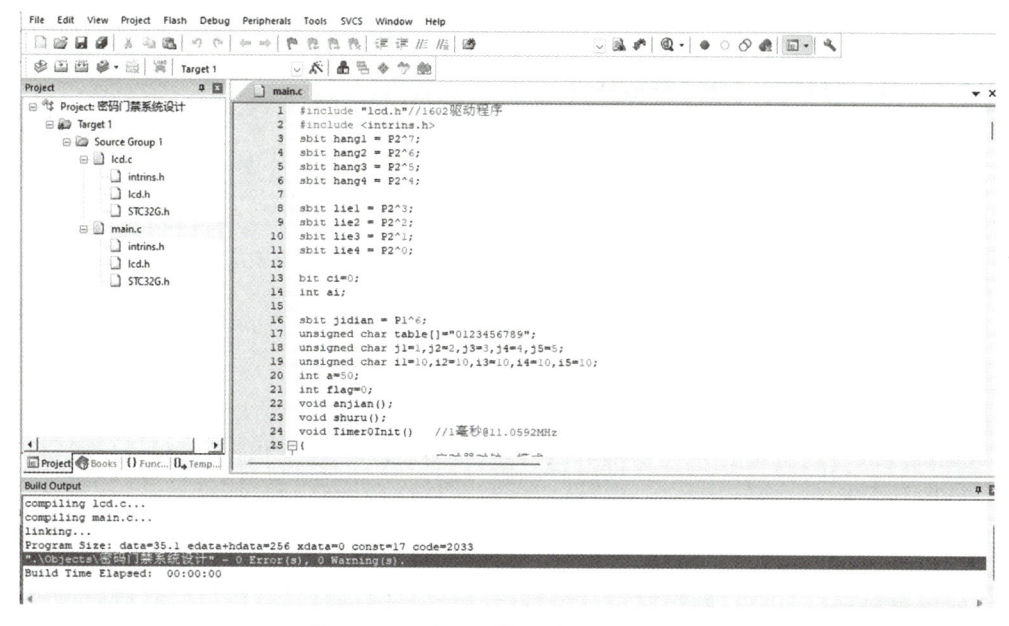

图 21-11　密码门禁系统程序设计界面

密码门禁系统参考程序见附录 B。

21.5　密码门禁系统检测调试

打开烧录软件，选择 STC32G12K128 芯片及对应的串口，找到对应的 Hex 文件，下载运行，测试现象如图 21-12 所示。上电后，液晶屏第一行显示"input："，用按键 S1～S10 完成 0～9 的输入。如果密码输入正确，则打开继电器；如果密码输入错误，超过 3 次后，密码不再计入，等待一段时间后才可继续输入。

图 21-12　密码门禁系统实物测试图

21.6 密码门禁系统作业

(1)实践项目：
在密码门禁系统项目基础上，设计一个多功能密码门禁系统。
(2)项目功能：
①具有存储功能；
②按下按键 K1，开始输入密码；
③按下按键 K2，确认密码；
④按下按键 K3，进入修改密码程序；
⑤密码连续 3 次输入错误，自动锁死，需要等待一段时间后才能重新输入。
(3)项目要求：
①进行电路设计，要求用 OLED 液晶屏显示；
②进行程序设计，要求对程序进行注释说明；
③进行仿真设计调试，要求实现其功能；
④进行实物设计调试，要求实现其功能；
⑤撰写科技报告、演示文稿。

参 考 文 献

[1] 张毅刚，赵光权，张京超. 单片机原理及应用——C51编程+Proteus仿真[M]. 北京：高等教育出版社，2016.
[2] 陈桂友，吴皓副. 单片机原理及应用[M]. 北京：机械工业出版社，2020.
[3] 王承林，王晓旭，赵喜梅. 电子科技创新实践训练项目研究[M]. 长春：吉林大学出版社，2020.
[4] 戴胜华，蒋大明，杨世武，等. 单片机原理与应用[M]. 北京：清华大学出版社，2018.
[5] 何宾，姚永平. STC单片机原理及应用[M]. 北京：清华大学出版社，2016.
[6] 徐爱钧. 单片机原理与应用——基于C51及Proteus仿真[M]. 北京：清华大学出版社，2015.
[7] 王承林，陈培英，冯国瑞. STC89C52RC单片机基础实践项目研究[M]. 长春：吉林大学出版社，2017.
[8] 杜峰. 华为芯片受限停产凸显"中国芯"突围紧迫[N]. 通信信息报，2020-08-19(8).

附录 A　STC32G 单片机原理及应用——实践项目电路器件清单

实践项目电路器件清单

附录 B　STC32G 单片机原理及应用——实践项目参考程序

实践项目参考程序

附录 C　单片机原理及应用课程《科技报告编写规则》

单片机原理及应用课程科技作品设计报告